海底电力电缆工程
勘测技术

胡劲松　主编

中国电力出版社
CHINA ELECTRIC POWER PRESS

内 容 提 要

针对海底电力电缆工程勘测的特殊性，本书基于作者团队多年来的工程经验和研究成果，较为系统地介绍了海底电力电缆工程勘测技术。

本书共十章，分别对海上勘测导航定位技术、地形测量、海底地貌测量和障碍物探测、海底地层勘探与试验、海底不良地质作用类型及其对海底电力电缆的影响、海洋水文气象勘测、腐蚀性环境调查等内容进行了深入阐述，并通过两个典型工程案例，对海底电力电缆路由勘测的主要技术方法、实际应用情况进行了介绍。

本书可供海底电力电缆工程勘测人员使用，也可供高等院校相关师生参考阅读。

图书在版编目（CIP）数据

海底电力电缆工程勘测技术／胡劲松主编. －－北京：
中国电力出版社，2025.5. －－ISBN 978－7－5198－9598
－3

Ⅰ. TM247

中国国家版本馆 CIP 数据核字第 2025HD5074 号

出版发行：中国电力出版社

地　　　址：北京市东城区北京站西街 19 号（邮政编码 100005）

网　　　址：http://www.cepp.sgcc.com.cn

责任编辑：赵鸣志（010－63412385）

责任校对：黄　蓓　李　楠

装帧设计：赵丽媛

责任印制：吴　迪

印　　　刷：三河市万龙印装有限公司

版　　　次：2025 年 5 月第一版

印　　　次：2025 年 5 月北京第一次印刷

开　　　本：787 毫米×1092 毫米　16 开本

印　　　张：17.25

字　　　数：368 千字

印　　　数：0001—1000 册

定　　　价：80.00 元

前　言

海底电力电缆工程是实现电力资源跨区域（海域）传输的重要方式。自海底电力电缆投入使用以来，已有超过百年的历史，其应用领域广泛，涵盖海岛间电力互联、近海风电场供电、海上石油钻井平台及天然气平台的电力输送，以及跨越江河、海峡的短距离输电等。海底电力电缆工程的建设受到地域条件、海洋环境以及施工设备等多方面因素的限制，涉及的技术领域广泛，投资规模大，施工技术复杂，因此被公认为是最具挑战性和难度的大型工程之一。

近年来，随着国内外输变电技术的快速发展，在经济一体化、能源优化配置以及减少环境影响等多重因素的推动下，跨海域输电技术、海底电力电缆制造技术及工程技术不断取得突破，推动了海底电力电缆的广泛应用。这些技术进步不仅提升了海底电力电缆的可靠性和效率，也为全球能源互联和可持续发展提供了重要支撑。未来，随着海洋经济的进一步发展和清洁能源需求的增长，海底电力电缆工程将在能源传输领域发挥更加重要的作用。

海底电力电缆敷设在一个极其复杂的海洋环境中，受多种外来因素的影响。例如，复杂的地形地貌可能增加电缆敷设的难度，而海底地质条件的不确定性则可能导致电缆在运行过程中受到额外的机械应力。水文气象条件，如海浪、潮汐和海流的变化，会影响施工船舶的稳定性和作业效率。同时，海水的温度、盐度和腐蚀性环境会对电缆的外护层材料产生侵蚀作用，进而影响其使用寿命。这些因素不仅决定了电缆的设计和敷设方案，还直接关系到施工作业窗口期的选择，进而影响工程的投产日期和整体效益。因此，在海底电力电缆工程的设计和施工过程中，必须充分考虑这些复杂的环境因素，以确保电缆的安全、可靠运行，并最大限度地提高工程的经济效益和社会效益。

海底电力电缆工程勘测是一种沿着电缆预选路由附近条带区域进行的海洋综合勘测工作，是海底电力电缆工程建设前期的关键环节之一。海底电力电缆工程勘测通过收资、调查与观测、物探、钻探、地质取样、原位测试、室内试验及数值模拟等多种勘探技术方法，全面查明电缆路由区的地形地貌、水深、工程地质、水文气象要素、腐蚀性环境参数以及海洋规划与开发活动等方面的工程环境条件；基于这些数据，推荐一条相对安全可靠、经济合理、技术可行且便于施工和维护的电缆路由，为海底电力电缆工程的选址（线）、设计、通航安全评估、风险评估、施工及维护提供翔实的基础资料和技术依据。同时，勘测成果也是海洋行政管理部门对工程项目进行审批的重要依据。

海底电力电缆勘测成果直接关系电缆路径的布置、电缆敷设与保护方案的选取、电缆的长度以及施工设备的选型等。因此，海底电力电缆工程勘测成果的准确性、可靠性及合理性对工程质量、安全及投资具有十分重要的影响。只有在全面掌握海洋环境条件的基础上，才能确保电缆路由的科学性和工程实施的可行性，从而最大限度地降低工程风险，提高项目的经济效益和社会效益。

我国电力行业对海底电力电缆工程的勘测主要参照海洋部门编写的相关标准执行，但在实际勘测过程中，常常面临工作量过大或勘测深度不足等问题。海底电力电缆敷设区域广阔，涉及近岸和远海等不同的海洋环境，加之海底环境的不可见性，使得路由勘测方案的选择受到一定限制。此外，勘测的高难度和高成本也制约了勘测精度的提升。因此，在海底电力电缆路由勘测中，选择合理且具有针对性的勘测手段、方法及工作量显得尤为重要。

本书针对海底电力电缆工程勘测的特殊性，结合编者多年的工程实践经验和研究成果，通过理论阐述和实际案例分析，较为系统地介绍了海底电力电缆工程勘测技术，旨在为勘测人员提供实用的技术指导和参考，帮助其更好地应对复杂海洋环境下的勘测挑战。同时，本书也希望通过总结实践经验和技术创新，推动海底电力电缆工程勘测技术的进一步发展，为相关工程提供科学依据和技术支持，助力我国海底电力电缆工程的高质量建设与可持续发展。

本书内容涵盖海底电力电缆工程勘测的各个方面，共分为十章。第一章简要概述了海底电力电缆工程建设的相关流程，电缆路由勘测的范围、主要内容、技术手段及主要技术标准，为读者提供了勘测工作的整体框架；第二章重点介绍了海上勘测的导航定位技术，并对其进行了比较分析，为勘测工作提供了精准定位的技术支持；第三章详细阐述了地形测量的主要技术，为海底地形测量提供了多样化的技术选择；第四章聚焦于探测海底面状况和障碍物的主要技术，为海底障碍物的识别和规避提供了科学依据；第五章系统阐述了海底地层勘探与试验的技术手段，涵盖勘探作业环境、浅地层剖面探测、底质采样、工程地质钻探、原位测试和土工试验等；第六章分析了常见的海底不良地质作用类型及其特征，并探讨了这些地质作用对电力电缆的危害，为电缆路由的选择和防护设计提供了重要参考；第七章通过对潮汐、海流、波浪、风等海洋水文气象环境因素的资料收集、调查与观测、理论分析和数值模拟，阐述了如何通过对水文气象条件各要素的分析评价，掌握勘测区海洋环境的时空变化特征，为海底电力电缆工程的规划、设计、施工和维护提供技术保障；第八章主要介绍了海洋腐蚀环境与电缆防腐措施，为电缆的防腐设计提供了科学依据；第九章和第十章通过典型工程案例，对海底电力电缆路由勘测的主要技术方法及其应用情况进行了详细介绍，为读者提供了实践参考和技术借鉴。

本书编写人员来自国网经济技术研究院有限公司，自然资源部第一、第三海洋研究所，浙江舟山海洋输电研究院有限公司，中国电力工程顾问集团中南、华东、华北电力设计院有限公司、广东省电力设计院等单位，多年从事海底电力电缆工程勘测和研究工作，参与过众多类型的电缆路由勘测，具有丰富的勘测经验。本书的相关研究内容获得了国家电网有限公司科技项目（B3440917K001）的资助，在本书编写过程中引用和参考了大量文献与有关设计资料，在此一并致以谢意！

海底电力电缆工程勘测技术涉及范围很广，技术发展也很快，本书涉及的部分内容可能尚未形成完整的体系，也不够深入，但我们仍希望本书能起到抛砖引玉的作用，为海底电力电缆勘测人员的技术水平提升提供帮助，并为类似工程提供有价值的参考和借鉴。通过总结实践经验和技术成果，我们期待能够推动海底电力电缆工程勘测技术的进一步发展，为相关领域的工程实践和理论研究贡献一份力量。

由于编者水平有限，书中内容难免存在疏漏，敬请读者批评指正！

编者

2025 年 4 月

目 录 ◀◀◀

第一章
概　述

　　海底电力电缆工程是实现岛屿间或跨海域电网互联、海上风电开发乃至全球能源互联网的关键工程，世界范围内通过修建海底电力电缆实现电力资源区域传输的范例很多，随着"双碳"目标的实施和能源互联网的建设，海上风电及跨海联网工程必将得到大力发展，海底电力电缆输电应用前景广阔。我国拥有 300 多万 km^2 的海域和 18000km 长度的海岸线，沿海分布有 6000 多个岛屿，较多的海岛属于有居民海岛，都有人类居住或存在开发与利用情况。为了保证海岛正常的生产生活秩序，充足和畅通的电力和通信供应必不可少，而修建电力电缆工程是实现不同海岛或跨海区域之间的电力供应的一条重要途径。另外，为实现"双碳"目标，国家将大力发展绿色能源产业，深远海的海上风电场将进行大规模有序的开发，而海上风电场所发电能通过海底电力电缆传输接入陆地电网是其中重要的组成部分。海上石油钻井、天然气平台供电也需要通过敷设海底电力电缆进行传输。

　　目前国内外已经铺设大量的海底电力电缆，国外主要分布在欧洲和北美等发达国家和地区，以直流电压输电方式为主，交流电压输电方式较少，埋设深度一般都在 1~3m，也有极少在 5~7m（瑞典——德国），其中比较典型的包括加拿大本土——温哥华岛 525kV 海底电力电缆工程、西班牙——摩洛哥联络线跨越直布罗陀海峡 400kV 充油海底电力电缆工程、日本阿南——纪北的 500kV 直流海底电力电缆工程。国内有珠江——虎门 220kV 海底电力电缆工程、浙江舟山双极直流 ±100kV 海底输电电缆工程、南方电网与海南电网联网的 500kV 交流海底电力电缆工程等。

　　海底电力电缆属于一种柔性的、有较强磁性、通电发热、铠装的细长结构物，敷设区域较广且涉及近岸和远海等不同的海洋环境中，受外来的因素影响较多。海底电力电缆路由勘测是工程建设前期的关键环节之一，通过收资、调查与观测、物探、钻探、地质取样、原位测试、室内试验及数值模拟等多种勘探技术方法，对电缆路由附近条带海域进行综合勘测工作，其目的是查明海底电力电缆路由区的地形地貌、水深、工程地质、水文气象要素、腐蚀性环境参数、海洋规划与开发活动等方面的工程环境条件，推荐一条相对安全可靠、经济合理、技术可行、便于施工和维护的海底电力电缆路由，为海底电力电缆工程的选址（线）、设计、通航安全评估、风险评估、施工以及维护提供翔实的海洋基础资料和科学技术依据。路由勘测成果关系到电缆路径的布置、敷设与保护方案的选取，进一步影响到电缆的长度及施工设备的选型，因此海底电力电缆路由勘测直接影响到工程建设的投资额，甚至影响到工程建设能否顺利实施，但由于海底电力电缆工程勘测技术难度大、内容多，且具有高风险性、隐蔽性、复杂性、时间性和综合性，勘测成果的准确性、可靠性及合理性制约了工程质量、安全及经济投资。

第一节　海底电力电缆工程建设相关流程

海底电力电缆路由（简称路由）是指铺设在海底的电力电缆路径。根据路由建设的相关程序和政府部门的审批程序，海底电力电缆工程建设的相关流程可分为路由桌面研究、路由勘测、海域使用论证、海域环境影响评价、电缆工程设计、办理电缆敷设施工许可、电缆敷设施工、注册登记备案等阶段，见表1-1。

表1-1　海底电力电缆工程建设相关流程

工作内容与审批程序		相关部门	工作内容
路由桌面研究		建设方、海洋行政管理部门、军事部门、周边利益相关者等	编写《路由桌面研究报告》
			建设方做好与军事部门、周边利益相关部门等的路由协调、确认
			建设方组织《路由桌面研究报告》专家评审
			海洋行政管理部门批准开展下一步工作
路由勘测	路由勘测前办理相关手续	建设方、海洋行政管理部门	向海洋行政管理部门申报路由勘测许可
		报告编制单位、海事管理部门、用海申请人	编制《水上、水下作业和活动通航安全保障方案》
			海事管理部门组织《水上、水下作业和活动通航安全保障方案》评审
			海事管理部门发布航行公告
			办理《水上水下作业许可证》
		海关、边防	如涉及外方的调查船及人员，还必须在海关、边防和检疫等相关部门办理相关手续
	路由勘测实施	勘测单位	路由勘测实施，并按要求提交《路由勘测报告》及相关图件
		海事管理部门	派遣警戒船现场警戒
	勘测报告审批	建设方、勘测单位、海洋行政管理部门	建设方组织《路由勘测报告》专家评审
			对成果文件进行保密审查（如有）
			海洋行政管理部门审批《路由勘测报告》

工作内容与审批程序		相关部门	工作内容
海域使用论证	用海申请	建设方、海洋行政管理部门	建设方向海洋行政管理部门提交《海域使用申请书》及相关材料
	海域使用论证报告	报告编制单位	编制《海域使用论证报告书》
		海洋行政管理部门	海洋行政管理部门组织《海域使用论证报告书》专家评审会
	用海批复	海洋行政管理部门、地方政府部门、军事部门等	征求相关单位意见后，海洋行政管理部门对用海申请进行批复
	获取海域使用权证及缴纳海域使用金	建设方	按规定缴纳海域使用金
海洋环境影响评价	海洋环境影响评价报告	报告编制单位	编制《海洋环境影响评价报告书（表）》
		生态环境行政管理部门	对《海洋环境影响评价报告书（表）》初审
		生态环境行政管理部门	生态环境行政管理部门组织《海洋环境影响评价报告书（表）》专家评审会
	取得环评批复	生态环境行政管理部门	生态环境行政管理部门对环评进行批复
电缆工程设计		设计单位	编制电缆设计文件
		电力行业管理部门	电力行业管理部门对设计文件进行评审
办理电缆敷设施工许可		建设方	向海洋行政管理部门提出施工申请
		海洋行政管理部门	在取得用海批复及环评批复，同时海洋行政管理部门征求相关单位意见后，发放施工许可
		报告编制单位、海事管理部门、施工方	编制《水上、水下作业和活动通航安全保障方案》
			海事管理部门组织《水上、水下作业和活动通航安全保障方案》评审
			海事管理部门发布航行通告
			办理《水上水下作业许可证》
		海关、边防	如涉及外方的调查船及人员，还必须办理海关、边防和检疫等相关部门的手续
敷设施工		施工单位	敷设施工
		海事管理部门	派遣警戒船现场警戒
		海洋行政管理部门	海洋行政管理部门对施工期间进行监督管理
注册、登记、备案		建设方、海洋行政管理部门	对铺设的最终路由进行报备
		海事管理部门	向海事管理部门报备，在海图上进行标注

一、路由桌面研究

路由桌面研究主要是通过对现有资料进行收集、整理、分析及现场踏勘的方法，对拟建海底电力电缆的路由进行初步的选择并比对，遵循选择相对安全可靠、技术可行、经济合理、不影响国防安全、无重大利益冲突、便于施工和维护的电缆路由的原则，从而得出合理的预选路由的过程。路由桌面研究的任务是根据海底电力电缆线路的总体布局选择登陆点及海域路由位置，为设计选线、路由审批提供技术资料。预选路由至少应提出两个路由方案，并进行比选。登陆点及海域路由位置的优劣，直接关系到工程可靠性和电缆的使用寿命，是海底电力电缆工程建设的关键环节。

路由桌面研究不仅是铺设海底电力电缆前最早的技术支撑材料，也是海洋行政管理部门对项目进行审批的重要依据。研究报告内容一般包括项目来源、预选路由方案、路由海域的地形地貌与地质条件描述、路由区域的水文气象要素、周边海洋开发活动、比选结论与建议等。自然属性方面包括气象、海洋水文、海洋生物、海水环境的自然环境状况和工程地质条件等；社会属性方面包括国土空间规划、海岸带规划等海洋专项规划、海洋开发现状以及生态保护红线等。

在拟定下海点位置及路由符合国土空间规划和海岸带规划等海洋专项规划，遵循生态保护红线要求的基础上，重点对路由工程地质条件等自然环境状况进行研究，对路由区海域海洋开发活动（如港口建设、海洋捕捞、养殖、已敷设的海底电力电缆或管道、航道、锚地、旅游区、自然保护区、军事区等）及路由与其之间的协调进行分析。通过比选，取其利，避其害，推荐出可行的路由。

（一）路由预选的原则

路由预选应遵循相对安全可靠、经济合理（路线短、拐点少）、海洋环境影响小、不影响国防安全、无重大利益冲突、便于施工和维护的原则。

（1）路由登陆点选择。通常1条海底电力电缆有2个对应的登陆点，或者说1个下海点、1个登陆点。路由登陆点的选择宜遵循以下原则。

1）符合国土空间规划和海岸带专项规划，与其他海洋规划或开发活动交叉少。尽量避开现有及规划中的开发活动热点区、港口开发区、自然保护区、旅游区、养殖区、填海造地区等。

2）尽量选在便于与陆上电缆连接和易于维护保养的地段，陆域协调相对较易、搬迁较少、至电缆的登陆站距离较近的岸滩地区。

3）尽量避开岩石裸露地段，选择登陆潮滩较短以及有盘留余缆区域的岸滩地区。

4）全年风浪比较平稳、海潮流比较小的岸滩地区。

5）沿岸流沙少，地震、海啸及洪水灾害等不易波及的地段。

6）登陆滩地附近没有其他设施或海底障碍（如电力电缆、水管、油管及其他海缆等）。

7）海岸浅滩较短、水深下降较快的海岸，以方便施工船只进入。

8）避开对电缆造成腐蚀损害的化工厂区及严重污染区。

（2）海域路由选择。海域路由的选择宜遵循以下原则。

1）预选路由应避开斜面、陡坡、深槽、海沟和海山等地形急剧起伏的区域，宜选择海底地形平坦、坡度较小的区域。

2）预选路由应尽量避开裸露基岩和海床冲淤强烈区域，选择沉积物类型比较单一及含砂量高的海底底质区域。

3）预选路由应避开海底自然障碍物（如大型孤石、岩礁、砾石、沙波、沙脊、浅层气区等）和人工障碍物（如沉船、废弃建构筑物、抛弃贝壳堆等）。

4）预选路由应避开海底滑坡、浊流、活动断裂、火山等灾害地质因素及地震活动多发区域。

5）预选路由应避开强流大浪区，选择水动力条件较弱的海域。

6）预选路由应减少与其他海底管线的交越，尽可能避免与海底已有管线交越。确需交越时，应尽可能垂直交越。如确需交越时角度应不小于60°，且与已有海底光中继器、光缆分支器的间距不小于3倍水深。

7）当预选路由与已有海底管线接近平行延伸时，相互间距应严格遵守国家有关规定，间距最好不小于3倍水深，以免由于路由勘测、电缆施工特别是电缆后期维修时破坏已有海底管线。

8）预选路由尽量避免海上的开发活跃区（含养殖区、捕捞区、航道、抛锚区、军事区、保护区、旅游区、浴场等），尽量避开强排他性海洋功能区；应尽可能地与航线垂直穿越。

9）施工时与其他海上活动相互影响最小的海域。

10）路由长度相对较短，路由拐点尽量减少。

（二）路由桌面研究的步骤

在以上选址选线原则的基础上，路由桌面研究分为以下几个步骤：资料收集与分析、现场踏勘及相关利益方调查访问、海上巡视（根据工程情况进行）、报告编制。路由桌面研究工作流程如图1-1所示。

（1）资料收集与分析。路由预选应主要对以下资料进行收集与分析。

1）路由区自然环境及区域地质概况资料的收集与分析。收集预选路由所在区域的海底地形地貌、地质、地震资料，说明路由区基本工程地质环境，需特别收集预选路由存在的不利地质因素，如裸露基岩、陡崖、沟槽、古河谷、浅层气、浊流、活动性沙波、活动断层等，预选路由应尽可能避开这些灾害地质因素分布区；分析路由区域及近场区地震及断层的分布情况；收集海底浅层沉积物的组成、地质分层和岩土特性；应尽可能收集路由区已有的腐蚀性环境参数，并评估它们对电缆的腐蚀性。

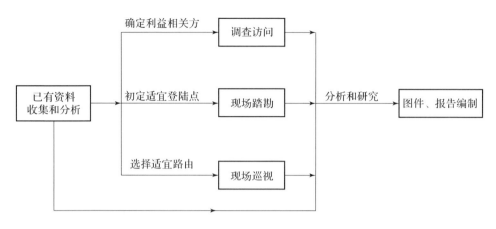

图 1－1　路由桌面研究工作流程

2）水文气象概况资料的收集与分析。收集预选路由所在海域的水文气象基础资料，说明路由区风、浪、潮、流等水文气象基本特征（近岸段应包含近 5 年以内的水文、气象资料），收集台风、风暴潮、海冰等海洋灾害的历史记录和统计数据，分析是否适宜海底电力电缆铺设和施工。

3）路由区国土空间规划、海岸带专项规划、现有海洋开发利用活动资料的收集与分析。主要包括渔业、交通运输、矿产资源开发、电力、通信、水利、市政、军事活动区、海洋自然保护区、旅游区及其他开发活动和规划。向海洋、水产、交通、电力、电信、市政、采矿部门以及军事单位了解与本项海底电力电缆工程相关的情况，并进行必要的协调。

4）路由区海底和海面的自然障碍物（如岩礁、砾石、沙波、沙脊、浅层气区等）和人工障碍物（如沉船、废锚、废弃电缆或管道、废弃建构筑物、抛弃贝壳堆等）的资料收集。

5）同海域或附近海域已建海底电缆和管道工程的资料收集，包括其故障史，分析故障原因，为新建电力电缆的设计、施工及维护提供有益经验。

（2）现场踏勘及与利益相关方的调查访问。现场踏勘应对各比选路由方案的登陆场址进行踏勘，主要包括登陆点附近的村镇分布、土地利用情况、海岸性质及利用状况、海滩（潮滩）地形、冲淤特征、登陆点至登陆站的距离、登陆点周边的海洋开发活动情况；登陆场址的自然条件及已有工程的登陆情况。现场踏勘完成后应编制现场踏勘报告，内容包括但不仅限于：登陆场址的现场描述，包括现场照片、登陆点位置及相关图件；登陆点周边的基础设施建设、海洋开发活动情况；当地的调访情况及支持条件等。

（3）海上巡视。根据工程条件开展海上巡视工作，主要是根据已有的资料选定适宜的路由，沿路由中心线巡视，了解路由区海洋开发活动情况，如路由区渔网分布情况、海上平台分布情况、航行标志分布等；必要时也可以使用水深测量、浅地层剖面或侧扫声呐系统，初步了解路由沿线的地形和水深、表层沉积物类型、路由区海底障碍物分布、水温等情况，以对收集到的资料进行验证。

（4）报告编制。在广泛收集资料、调研和现场踏勘的基础上，进行路由条件的综合评价，从合理性、适宜性和经济性三方面对路由方案进行比选，编制《路由桌面研究报告》。报告中应包括但不仅限于：概述、登陆点地理位置及其周边环境、路由区工程地质条件、路由区海洋水文气象要素、路由区海底腐蚀性环境、路由区海洋开发活动、预选路由条件评价及建议等内容。

二、路由勘测

路由勘测是在路由桌面研究的基础上，对预选路由附近条带区域进行综合勘测，以及历史资料的收集与分析，是海底电力电缆路由建设前期的关键环节之一。其目的是使用专业的工程地球物理、工程地质及海洋水文气象等勘测设备和方法，为海底电力电缆工程的选址（线）、设计、通航安全评估、风险评估、施工以及维护提供翔实的海洋基础资料和科学技术依据。路由调查勘测的任务是查明路由区的海底地形地貌、工程地质条件、海洋气象水文环境、腐蚀性环境参数和海洋规划与开发活动等方面的工程环境条件。路由调查勘测不仅是海底电力电缆设计最重要的技术支撑文件，也是海洋行政管理部门对工程项目进行审批的重要依据。

路由勘测主要内容包括：①查明路由周围水深、地形和地貌；②查明路由周围海底面状况、自然的或人为的海底、海面障碍物；③查明路由周围浅部地层的结构特征、空间分布及其物理力学性质；④查明路由周围灾害地质、地震因素；⑤调查海洋水文气象动力环境，分析海底冲淤变化，评估海床稳定性；⑥测定海水和底质腐蚀性环境参数、底质土壤电阻率和热物理参数；⑦调查海洋规划和相关开发活动等；⑧调查路由周围的矿产资源，包括海洋油气田和砂矿区等；⑨对海底电力电缆的设计和施工等方面提出建议。

路由勘测的程序应按实施方案制订、海上外业勘测、实验室测试分析、资料处理解释、图件与报告编制、成果验收等步骤进行，工作流程如图 1-2 所示。

三、海域使用论证

海域是指中华人民共和国内水、领海的水面、水体、海床和底土。其中，内水是指中华人民共和国领海基线向大陆一侧至海岸线的海域；领海是沿海国主权管辖下与内水相邻的一定宽度的海域，是国家领土的组成部分，其上空、海床和底土均属沿海国主权管辖。我国领海的宽度自领海基线向外延伸 12 海里。

海域使用是一个特定含义的法律概念，根据《中华人民共和国海域使用管理法》，单位和个人使用海域，必须依法取得海域使用权。在中华人民共和国内水、领海持续使用固定海域 3 个月以上的排他性用海活动被称为海域使用，需进行海域使用论证工作。

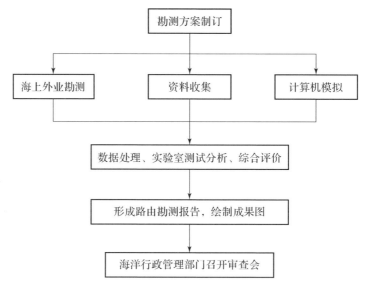

图 1－2　路由勘测工作流程

（1）海域使用论证的重要性。海域作为重要的自然资源，是海洋经济发展的主要载体。我国海域辽阔，领海面积达 38 万 km²，大陆岸线和岛屿岸线长达 3.2 万 km。中华人民共和国成立以来，特别是改革开放后，我国海洋经济飞速发展，海洋开发也从传统的航运、盐业、捕捞等转型为海水养殖、海洋油气开采、海洋旅游和海洋能源开发等多种综合利用的新型产业局面，因此海域使用也会伴随一系列的问题出现。为维护海域的国家所有权，保护海域使用权人的合法权益，促进海域的合理开发和可持续利用，应依法、合理、全面、统一、科学地对海域的分配、使用、开发等过程进行严谨的海域使用论证。

（2）海域使用论证的内容及工作流程。海域使用论证工作应遵循科学、客观、公正的原则。坚持节约优先，促进海域资源合理开发和可持续利用；坚持保护优先，实现生态效益、经济效益和社会效益的统一；坚持生态用海，促进海洋生态文明建设；坚持陆海统筹，以海定陆，促进区域协调发展；坚持国家利益优先，维护国防安全和国家海洋利益。

海域使用论证报告所使用的数据和资料应根据《海域使用论证技术导则》（GB/T 42361—2023）和《海籍调查规范》（HY/T 124—2009）等标准规范和相关法律法规的要求获取，结合《路由调查勘测报告》编制完成。其内容主要包括项目用海必要性分析、项目所在海域概况、资源生态影响分析、海域开发利用协调分析、项目用海与国土空间规划的符合性分析、项目用海方案分析、生态保护修复和使用对策等，对海底电力电缆工程来说，其中选址（线）的合理性、用海面积合理性、海域开发利用协调分析等内容是重点论证环节。

海域使用论证工作分为准备工作、实地调查、分析论证和报告编制四个阶段。

（1）准备工作阶段。研究有关技术文件和项目基础资料，收集历史和现状资料，开展

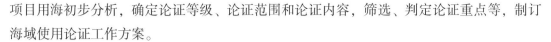

项目用海初步分析，确定论证等级、论证范围和论证内容，筛选、判定论证重点等，制订海域使用论证工作方案。

（2）实地调查阶段。根据项目用海需求走访相关部门和用海单位、个人，了解周边海域使用权属和实际使用情况；开展现场调查，了解项目所在海域的地形地貌特征、海岸线位置和开发利用现状。根据收集的相关资料情况，开展必要的现状调查。

（3）分析论证阶段。依据所获得的数据、资料，分析论证项目用海的必要性、资源生态适宜性、开发活动协调性、项目与国土空间规划符合性、用海方案合理性等，提出生态保护修复方案和论证结论。

（4）报告编制阶段。根据分析论证的内容和结论，编制海域使用论证报告。

四、海洋环境影响评价

为贯彻《中华人民共和国海洋环境保护法》《中华人民共和国海域使用管理法》《中华人民共和国环境影响评价法》和《海洋工程环境影响评价技术导则》（GB/T 19485—2014）等法律法规、标准规范，防止海洋工程对海洋环境的污染，维护海洋环境、资源的可持续开发利用，维护海洋生态平衡和保障人体健康，国家法律规定海洋工程需进行海洋环境影响评价。海底电力电缆工程属于海洋工程范畴，故海底电力电缆敷设前需进行海洋环境影响评价工作，并编制《海洋环境影响报告书（表）》，作为生态环境行政部门核准海洋环境影响的依据。

海洋环境影响评价工作的内容主要包括海水水质环境、海洋沉积物环境、海洋生态和生物资源环境、海洋地形地貌与冲淤环境、海洋水文动力环境、固体废弃物、环境风险等。海洋环境影响评价工作一般分为三个阶段，即调研和工作方案阶段、分析论证和预测评价阶段、环境影响评价文件编制阶段。海洋环境影响评价工作流程如图 1 - 3 所示。

五、海底电力电缆工程设计

海底电力电缆工程设计是指对海底电力电缆工程的建设提供有技术依据的设计文件和图纸的整个活动过程，是海底电力电缆工程建设项目生命期中的重要环节，是建设项目进行整体规划、体现具体实施意图的重要过程，是科学技术转化为生产力的纽带，是处理技术与经济关系的关键性环节。设计是否经济合理，对海底电力电缆工程建设项目造价的确定与控制具有十分重要的意义。

海底电力电缆工程设计指根据建设工程和法律法规的要求，对建设工程所需的技术、经济、资源、环境等条件进行综合分析、论证，编制建设工程设计文件，并提供相关服务的活动。

（1）海底电力电缆工程设计技术要点。海底电力电缆工程是一个系统工程，其设计涉及海洋、地质、水文、电气、结构、通信等多学科知识。

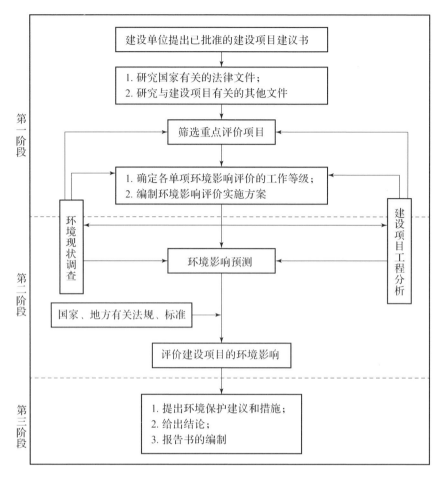

第一阶段

第二阶段

第三阶段

图 1-3 海洋环境影响评价工作流程

海底电力电缆敷设在极其复杂的海洋环境中，受外来因素的影响较多。海域的气象条件、水文条件、海水温度、盐度、深度等各种物理特性，海域腐蚀性参数等化学特性都直接或间接地影响着海底电力电缆的使用寿命，同时也影响到施工作业窗口的选择及工程投产日期和效益。

海底电力电缆所处地质也直接影响电缆使用寿命。地质包括泥质、沙质、岩质等参数，其不排水抗剪强度的大小直接影响电缆所需的埋设深度及其敷设作业时长。地质是否有流沙、是否有基岩、是否有板结的泥质"老地层"、海床面以下是否有浅层气体及其深度是多少，以及所处海域是否有沉船、矿产、鱼雷障碍物等一系列的地质问题都会影响海底电力电缆的使用安全。

海底电力电缆是一种输送电力能量的设施，在使用中由于用电负荷的变化，海底电力电缆会产生变化的焦耳热量，这必然引起电缆周边环境的温升，其是否会对海洋生物造成影响。长距离电缆输送引起的感应电压与感应电流也是一个不可避免的问题，需要合理设置接地措施及其装置，这就要求对土壤电阻率进行测量。电缆的弯曲半径是否合理，对电缆的安全运行也至关重要。

海水的压力作用于电缆，电缆结构需适应这一外在压力的要求。电缆断裂时会产生毛细现象，海水顺着电缆线芯之间的缝隙沿电缆前进，从而破坏整根电缆，要避免这一后果，就需要在电缆的结构上做文章。敷设在浅海区（水深200m以浅的区域）及靠近岸边区的电缆主要受到人为因素的影响和侵袭，包括海洋捕捞、渔具钩挂、海洋养殖、航运、锚泊等，还会受到海水压力、风浪和潮流的冲击、礁石磨损、海底生物的侵蚀等影响，并且在电缆施工、维修过程中也会受到工程机械的作用。敷设在深海区（水深200m以深的区域）的电缆相对而言比较安全，外来干扰因素少，但所受到的海水压力也大。因此，要求海底电力电缆必须具有耐水压、耐磨损、耐拉伸、抗腐蚀等特点。对不同敷设环境、不同的敷设深度的海底电力电缆均提出结构上的不同技术要求，给导线、绝缘、光纤以适宜的保护，保证电缆有符合设计生命周期的寿命。

现代海底电力电缆的内部多数为复合光纤，一方面是电力系统继电保护的需要，另一方面也为了满足电力系统通信的需要。运用光纤监测技术，复合的光纤也可满足电缆运行状态监测的需要。光纤承受纵向应力的能力弱，如何保护光纤不受敷设、运行的纵向张力的影响，也是电缆结构设计与选型要考虑的因素。

（2）海底电力电缆工程设计流程。海底电力电缆工程设计流程包括以下四个阶段。

1）桌面方案设计阶段。根据工程目标的总体规划，开展电缆建设项目的桌面研究、路由调查、可行性研究、用海项目评估和立项申请。其中，在桌面路由方案审批通过后，将对审批通过的路由进行实地调查，明确路由的环境条件，这些环境条件是下一步海底电力电缆工程可行性研究的依据。

2）可行性研究阶段。可行性研究是在项目建议书被批准后，对项目在技术上和经济上是否可行所进行的科学分析和论证。

3）施工图设计阶段。根据路由调查勘测报告及相关审批意见，工程设计根据现有的技术能力与经济比选，本着安全可靠、经济合理、技术先进的三项原则，在设计中进行多方案比较，努力提高经济效益，尽量降低工程造价，并采用符合国家现行标准的产品，以及提出产品所要满足的工程技术条件。未经鉴定合格和认证的产品不能在工程中使用。

4）竣工图设计阶段。根据实际施工情况绘制竣工图，作为运行维护的依据。

（3）敷设间距。海底电力电缆平行敷设时相互间严禁交叉重叠，电缆间距应由施工机具、水流流速及施工技术决定，并综合考虑后期海底电力电缆修复所需空间。

海底电力电缆平行敷设的间距不宜小于最高水位水深的1.5~2倍，引至岸边时，间距可适当缩小。在非通航的流速不超过1m/s的水域，同回路单芯电缆间距不得小于0.5m，不同回路电缆间距不得小于5m。水下电缆与工业管道之间的水平距离不宜小于50m，受限制时不得小于15m。

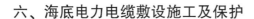

六、海底电力电缆敷设施工及保护

(一) 基本要求

海底电力电缆的敷设工程是世界公认的最复杂的大型工程之一，涉及气象、水文、地质、交通、电缆特性、机具、工程管理及水上水下各种应急情况的处理，是考验设备、经验、管理的一项综合技术活动。

电缆从工厂生产出来后，接下来就将进入敷设安装阶段。敷设安装过程可以分为前期准备、过缆作业、现场准备、始端登陆、海中段敷设、终端登陆、电缆保护、质量检查与验收等几个部分。如与其他管线交越，还有管线交越施工的内容，工艺流程一般如图1-4所示。

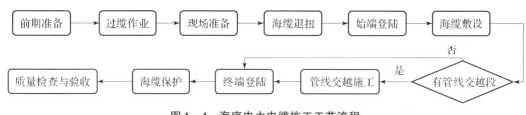

图1-4 海底电力电缆施工工艺流程

海底电力电缆敷设环境和条件错综复杂，应根据电缆特性、路由情况、施工和运行要求，采取技术可靠、经济合理的敷设方案。海底电力电缆敷设包括直接敷设和开沟敷设两种方式，应根据海床地质条件和海洋环境明确敷设方式及对应敷设区域。电缆敷设之前，应先完成路由清理和扫海。海底电力电缆敷设完毕后应平放在海床上，不得悬空。电缆悬空后长期受水流冲刷会磨损电缆，悬空距离过大也会增加悬点的电缆侧应力、加剧电缆振动。

电缆的敷设应在小潮汛、风浪小、洋流较缓慢时进行，视线不清晰、风力大于六级、浪高大于3m、海水流速超过3m/s的情况下不应进行海底电力电缆的敷设。应根据电缆长度及敷设施工速度计算施工所需时间，尽量避免施工期间遭遇不良气象条件。海底电力电缆经过不稳定岸边时，宜采取迂回形式敷设以预留适当备用长度的电缆。电缆应避免交叉重叠。

由于路由的水深、海底地质条件及电缆保护方式的不同，电缆敷设施工常采用不同的技术和方法。按施工的区段划分，路由的施工常分为登陆段施工、埋设段施工和铺设段施工。

(1) 登陆段施工。登陆段施工是将电缆从海缆船牵引至岸边登陆点区段的施工作业过程，水深一般在15m以内，具体可以分为直接登陆、间接登陆和平底海缆船登陆三种施工方法。

(2) 埋设段施工。埋设段施工是为了保证电缆不遭受外界损害而对电缆进行埋设的施工过程，水深要求一般小于 500m，特殊区域可达 1500m。电缆埋设前需对路由进行扫海清障作业，然后根据底质类型不同，采用水枪冲埋、犁埋设或开凿等方式对电缆进行埋设作业。

在松散或稍密砂土或软塑泥土底质区，适合用冲埋的方式进行铺设，此类铺设方式最为快速。在中密砂土或可塑的泥土底质区，高压水枪无法有效冲开海床进行埋设，适合采用犁埋设的方式进行埋设。在密实砂土、坚硬泥土或基岩底质区，则需要用开凿的方式凿开之后再对电缆进行埋设。

（3）铺设段施工。铺设段施工是在水深大于 1000m 的深海海域，为了降低工程造价和施工成本，利用海缆船将电缆按照设计路由及余量的控制要求，布放在海底表面的作业过程。由于海底地形起伏不平，海底两点间的实际曲面距离和路由中相应两点的距离不同，铺设电缆的长度必然大于路由长度，因此，余量控制是电缆铺设施工中最为关键的环节。

海底电力电缆敷设余量由敷设自动化软件根据路由勘测阶段收集的海底地质信息及其他海洋信息综合计算得出，其中水深和地形信息是对余量计算影响最大的因素。在敷设过程中，余量控制的直接表现是对敷设张力的控制。水深是决定海底电力电缆敷设张力的主要参数之一。海床坡度数据也是一项非常重要的参数，在路由上出现陡坡、海丘等灾害地质特征时，需要精确测量其倾斜度以满足敷设余量要求。

（二）电缆敷设施工的主要设备

电缆敷设施工的主要设备包括电缆敷设船、接续与测试设备、水下施工设备等。

电缆敷设船是一个特殊的海洋工作平台，除了船舶本身外，现代化的敷设船还要求：①具有较大的吨位以满足海底电力电缆的装载量；敷设船船舱的容积、甲板面积、稳定性等应满足电缆长度、重量、弯曲半径和作业场所的要求。②配备动力定位系统，保证铺缆过程中船舶的准确位置，实时准确地记录电缆施工中的经纬度，有效地控制船速等。③配备布缆设备，如鼓轮型布缆机、直线型布缆机等。④配备先进的埋设设备，如海底电力电缆埋设机和水下机器人。⑤专业的施工控制管理软件，以协调船舶速度和布缆机速度，进行余量控制计算。

电缆敷设船是大型海底电力电缆工程敷设作业的核心。根据动力类型，电缆敷设船可分为具有自航动力的专用电缆敷设船和由驳船等改装成的无动力敷设船。

有自航动力的专用电缆敷设船，敷设速度快，一般在 50m/min 以上，适用于开阔深水域及电缆较长时的敷设施工。其缺点在于吃水较深，不宜靠近岸边浅滩。

平板驳船改装成的电缆敷设船吃水较浅，能紧靠堤岸，退潮后即使搁浅也能保持船的平稳，其另一优势在于使用费用较低。电缆重量超过单艘驳船吨位时也可用两艘平驳绑接。驳船无推进器，需由拖船或一组锚和卷扬机来驱动，不会产生船舶停顿和失控，船舶前进方向的控制和纠偏也是依靠推轮辅助实现的。利用驳船敷设速度较慢，每天可至多敷设 1~2km 电缆，不适宜敷设大长度水底电缆。电缆路由区域海底管线较多时，也不适宜采用锚泊方式。

电缆敷设船上与电缆敷设相关的主要部件包括：

（1）转盘。转盘用于储存电缆，大多数电缆转盘从底层开始将电缆水平的一层一层装入。也有部分电缆敷设船转盘采用圆锥形轴芯，将电缆以恒定张力上下呈同心层绕在轴芯上。每次敷设作业应运载尽量多的电缆，尤其是大型海底电力电缆工程，以减少昂贵且时有风险的海上接头数量。电缆的长度及重量是确定敷设船转盘负载容量的决定因素。

（2）定位系统。电缆敷设船必须具备高精度定位系统，使电缆敷设船能够沿设计路由前进，偏离预定方向时及时调整。

（3）锚泊系统。保持电缆敷设船位置的常规方法是使用锚泊系统。对于驳船通常需要采用 4~8 个锚，锚位于距离驳船数百米甚至上千米的水中，并与驳船上的卷扬机相连接，驳船用操作卷扬机来控制其位置、船速及朝向。

（4）接头房。海底电力电缆的接头只能在配备了专用设备的接头房进行。船上接头房的尺寸约为 4m×17m，接头房需装配供电设备、空调设备及空气干燥装置等。

（5）电缆张紧器。电缆张紧器用于传送电缆及维持电缆张力，由多对滚轮组成，安装于靠近船尾的敷设滑轮处，滚轮采用液压操作系统，通过控制其对电缆的压力、摩擦力来控制电缆传送速度。电缆入水前张紧器处于送缆模式，电缆敷设入水后张紧器以制动模式运作。也有用履带代替滚轮，这种张紧器称为履带牵引机。

（6）应急切割机。在紧急状态下，会出现电缆必须切断的情况。较好的解决办法是在靠船尾敷设滑轮处设置液压切割机，在 60~90s 内切断电缆。

（三）电缆敷设过程中的主要数据

（1）敷设船位置数据。敷设船位置数据包括船距离始端、终端及特定参考点的距离 S、船位偏离设计轴线的距离 ΔS、敷设船所在位置水深 h。

（2）电缆敷设长度。电缆敷设长度由计米器读出，剩余电缆的长度需不小于敷设船至末端终端架的路由长度及设计要求值。敷设时，船位每前进 100m 应计算及校验一次，以便及时采取措施使之符合要求。

（3）电缆张力及入水角。电缆敷设过程中的张力可由张力测定器检测，也可根据入水角测量仪所指示的角度计算获得。

海底电力电缆因结构和铠装型式的不同而刚度各异。电缆以盘装、散装，或堆叠成圈的形式放置于电缆敷设船上，电缆由直线状态盘绕呈圈形时，铠装会随之旋紧或旋松（通常用旋紧方式，防止旋松后胀破外护层）。电缆旋紧或旋松的铠装捻紧力即为电缆潜在的退扭力，电缆敷设时，电缆自圈状再转变成直线状，潜在的退扭力有促使电缆旋转恢复其原状的趋势，即造成电缆打结。

海底电力电缆敷设时应采取退扭措施，并控制电缆的张力，避免电缆发生扭结。退扭可采用足够高度的退扭架或旋转水平转盘实现。滑轮处电缆的最小允许张力应不小于电缆在水中自由悬挂部分的重量 W_1，同时需保证电缆触水点弯曲半径 R_0 大于电缆的最小允许弯曲半径。入水角是敷设张力和敷设速度的综合反映，当放出电缆速度过快时，入水角增大，需及时用盘缘刹车或履带牵引机制动。反之则应减小制动力，甚至要送出电缆。一般敷设水深在几米至几十米之间时，将入水角控制在 $30°\sim60°$ 间能使电缆敷设张力适中。

敷设张力主要由导体和铠装承担。电缆的最大允许张力应根据电缆导体和铠装的机械强度来决定，一般应有 5 倍安全系数。

准确的勘测数据能够保证布缆机所布放的海底电力电缆长度适宜，从而确保电缆顶部和底部张力不会过大。

（四）海上电缆接头

虽然现在的大型海底电力电缆敷设船能储存和操作大长度的电缆，但对一些超长距离跨海联网、跨国联网工程，仍不可避免出现电缆船装载的电缆长度小于路由长度的情况，因此需要在宽阔的海洋上进行电缆接头。

海上电缆接头需要先进可靠的设备、训练有素的船上作业人员和足够长时间的良好天气。接头制作需要在专用的接头房进行，接头房需要有空调、空气干燥设备、起吊设备以及电缆操作设备。接头作业时需同时处理两根需要连接的电缆，接头过程中电缆不允许发生过度弯曲或拉伸，也不允许电缆在 A 形架上或其他结构件上被卡住。电缆接头类型由敷设条件决定。

（五）电缆保护

海底电力电缆的敷设和保护是海上施工的两个主要部分。根据工程的具体情况，可以有边敷设边保护和先敷设后保护两种方式。前者一般适合较短路径、通航船舶较少、海况较好、海底地质条件便于保护的情况。

海底电力电缆的保护需从设计、施工、运行和维护全寿命周期进行考虑，包括电缆的自身保护及外在保护。海底电力电缆铠装保护层的增厚可提高电缆的抗磨损能力，进行自身保护，但是会增加制造成本。海底电力电缆外在保护方案应根据水深、海床地质情况、海面船舶通行情况、风险情况、维修代价等综合考虑。海底电力电缆的机械保护包括掩埋保护、套管保护、加盖保护等方式。保护应采取合理的施工方法，避免施工对电缆造成伤害。在海底电力电缆存在重物下落、拖拽、移动等风险时，宜优先采用掩埋保护，其次采用压覆物加盖保护或二者结合的措施。在海底电力电缆存在程度较轻的落物、磨损等风险时，宜优先采用套管保护等措施。采用套管保护时，应校核载流量和套管的机械强度。套管保护可单独使用，也可与其他保护方式共同使用。海底电力电缆应根据不同路由区段的风险类型和风险等级采取相应的保护措施，同时兼顾运维和检修的需要。海床坚硬、掩埋保护施工困难的区段宜采用抛石、混凝土盖板等加盖保护方式。加盖保护应具有良好的稳定性和抗破坏能力。在航道与捕捞区的海底电力电缆一般以掩埋保护为主，加盖保护为辅。

第二节　路由勘测的范围、主要内容和技术手段

一、路由勘测范围

根据《海底电缆管道路由勘察规范》（GB/T 17502—2009），路由勘测的工作区域划分为登陆段、近岸段、浅海段和深海段四部分。每部分路由区的调查勘测范围（走廊宽度）、主要内容与技术手段都略有差别。

（1）登陆段。登陆段指海底电力电缆登陆点附近水深小于5m的路由区，以预选路由为中心线的勘测走廊带宽度一般为500m，自岸向陆延伸至100m处，向海至水深5m处。一般采用陆地地形测量、单波束水深测量、侧扫声呐探测、磁法探测、底质采样、静力触探试验、管线位置核查等技术，工程需要时可采用人工潜水、水下摄像及插杆试验等手段。

（2）近岸段。近岸段指登陆段外至水深20m的路由区，勘测走廊带宽度一般为500m。一般采用多波束水深测量、侧扫声呐探测、浅地层剖面探测、磁法探测、静力触探试验和底质采样等技术，工程需要时可采用人工潜水。

（3）浅海段。浅海段指水深20～1000m的路由区，勘测走廊带宽度一般为500～1000m。电缆埋设路由区内一般采用多波束水深测量、侧扫声呐探测、浅地层剖面探测和底质取样等技术，但是由于该海区水下拖体一般距离母船较远，因此水下拖体定位需采用水下声学定位技术。而电缆敷设路由海区一般只进行海底地形测量，因此一般以采用深水多波束水深测量技术为主。

（4）深海段。深海段指水深大于1000m的路由区，电缆一般只进行敷设，不进行埋设，勘测走廊带宽度一般为水深的2～3倍。该海区受人类活动影响较小，但海底形态一般都比较复杂，量程范围大，对深水调查设备要求很高。

二、路由勘测主要内容和技术手段

路由勘测主要是针对海底电力电缆路由区的海底地形地貌、水深条件、工程地质条件、海洋水文气象环境、腐蚀性环境参数等工程环境条件，采用相应的勘测技术。路由勘测主要方法包括导航定位、地形测量、海底面状况及障碍物探测、海底地层剖面探测、工程地质取样测试、已有管线探测、海洋水文气象环境调查和腐蚀性环境调查等。勘测是一项综合分析的工作，勘测的每一项内容一般不止利用一种技术进行，往往需要多种勘测技术的交互勘测，互相验证分析，从而获得更准确的勘测结果。

目前，海底电力电缆工程勘测主要依赖于声学探测技术，特别是海底浅层声学探测。海底浅层声学探测技术包括多波束技术、侧扫声呐技术和浅地层剖面探测技术三个分支，分别用于获取海底地形信息、地貌信息和浅层沉积物信息。路由调查勘测的内容及主要相关技术见表1-2。

表1-2 路由调查勘测的内容及主要相关技术

序号	调查勘测内容	采用的主要技术手段
1	登陆点地形和海底地形	陆地地形测量、单波束水深测量和多波束水深测量
2	海底面状况、自然或人为的海底障碍物、已有电缆或管道探测	侧扫声呐测量、磁法探测、浅地层剖面探测、底质采样
3	海底浅地层的结构特征、空间分布及其物理力学性质	浅地层剖面探测、底质采样、原位测试和工程地质钻探
4	海底不良地质现象	资料收集、侧扫声呐探测、浅地层剖面探测、底质采样
5	海洋水文气象要素	资料收集、现场调查和观测、数值模拟、分析计算
6	腐蚀性环境参数	资料收集、底层水和海底土参数测试、土壤电阻率测试
7	海洋开发活动	资料收集、调查
8	勘测辅助技术	导航定位技术（水上导航定位和水下导航定位）

（1）导航定位。导航定位是路由勘测所有其他技术的基础，也是勘测顺利进行的基本保证，导航定位精度的好坏直接关系到整个路由勘测的数据质量。路由勘测中的导航定位主要使用全球导航卫星系统和水下声学定位系统，其中，全球卫星导航系统主要用于水上载体的导航和固定安装的换能器的定位，水下声学定位系统则是为水下拖体或者采样器在水下的定位。

（2）地形测量。地形测量是路由勘测的基础内容，也是最重要的内容，通常分为登陆点地形测量和水下地形测量。登陆点地形测量为陆地地形测量，而水下地形测量通常以回声测深技术为测量手段。通过对路由勘测区的地形测量，获取勘测区的精细地形成果数据，从而准确反映出路由区域的实际地形地貌特征，特别是特殊地形地貌，如陡坎、斜坡、海山、沙坡及洼地等，同时也能获取勘测区域内坡度较大的地方。地形测量的目的是为设计和施工提供基础地形信息，以使得在勘测后可以在地形数据基础上对路由进行优化，避开不良地形区域，也可为施工提供航行保障。

（3）侧扫声呐探测。海底面状况及海底障碍物的存在直接关系到路由选择和施工安全，是路由勘测要重点查明的内容。海底面状况和障碍物探测一般采用侧扫声呐探测技术进行。分析和研究海底表层的工程地质条件，对于电缆的铺设均有着十分重要的应用价值。随着侧扫声呐在海洋工程勘测中的广泛应用，通过对声呐图像的判读，结合底质采样结果，对勘测区域海底表层底质类型及分布、海底障碍物和不良地质现象进行分析和定性，从而绘制海底面状况图，将为海底电力电缆工程的设计和施工提供依据。

（4）浅地层剖面探测。海底地层特征是路由勘测的重要内容，重点要查明路由区域浅部地层结构与浅部地层的岩性特征。而且，通过浅地层剖面探测也能探测是否存在浅部灾害地质因素，如浅层天然气、古河道、海底滑坡以及活动断层等。浅地层剖面探测通过探测获取路由区浅部地层的发射特征、产状特征和层理结构等，同时结合地质取样和浅部地层的声学反射特征，可以区分浅部地层的岩性和海底地貌，能有效地避开礁石等施工危险区域，为安全施工提供保障。同时，在路由勘测时，可以为路由设计初期避开不适合铺设电缆的区域，为后续电缆铺设降低风险。在电缆铺设过程中，还可以利用浅地层剖面探测技术对电缆埋深进行检测，检查电缆铺设施工是否满足设计要求。

（5）已有电缆和管道探测。已有电缆和管道探测主要是确定路由区海底已建电缆和管道的位置和分布，主要技术为磁法探测、侧扫声呐探测和浅地层剖面探测。侧扫声呐可以对裸露于海底的海底电力电缆和管道进行位置和状态扫测，而对于埋设金属结构的海底电力电缆和管道，可利用浅地层剖面仪或者磁力仪进行位置和埋深情况探测。

（6）工程地质取样测试。工程地质取样测试是路由工程地质勘测实际工作中不可缺少且广泛采用的重要方法。因为仅用海洋工程物探法是不够的，海洋工程物探法只能做出定性和区域性的评价，而电缆敷设要求做定性和定量的全面的工程地质评价。

路由勘测工作中的工程地质取样分为底质采样和工程地质钻探两种方式。底质采样又分为柱状采样和表层采样两种，以柱状采样为主。一般路由勘测不需要开展工程地质钻探，若工程设计单位提出相关要求，则按设计要求开展海洋工程地质钻探工作。

在路由勘测工作中，海底沉积物的测试方法分为原位测试、船上土工测试和实验室土工测试三大类。通过这三类测试取得勘测路由区海底沉积物的各种物理与力学指标，这些指标是电力电缆工程设计和施工不可缺少的重要科学依据。原位测试工作常采用的方法有静力触探试验、标准贯入试验等；船上土工测试常用方法有微型十字板剪切试验、微型贯入仪试验、泥温测试、热阻率测试等；室内土工测试主要是将海上取得的沉积物样品在实验室内做沉积物的物理力学性质的常规试验和特殊项目的试验。路由区沉积物的物理力学性质指标一方面是电力电缆工程设计中不可缺少的重要参数，另一方面在电力电缆施工过程和竣工数年后的长期观测分析中，可作为防止出现各种事故采取防范措施的指导。

总之，对路由区海底沉积物工程性质的研究和综合分析，有助于对路由各段海底沉积物进行对比研究，便于划分沉积环境，掌握海洋沉积物的空间分布、变异规律及对海底斜坡稳定性的预测等，因此具有重大的实际意义。

（7）海洋水文与气象环境调查。利用潮汐、海流、波浪、风等海洋水文气象环境因子的现场观测和历史资料，统计分析路由区的海洋水文气象参数。水文气象各要素极值参数是海底电力电缆工程的规划、设计、施工和运营必须提供的基础资料，为安全、科学、合理的工程设计提供环境数据支撑。众所周知，海底电力电缆工程勘测和海上施工作业等均需要长时间的海上风、浪、流极值序列作为设计参数以保障安全，然而往往在海上，特别是在路由区这些资料严重缺乏，海上浮标实测资料也非常稀少。数据资料的缺乏，严重影响海底电力电缆工程的安全保障工作，因此需要采用先进的风、浪、流后报数值模拟方法，系统地进行风、浪、流数值模拟，从而得出海洋水文气象工程环境区域极端设计参数。通过对水文气象条件各要素的分析评价，掌握研究区海洋环境的时空变化特征，为海底电力电缆工程的规划、设计、施工和运营提供技术保障，并为选择施工窗口期提供依据，已成为海底电力电缆工程中不可缺少的工作。

（8）腐蚀性环境调查。电缆敷设或埋设于海底，而海底腐蚀性主要来自底层海水及沉积物的腐蚀作用，因此在路由勘测工作中需要对电缆所在海域的底层海水及沉积物进行腐蚀性环境参数的测定。根据《海底电缆管道路由勘察规范》（GB/T 17502—2009）的要求，对底层海水腐蚀性环境参数主要测定 pH 值、Cl^-、SO_4^{2-}、HCO_3^-、CO_3^{2-}、侵蚀性 CO_2；沉积物测试参数则包括 pH 值、Cl^-、SO_4^{2-}、HCO_3^-、CO_3^{2-}、氧化还原电位、电阻率等。

对于电缆来说，海底腐蚀主要发生在沉积物粒径较大的埋设路由区和深水敷设段。海水一般对金属具有很强的腐蚀性，由于电缆的生产技术及海洋防腐技术已经比较成熟，且近岸电缆大都进行了掩埋，因此腐蚀性影响一般较小。电缆实际敷设或埋设后，海底腐蚀对电缆具有实质性的影响主要为：①不同沉积物类型以及海底流对电缆的磨蚀；②埋设层中硫酸盐还原菌等微生物的活动会加速电缆保护层（中密度聚乙烯护套）老化、粉化的速度。

目前，关于海底腐蚀性环境对电缆腐蚀影响的评价还没有相应标准，根据《海底电缆管道路由勘察规范》（GB/T 17502—2009）的要求，应按《岩土工程勘察规范（2009 年版)》（GB 50021—2001）相关要求进行。但是，《岩土工程勘察规范（2009 年版)》中腐蚀性评价标准主要是针对土壤和水对混凝土及钢筋的腐蚀性评价，并不完全适用于底层海水及沉积物对电缆的腐蚀性评价。

三、路由勘测主要遵循的相关法律法规、规程规范

海洋法律法规、规程规范是我国海洋法治化管理的重要基础，是落实党和国家各项基本政策的重要依据。目前与海底电力电缆工程勘测相关的法律法规、规程规范主要如下：

（1）《中华人民共和国海域使用管理法》（中华人民共和国主席令第 61 号），2002 年1 月 1 日起实施。

（2）《中华人民共和国海洋环境保护法》（中华人民共和国主席令第 12 号），2023 年修订，2024 年 1 月 1 日起实施。

（3）《中华人民共和国海岛保护法》（中华人民共和国主席令第 22 号），2010 年 3 月1 日起实施。

（4）《中华人民共和国领海及毗连区法》（中华人民共和国主席令第 55 号），1992 年2 月 25 日起实施（涉及跨国界海缆工程时）。

（5）《中华人民共和国涉外海洋科学研究管理规定》（国务院令第 199 号），1996 年 10 月 1 日起实施（涉及涉外勘测项目时）。

（6）《中华人民共和国专属经济区和大陆架法》（中华人民共和国主席令第 6 号），1998 年 6 月 26 日起实施。

（7）《铺设海底电缆管道管理规定》（国务院令第 27 号），1989 年 3 月 1 日起实施。

（8）《铺设海底电缆管道管理规定实施办法》（国家海洋局令〔1992〕3 号），1992 年 8 月 26 日起实施。

（9）《海底电缆、管道路由调查、勘测简明规则》（国海管发〔1994〕234 号），1994 年 6 月 14 日起实施。

（10）《关于铺设海底电缆管道管理有关事项的通知》（国海规范〔2017〕8 号），2017 年 5 月 2 日起实施。

（11）《海底电缆管道路由勘察规范》（GB/T 17502—2009）。

（12）《工程测量通用规范》（GB 55018—2021）。

（13）《海洋工程地形测量规范》（GB/T 17501—2017）。

（14）《国家三、四等水准测量规范》（GB/T 12898—2009）。

（15）《差分全球卫星导航系统（DGNSS）技术要求》（GB/T 17424—2019）。

（16）《多波束水下地形测量技术规范》（GB/T 42640—2023）。

（17）《机载激光雷达水下地形测量技术规范》（GB/T 39624—2020）。

（18）《船载海陆地形地貌一体化调查技术要求》（HY/T 0350—2023）。

（19）《海洋调查规范 第 2 部分：海洋水文观测》（GB/T 12763.2—2007）。

（20）《海洋调查规范 第 3 部分：海洋气象观测》（GB/T 12763.3—2020）。

（21）《海洋调查规范 第 6 部分：海洋生物调查》（GB/T 12763.6—2007）。

（22）《海洋调查规范 第 8 部分：海洋地质地球物理调查》（GB/T 12763.8—2007）。

（23）《海洋调查规范 第 10 部分：海底地形地貌调查》（GB/T 12763.10—2007）。

（24）《海洋调查规范 第 11 部分：海底工程地质调查》（GB/T 12763.11—2007）。

（25）《工程勘察通用规范》（GB 55017—2021）。

（26）《岩土工程勘察规范（2009 年版）》（GB 50021—2001）。

（27）《土工试验方法标准》（GB/T 50123—2019）。

（28）《建筑抗震设计标准（2024 年版）》（GB/T 50011—2010）。

（29）《海洋观测规范 第 2 部分：海滨观测》（GB/T 14914.2—2019）。

（30）《海洋磁力测量技术规范》（DZ/T 0357—2020）。

（31）《电力工程水文技术规程》（DL/T 5084—2021）。

（32）《港口与航道水文规范（2022 年版）》（JTS 145—2015）。

（33）《电力工程电缆勘测技术规程》（DL/T 5570—2020）。

第二章
海上勘测导航定位技术

定位即测定一点在指定坐标系的位置坐标。导航是利用定位和控制手段确定运动载体当前位置和目标位置，参照环境信息引导运动载体沿着合理的路线抵达目的地的过程。导航源于定位，并且需要连续实时动态的定位。导航的研究内容除所有定位技术外，还包括各种匹配导航和控制理论与方法等。

海上导航定位技术是海底电力电缆工程勘测工作的基础。海上导航定位技术为海底电力电缆工程勘测设备提供实时、精确的空间位置及勘测过程中的实时走向，通过实时获取空间位置和时间匹配等手段，实现其他勘测设备获取的资料具有空间位置。海上导航定位技术一般分为水面导航定位技术和水下导航定位技术。

第一节　测量基准

海底电力电缆工程测量统一的基准体系是进行多元测量数据标准化及共享的前提和保证，也是实现陆地和海域测量资料相统一的基本条件，是导航定位技术的基础。

一、坐标系统类型和坐标转换

（一）常用的坐标系统

坐标系根据其原点位置的不同分为参心坐标系、地心坐标系和站心坐标系。下面介绍几种测量中常用的坐标系统。

（1）1954年北京坐标系。新中国成立以后，大地测量进入了全面发展时期，在全国范围内开展了正规的、全面的大地测量和测图工作，迫切需要建立一个参心大地坐标系。1954年，我国完成了北京天文原点的测定，采用了苏联的克拉索夫斯基（Krasovsky）椭球参数，并与苏联1942年坐标系进行联测，通过计算建立了我国大地坐标系，定名为1954年北京坐标系。因此，1954年北京坐标系可以认为是苏联1942年坐标系的延伸。它的原点不在北京而是在苏联的普尔科沃。它将我国一等锁与苏联远东一等锁相连接，然后以连接处呼玛、吉拉宁、东宁基线网扩大边端点的苏联 1942 年普尔科沃坐标系的坐标为起算数据，平差我国东北及东部区一等锁。

1954 年北京坐标系和苏联 1942 年普尔科沃坐标系有一定的关系（椭球参数和大地原点一致），但又不完全相同。如大地点高程是以 1956 年青岛验潮站求出的黄海平均海水面为基准。高程异常是以苏联 1955 年大地水准面重新平差结果为起算值，按我国天文水准路线推算出来的。

1954 年北京坐标系特点可归结为：①属参心大地坐标系；②采用克拉索夫斯基椭球的两个几何参数，长半轴 $a = 6378245\text{m}$，扁率 $f = 1/298.3$；③大地原点在苏联的普尔科沃；④采用多点定位法进行椭球定位。

（2）1980 年西安坐标系。为了进行全国天文大地网整体平差，我国采用了新的椭球元素，进行了新的定位与定向。1978 年以后，我国建立了 1980 年国家大地坐标系，其大地原点设在我国中部——陕西省泾阳县永乐镇。

该坐标系是参心坐标系。椭球短轴 Z 轴平行于由地球地心指向 1968.0 地极原点的方向；大地起始子午面平行于格林尼治平均天文台子午面，X 轴在大地起始子午面内与 Z 轴垂直指向经度零方向；Y 轴与 Z、X 轴成右手坐标系。椭球参数采用 1975 年国际大地测量与地球物理联合会第 16 届大会的推荐值，长半轴 $a = 6378140\text{m}$，扁率 $f = 1/298.257$。

椭球定位时按我国范围内高程异常值平方和最小为原则求解参数。高程系统基准是 1956 年青岛验潮站求出的黄海平均海水面。

（3）WGS84 世界大地坐标系。该坐标系是一个协议地球参考系（conventional terrestrial system，CTS），其原点是地球的质心，Z 轴指向国际时间局（BIH）历元 1984.0 定义的协议地球极（conventional terrestrial pole，CTP）方向，X 轴指向 BIH 历元 1984.0 零度子午面和 CTP 赤道的交点，Y 轴和 Z、X 轴构成右手坐标系。WGS 84 椭球采用国际大地测量与地球物理联合会第 17 届大会大地测量常数推荐值，长半轴 $a = 6378137\text{m}$；扁率 $f = 1/298.257223563$。

（4）2000 国家大地坐标系。我国于 20 世纪 50 年代和 80 年代，分别建立了北京坐标系和 1980 西安坐标系，测制了各种比例尺地形图，为国民经济和社会发展提供了基础的测绘保障。随着社会的进步，国民经济建设、国防建设和社会发展、科学研究等对国家大地坐标系提出了新的要求，迫切需要采用原点位于地球质量中心的坐标系统（简称地心坐标系）作为国家大地坐标系。采用地心坐标系有利于采用现代空间技术对坐标系进行维护和快速更新，测定高精度大地控制点三维坐标，并提高测图工作效率。

国务院批准自 2008 年 7 月 1 日启用我国的国家大地坐标系，英文名称为 China Geodetic Coordinate System 2000，英文缩写为 CGCS2000。

2000 国家大地坐标系的定义：①坐标系的原点为包括海洋和大气的整个地球的质量中

心，坐标系以国际地球参考框架（ITRF）97 参考框架为基准，参考框架历元为 2000.0，该历元的指向由 BIH 给定的历元 1984.0 作为初始指向推算而来，定向的时间演化保证相对于地壳不产生残余的全球旋转；②Z 轴由原点指向历元 2000.0 的地球参考极的方向；③X 轴由原点指向格林尼治参考子午线与地球赤道面（历元 2000.0）的交点；④Y 轴与 Z 轴、X 轴构成右手正交坐标系；⑤采用的地球椭球的参数为长半轴 $a = 6378137\,\mathrm{m}$，扁率 $f = 1/298.257222101$。

（5）各类坐标系的比较。在坐标系类型、椭球定位方式、原点位置、坐标系维数、相对精度等方面，2000 国家大地坐标系和 1954 年北京坐标系、1980 年西安坐标系有所区别，见表 2 - 1。

表 2 - 1　2000 国家大地坐标系与原坐标系区别

比较指标	2000 国家大地坐标系	原坐标系（1954 年北京坐标系，1980 年西安坐标系）
坐标系类型	地心坐标系	参心坐标系
椭球定位方式	与全球大地水准面最密合	局部大地水准面最吻合
原点位置	包括海洋和大地的整个地球质量中心	与地球质量中心有较大偏差
坐标系维数	三维坐标系统	二维坐标系统
相对精度	$1 \times 10^{-8} \sim 1 \times 10^{-7}$	1×10^{-6}
实现技术	通过现代空间大地测量观测技术确定	通过传统的大地测量方式确定

从建成年代、椭球名称、椭球类型、长半轴 a、扁率 f 等方面对各坐标系进行比较，见表 2 - 2。

表 2 - 2　各坐标系统基准参数比较

坐标系统	1954 年北京坐标系	1980 年西安坐标系	WGS84 世界大地坐标系	2000 国家大地坐标系
建成年代	20 世纪 50 年代	1979 年	1984 年	2008 年
椭球名称	克拉索夫斯基	IUGG1975	WGS 84	CGCS2000
椭球类型	参考椭球	参考椭球	总地球椭球	总地球椭球
长半轴 a（m）	6378245	6378140	6378137	6378137
扁率 f	1 : 298.3	1 : 298.257	1 : 298.257223563	1 : 298.257222101

（二）投影变换和坐标变换

1. 投影变换

由于海上勘测数据源的多样性，当数据与统一的空间参考系（坐标系统、投影方式）

不一致时，就需要对数据进行投影变换。

地球是一个不规则的球体，为了能够将其表面的内容显示在平面的显示器或纸面上，就必须将球面的地理坐标系统变换成平面的投影坐标系统。我国海洋工程勘测项目投影方式一般采用高斯—克吕格投影、墨卡托投影和通用横轴墨卡托投影。

（1）高斯—克吕格投影（gauss – kruger projection）。高斯—克吕格投影是一种"等角横切圆柱投影"，也被称为横轴墨卡托投影。它是假设一个椭圆柱面与地球椭球体面横切于某一条经线上，按照等角条件将中央经线东、西各 3°或 1.5°经线范围内的经纬线投影到椭圆柱面上，然后将椭圆柱面展开成平面而成的，如图 2 – 1 所示。其没有角度变形，在长度和面积上变形也很小，中央经线无变形，自中央经线向投影带边缘，变形逐渐增加，变形最大处在投影带内赤道的两端。由于其投影精度高，变形小，且计算简便，只要算出一个带的数据，其他各带都能应用，因此在大比例尺地形图中应用，可以满足军事上各种需要，并能在图上进行精确的量测计算。在我国，大于或等于 1∶50 万比例尺地形图均采用高斯—克吕格投影。海上除长距离的路由勘测项目外基本采用该投影方式。

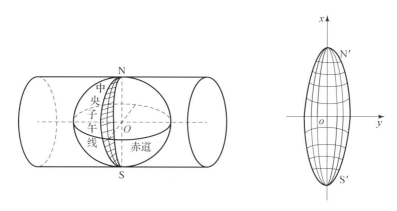

图 2 – 1　高斯—克吕格投影原理

（2）通用横轴墨卡托投影（universal transverse mercator projection，UTM）。UTM 投影也是横轴墨卡托投影的一种，是一种"等角横轴割圆柱投影"。投影后的地球在南北两个等纬度圈与圆柱体相割的经线上没有变形，一个是南纬 80°，另一个是北纬 84°，中央子午线的比例参数（k_0）为 0.9996，如图 2 – 2 所示。目前世界上已有 100 多个国家和地区采用 UTM 投影，我国的卫星影像资料常采用 UTM 投影。另外，现今国外的测量软件或进口测量仪器的配套软件一般不支持高斯—克吕格投影方式，多数支持 UTM 投影。UTM 投影与高斯—克吕格投影具有不同的投影几何方式，高斯—克吕格投影是"等角横切圆柱投影"，而 UTM 投影是"等角横轴割圆柱投影"，因此高斯—克吕格投影中央子午线没有长度的变形，比例因子为 1；而 UTM 投影的中央子午线长度缩小为 0.9996，因此高斯—克吕格投影和 UTM 投影的最大区别是在比例系数上。

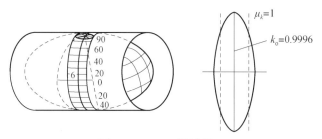

图 2 - 2　UTM 投影原理

（3）墨卡托投影（mercator projection）。墨卡托投影是一种"等角正切圆柱投影"。它是假想一个与地轴方向一致的圆柱切于地球，按等角条件，将经纬网投影到圆柱面上，将圆柱面展为平面后形成，如图 2 - 3 所示。该投影没有角度变形，由每一点向各方向的长度比相等，它的经纬线都是平行直线，且相交成直角，经线间隔相等，纬线间隔从基准纬线向两极逐渐增大。墨卡托投影的地图上长度和面积变形明显，但基准纬线无变形，从基准纬线向两极变形逐渐增大，但因为它具有各个方向均等扩大的特性，保持了方向和相互位置关系的正确。

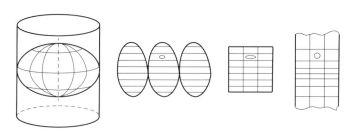

图 2 - 3　墨卡托投影原理

（4）投影方式对比。根据上文表述，各种投影变换的对比见表 2 - 3。

表 2 - 3　不同投影方式对比

投影方式	投影原理	变形特性	通常应用范围
高斯—克吕格投影	等角横切圆柱投影	无角度变形，在长度和面积上变形也很小，中央经线无变形；自中央经线向投影带边缘，变形逐渐增加	≥1：500000 比例尺地形图
UTM 投影	等角横轴割圆柱投影	无角度变形，投影后地球在南北两个等纬度圈与圆柱体相割的经线上没有变形。投影的中央子午线长度比缩小为 0.9996	卫星影像资料
墨卡托投影	等角正切圆柱投影	无角度变形，投影后长度和面积变形明显，但基准纬线无变形，从基准纬线向两极变形逐渐增大	1：250000 及更小比例尺图

2. 坐标变换

根据坐标系原点的位置不同，全球坐标系统可分为地心坐标系和参心坐标系，其中地心坐标系以地球质心为原点，比如 WGS84 坐标系和 CGCS2000 坐标系；参心坐标系以参考椭球的中心为坐标基准，比如 1954 年北京坐标系和 1980 西安坐标系。不同坐标系的坐标原点和参考椭球是不同的，在测绘和工程建设中往往采用不同的坐标系，因此需进行不同坐标系统之间的坐标变换，实现坐标基准的统一。

（1）大地坐标和空间直角坐标的转换。空间点位可以表达为笛卡尔坐标（空间直角坐标 X、Y、Z）、曲面坐标（经度 L、纬度 B、高程 H）和站心坐标（北向 N、东向 E、垂向 U），如图 2-4 所示。它们之间存在严格的数学转换关系，转换关系见式（2-1）、式（2-2）。

$$\begin{bmatrix} X \\ Y \\ Z \end{bmatrix} = \begin{bmatrix} (N_r + H)\cos B\cos L \\ (N_r + H)\cos B\sin L \\ [N_r(1 - e^2) + H]\sin B \end{bmatrix} \tag{2-1}$$

$$\begin{bmatrix} N \\ E \\ U \end{bmatrix} = \begin{bmatrix} -\sin B_0\cos L_0 & -\sin B_0\sin L_0 & \cos B_0 \\ -\sin L_0 & \cos L_0 & 0 \\ \cos B_0\cos L_0 & \cos B_0\sin L_0 & \sin B_0 \end{bmatrix} \begin{bmatrix} X - X_0 \\ Y - Y_0 \\ Z - Z_0 \end{bmatrix} \tag{2-2}$$

式中：N_r 为卯酉圈曲率半径；e 为椭球的偏心率；下角标 0 代表测站点。

（2）空间直角坐标系之间的转换。图 2-5 所示为两个空间直角坐标系 $OXYZ$ 和 $O'X'Y'Z'$。图中（ΔX_0、ΔY_0、ΔZ_0）相对于 O' 的位置向量；ε_x、ε_y、ε_z 为三个坐标轴不平行而产生的欧拉角，称为旋转参数；m 为尺度不一致而产生的改正。

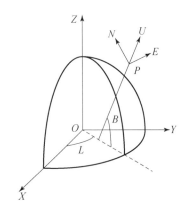

图 2-4　坐标系统关系

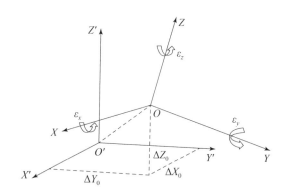

图 2-5　两空间直角坐标系的关系

由图可知

$$\begin{bmatrix} X' \\ Y' \\ Z' \end{bmatrix} = \begin{bmatrix} \Delta X_0 \\ \Delta Y_0 \\ \Delta Z_0 \end{bmatrix} + (1 + m)R_x(\varepsilon_x)R_y(\varepsilon_y)R_z(\varepsilon_z) \begin{bmatrix} X \\ Y \\ Z \end{bmatrix} \tag{2-3}$$

式中：$R_x(\varepsilon_x)$、$R_y(\varepsilon_y)$、$R_z(\varepsilon_z)$ 为三个坐标轴的旋转矩阵，其中

$$R_x(\varepsilon_x) = \begin{bmatrix} 1 & 0 & 0 \\ 0 & \cos\varepsilon_x & \sin\varepsilon_x \\ 0 & -\sin\varepsilon_x & \cos\varepsilon_x \end{bmatrix}$$

$$R_y(\varepsilon_y) = \begin{bmatrix} \cos\varepsilon_y & 0 & -\sin\varepsilon_y \\ 0 & 1 & 0 \\ \sin\varepsilon_y & 0 & \cos\varepsilon_y \end{bmatrix} \qquad (2-4)$$

$$R_z(\varepsilon_z) = \begin{bmatrix} \cos\varepsilon_z & \sin\varepsilon_z & 0 \\ -\sin\varepsilon_z & \cos\varepsilon_z & 0 \\ 0 & 0 & 1 \end{bmatrix}$$

（三）坐标系转换方法

坐标基准的统一主要是将不同时期、不同坐标系下的勘测成果资料，通过坐标系之间的坐标转换统一到同一坐标系。该部分工作主要是将 1954 年北京坐标系和 1980 年西安坐标系下的陆图和海图转换到 CGCS2000 坐标系下，主要算法有三参数、七参数和多项式转换模型等。

（1）三参数转换模型。三参数转换模型是参心转换模型，其假定两个椭球基准的空间直角坐标轴相互平行，从而实现坐标转换。

（2）七参数转换模型。七参数转换模型是在三参数转换模型的基础上，增加了三个坐标轴的旋转参数（R_x，R_y，R_z）和尺度比因子（K）。

（3）多项式转换模型。多项式转换方法一般用于误差分布不均匀的坐标系转换，这些误差引起的失真可近似通过经、纬度或北、东向坐标的多项式函数模拟，多项式的阶次可根据失真的程度而定。

上述三种转换模型为现阶段比较通用的转换方法，可以根据初始坐标系、区域的大小和转换精度要求的高低进行转换模型选取。

二、垂直基准的类型和转换

（一）垂直基准类型

陆地高程与海洋深度都需要固定的起算面，统称这些垂直坐标的参考面为垂直基准，垂直基准包括高程基准和深度基准。

在测量实践中，陆地高程起算面通常取为某一特定验潮站长期观测水位的平均值——长期平均海平面，即定义该面的高程为零。海洋测量中常采用深度基准面。深度基准面是海洋测量中的深度起算面，不同的国家和地区及不同的用途采用不同的深度基准面。

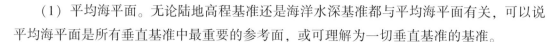

（1）平均海平面。无论陆地高程基准还是海洋水深基准都与平均海平面有关，可以说平均海平面是所有垂直基准中最重要的参考面，或可理解为一切垂直基准的基准。

平均海平面亦称海平面，指某一海域一定时期内海水面的平均位置，是大地测量中的高程起算面，由相应期间逐时潮位观测资料获得，高度一般由当地验潮站零点起算。

（2）国家高程基准。目前，世界各国或地区均以一个或几个验潮站的长期平均海平面定义高程基准。美国以波特兰验潮站、日本以东京灵岸岛验潮站、欧洲地区以阿姆斯特丹验潮站的多年平均海平面定义各自的高程基准面。

1954年，总参测绘局定义青岛（1953～1954年两年数据）和坎门两站的平均海平面高程为零，作为约束条件，建立了"两年数据黄海平均海平面基准"。1956年，则选定青岛大港验潮站1950～1956年7年的平均海平面作为全国统一的高程基准。

原则上应采用长期平均海平面定义高程基准，至少要顾及交点潮引起的平均海平面年际周期变化。这就要求作为高程起算面的平均海平面观测时间应不短于19年，而这样的时间长度，根据稳定性分析，在青岛附近即便包含着交点潮影响，以95%置信概率指标也可达到1cm精度。

基于这样的考虑和已积累的足够长时间的观测数据，建立"1985国家高程基准"。"1985国家高程基准"在具体建立时，采用了1952～1979年共28年数据。具体计算则采用10组19年数据滑动平均，最后取10组滑动平均值的总平均。

（3）海图深度基准面。海图深度基准面基本可描述为：在当地稳定平均海平面之下，使得瞬时海平面可以但很少低于该面。深度基准面是相对于当地稳定（或长期）平均海平面定义的。

为实现海图深度基准面的基本原则，通常以海图深度基准面保证率（水位处于采用的深度基准面以上的低潮次数与低潮总次数之比）来对深度基准面进行质量的检核。

我国航海图采用的深度基准面为理论最低潮面，其保证率为95%左右。由此可知，在确定海图深度基准面时都必须考虑当地的潮汐性质，将深度基准定在最低潮附近。综上所述，海图深度基准面所诠释的物理含义，不仅是一个确定的数学模型，同时还要满足服务于海洋相关活动的技术要求。

除了上述保证率法确定深度基准外，世界各地还会利用当地潮汐调和常数采用不同的深度基准面计算模型，这些模型包括平均大潮低潮面、平均低潮面、平均低低潮面、最低潮面、略最低低潮面等。

理论深度基准面由弗拉基米尔提出，依据潮汐调和常数计算出理论最低潮面，并将其作为深度基准面，1956年以后苏联及我国都采用过。

理论深度基准面有8分潮、11分潮和13分潮三种计算模型，其中，8分潮模型包括M_2、S_2、N_2、K_2、K_1、O_1、P_1、Q_1四个全日分潮和四个半日分潮；11分潮模型是在8分潮的基础上加入M_4、MS_2、M_6三个浅海分潮的影响因素；13分潮是在11分潮的基础上加

上 S_a、S_{S_a} 两个气象分潮的影响因素。由于浅海分潮和气象分潮较传统的 8 分潮考虑了地形和气象因素对潮汐的影响，因此根据 11 分潮模型或者 13 分潮模型计算所得理论深度基准面模型能更准确地反映当地潮汐特征。

由于验潮站空间位置分布的离散性以及根据各验潮站的验潮资料获得的深度基准面之间都存在差异等原因，从而导致在布设有多个验潮站的局部区域内，深度基准面以各验潮站为中心呈离散分布，各深度基准面之间都存在着一个跳变现象，并非连续渐进的变化。因此深度基准面不同于大地水准面、参考椭球面等具有连续渐进变化、无缝的特征。

（4）大地水准面。大地水准面为与海洋平均海水面重合的地球重力场的等位面。大地水准面表征了地球的基本几何和物理特性，是在整体上非常接近地球自然表面的水准面。

在大地水准面的经典定义中，认为海水是自由运动的均质物质，只受重力作用，没有时间变化。当理想化的海洋面达到平衡状态时，将取一个重力场的水准面，故设想某一个水准面与平均海水面完全重合，不受潮汐、风浪及大气压变化影响，并延伸到大陆下面，处处与铅垂线相垂直，该水准面即是大地水准面。大地水准面是最理想化的海面，是一个没有褶皱和棱角的连续的闭合曲面，具有水准面的一切性质。然而，由海洋学可以知道，由于洋流和其他拟稳态效应，平均海水面不是一个均衡面，平均海水面在比较长的时间内也会发生一定的变化。此外，由于地球内部不断变化，特别是在局部地区的剧烈变化将会改变地球的重力场，大地水准面也会随之变化。因此，大地水准面定义也应该考虑随时间的变化，即应该参考一定的历元。由于地球质量特别是外层质量的分布是不均匀的，使得大地水准面形状十分复杂。大地水准面的形状几何性质及重力场物理性质都是不规则的，不能用一个简单的形状和数学公式表达。大地水准面与最佳拟合的参考椭球偏离 ±30m，最大偏离能达到约 ±100m。大地水准面的严密测定取决于地球构造方面的学科知识，目前还不能精确确定，各个国家和地区往往选择一个或几个验潮站所得的平均海平面来代替大地水准面，并定义为国家或地区的统一高程基准面。

作为正高基准的大地水准面和作为正常高基准的似大地水准面包含全球和局部基准体系，全球大地水准面是和全球平均海平面最为密合的地球重力等位面。而据估算，全球意义的似大地水准面和大地水准面之间仅存在毫米以下量级的偏差。因此，在目前的应用需求下，可视为海洋区域的大地水准面和似大地水准面重合。局部意义的大地水准面和似大地水准面是陆地局部高程基准参考面向海域的自然延展。

（5）参考椭球面。参考椭球面是一个规则的几何或数学参考面，是一个与大地水准面非常接近的旋转椭球面。其具有简明的数学定义，在其基础上可进行严密的数学计算。选用参考椭球面来建立无缝垂直基准，具备了无缝连续光滑的特征，且不会随着时间的变化而变化，具有很好的稳定性。参考椭球面通常可表示为式（2-5），即

$$F(x,y,z,\rho)=0 \qquad (2-5)$$

式中：x、y、z 为地心坐标；ρ 为用来确定地球形状的一系列具体的参数。

椭球的形状随着参数的变化而变化，从而衍生出各种不同的参考椭球，但参数值一经确定，各椭球之间的操作也比较简单。随着近年来全球定位技术的快速发展，通过卫星定位也能获得高精度的三维坐标，包括厘米级甚至毫米级精度的平面坐标和可达到厘米级精度的大地高。此外随着大地水准面模型或似大地水准面模型的精化，大地高高程系统与正（常）高高程系统之间的转换日益精确和方便。

由于在海洋测绘中较多使用海图高，因此常需将大地高转换成海图高。转换的方法有两种，一种是先将大地高转成正常高，然后再将正常高转成海图高。其中，第一步转换可采用几何内插法或似大地水准面模型法来完成；在第二步转换中，由于海图深度基准面的非连续、离散性，导致在采用同深度基准的两个海图之间的相邻处产生类似断层的跳变现象，从而产生明显的拼接裂缝。另一种则是将大地高直接转成海图高，若知道离散的深度基准面的大地高，则可直接将平均海平面的大地高转成海图高。

（二）垂直基准面的选择

基于大地水准面、参考椭球面、平均海平面和深度基准面四种海洋测绘中常用的垂直基准面的特点可知，大地水准面作为陆地高程基准，虽具有连续、无缝和光滑等特征，但其反映的是一个重力等位面，适用于陆地高程基准，而不适合作为海洋垂直基准；参考椭球面为几何面，尽管数学模型简单，且同样具有连续、无缝和光滑等特征，但缺少物理意义，也不符合海洋测绘中海图高标定习惯；平均海平面由于地域和时间的不同而存在着差异，且无法保证船舶航行安全；深度基准面尽管存在离散、非连续的缺点，但其是海道、水运工程测量中海图高程（水深）标定的参考，并为船舶的航行提供安全保障。为此，选择深度基准面构建海洋无缝垂直基准面模型，既具备实际物理意义和应用价值，又符合海洋测绘垂直基准的使用习惯。

（三）垂直基准转换方法

垂直基准转换的重点是确定不同垂直基准面的相互关系。海洋深度基准面可以通过平均海面高模型在大地高系统中或通过海面地形模型在国家高程基准中表示，实现海洋深度基准面与陆地高程基准面的相互转换。垂直基准转换可以通过以下三种方式实现：

（1）根据单验潮站观测信息实施基准转换。这种转换根据验潮站处的水准联测数据直接利用公式计算，是常规海洋测绘沿岸地形测量和水深测量成果的相互校核方法，在传统应用中通常不做垂直基准统一，仅适用于验潮站的有效作用范围。

（2）根据多个离散验潮站形成的基准关系，对深度基准的大地高数值空间内插，获得所需点的垂直基准转换信息。

（3）利用海洋潮汐、平均海面高、大地水准面、海面地形等系列模型构建不同海域垂直基准的转换关系模型，即构建各个基准面的偏差模型（或相互关系）。

其中，第（1）种方式一般通过对验潮站进行水准和大地测量，获取验潮站理论深度基准面、参考椭球面和陆地高程基准之间的转换关系，在小范围内实现垂直基准转换。下面就第（2）种和第（3）种方式分别论述。

（1）多个离散验潮站垂直基准转换。深度基准面是相对于当地长期平均海平面垂线方向以下的基准面，长期平均海平面的确定可通过验潮数据的算术平均值或平均海平面的传递方法得到，其值是相对于验潮站的验潮零点。通过深度基准面与长期平均海平面之间的关系，可进一步得到深度基准面与验潮零点的关系。根据验潮站已知的平面位置和深度基准面高，采用几何插值或拟合方法来构建某一区域连续无缝深度基准面。常用的插值方法包括反距离加权、克里金和径向基函数法。

（2）海洋垂直基准转换模型构建。建立无缝垂直基准面转换模型的关键是建立各个基准面之间的偏差模型。深度基准面模型构建可分为精密潮汐模型构建、验潮站多年平均海面与理论最低潮面之间的垂直偏差 L 值的确定与统一、平均海平面高模型建立方法和 L 值模型构建四步。各个垂直基准一般与平均海平面有关，主要工作是建立平均海平面高模型和深度基准面的 L 值模型。图 2－6 所示为理论深度基准面构建的技术路线。验潮站观测数据能够提供稳定、可靠的调和常数和高精度的平均海平面信息，为精密潮汐模型的外部精度检核、深度基准面模型的构建等提供数据基础。利用卫星测高数据提取的潮汐信息，在开阔海域能够达到 2～3cm 的精度，因此卫星测高技术是构建偏差模型的重要数据来源。

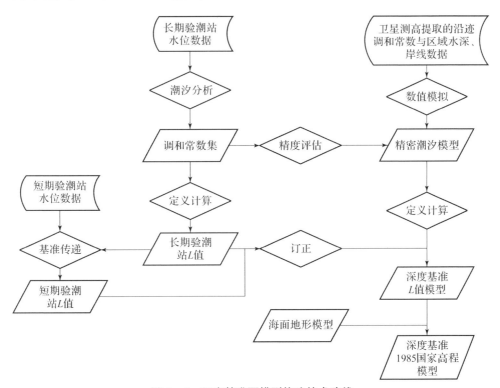

图 2－6 深度基准面模型构建技术路线

垂直基准转换模型覆盖范围大，连续性好，不存在区域之间的缝隙，主要应用于海陆一体化空间数据库构建。在无验潮测量中，通过垂直基准转换模型，可实时获取现场测量的水深。海底电力电缆工程测量中，垂直基准一般由项目确定，通过垂直基准转换模型转换到统一的垂直基准下，实现海底电力电缆工程多元成果数据的统一。

现实海底电力电缆工程测量中，需要根据海底电力电缆工程范围、资料的多寡来确定采用垂直基准转换的方法，如果能够收集到该区域的垂直基准转换模型，可以简单地实现垂直基准的统一；如果收集不到或该区域没有高精度的垂直基准转换模型，则需要根据范围大小进行验潮资料的收集和获取来构建垂直基准转换关系，实现垂直基准统一。

第二节　水面导航定位技术

一、海上导航定位系统

海上定位是海洋测量的一个重要内容，是海洋测量的基础。在海洋测量工程中无论测量某一几何量或物理量，如水深、重力、磁力等，都必须固定在某一种坐标系统中。海洋定位主要有天文定位、光学定位、陆基无线电定位、卫星定位和水声定位等手段。卫星定位是目前海上定位的主要手段，在实际海洋测量作业中发挥着非常重要的作用。

全球导航卫星系统（global navigation satellite system，GNSS）泛指美国 GPS 导航系统、俄罗斯的 Glonass、欧洲的 Galileo 系统、中国的北斗卫星导航系统以及相关的增强系统。整个 GNSS 系统是多方位、多模式、多系统的组合。海洋定位中，GNSS 的广泛应用为海洋测量提供了高精度、实时性的导航服务。

GNSS 系统的工作原理是根据多颗卫星的位置信息和到达地面点的距离值解算地面点的具体位置。在解算过程中由于受到卫星轨道误差、卫星时钟误差、电离层时间延迟误差、对流层误差、信号多路径效应、地球固体潮、用户接收机时钟误差、接收机跳变等因素的影响，实测距离并非卫星到用户的真实距离。差分技术就是通过地面点已知位置（基站）和接收机观测数据解算出上述误差的改正信息，或利用地球静止轨道卫星和全球分布的位置已知的参考站，通过对 GNSS 定位测量的误差源进行区分和模型化，计算出每一种误差的改正值，再将这些改正信息实时发送给用户，用户接收机将测量结果进行改正就能得到精确位置。

卫星定位的方式按用户卫星测量设备的作业状态可分为静态定位与动态定位，按参考点的位置不同可分为绝对定位和相对定位。经过几十年的发展，卫星定位已由伪距单点定位、载波静态定位、伪距差分定位发展到了高精度的网络载波相位实时差分（real - time kinematic，RTK）和精密单点定位，并出现了组合定位等多种新的定位技术，其中差分定位技术已成为海洋测量的主要定位方式，如图 2 - 7 所示。

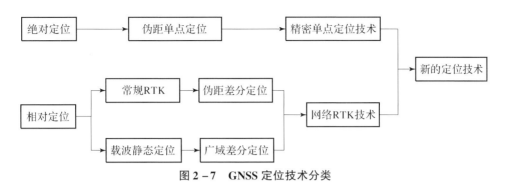

图 2 - 7　GNSS 定位技术分类

以接收机状态分，差分 GNSS 分为静态差分 GNSS 和动态差分 GNSS；按照基准站发送信息方式不同，差分 GNSS 可分为位置差分、伪距差分和载波相位差分；按照工作方式不同可分为单站差分、具有多个基准站的局域差分和广域差分定位。

静态差分 GNSS 在观测过程中，接收机固定不动，连续观测取得足够多的多余观测数据。数据处理时将观测值进行求差，形成新的观测值（虚拟观测值），以此消除卫星的轨道误差、卫星钟钟差、接收机钟差以及电离层和对流层的折射误差等的影响。

动态差分 GNSS 系统利用一个或多个安装在已知点上的 GNSS 接收机作为基准站，通过基准站接收机对 GNSS 卫星信号的测量计算出差分校正量，然后将差分校正量播发给位于差分服务范围内的用户接收机，以提高用户接收机的定位精度。不同差分系统具有不同的运行环境，操作方式和服务性能。

常用的差分 GNSS 定位技术包括载波相位实时差分（RTK）技术、载波相位后处理差分（PPK）技术、连续运行参考站系统（CORS）技术、无线电指向标差分（RBN/DGNSS）技术和星站差分技术等。

（一）RTK 技术

RTK 技术是以载波相位观测为根据的实时差分 GNSS 技术，由基准站接收机、数据链、流动站接收机三部分组成。在基准站上安置一台接收机为参考站，对所有可视 GNSS 卫星信号进行连续观测，并将测站点坐标、伪距观测值、载波相位观测值、卫星跟踪状态和接收机工作状态等通过无线数据链发送给移动站；移动站先进行初始化，完成整周未知数的搜索求解后，进入动态作业。移动站在接收来自基准站的数据时，同步观测采集 GNSS 卫星载波相位数据，通过系统内差分处理求解载波相位整周模糊度，根据移动站和基准站的相关性得出移动站的平面坐标 x、y 和高程 h。

传统 RTK 的使用距离一般在 10km 之内，可以采用电台、网络等方式进行基准站和流动站之间的通信。一般距离基准站 20km 之外或没有手机信号的区域，传统 RTK 方法无法使用。RTK 定位精度与传递距离相关，远距离也无法保证数据链有效。长基线 RTK 技术能使 RTK 应用距离增加 20 ~ 90km，通常采用网络技术对基准站和流动站进行通信。如果海上没有手机网络信号，可以采购高频远距离数传电台进行通信。具体的长基线 RTK 方

法还需要根据测区布设控制网，并进行坐标转换和高程拟合改正。

RTK 定位可实时求解出厘米级的流动站动态位置，由于 RTK 作业距离的限制，一般用于近岸段水上作业的导航定位，在大比例尺水下地形测量和无验潮模式下的水下地形测量中应用。目前，根据工程经验，对浅水海域水下地形测量，传统测量方法为使用 GNSS 接收机利用 RTK 方式配合测深设备进行水深数据和实时潮位采集，然后经过潮位改正获取水下地形高程数据；而潮间带地形测量一般采用高潮位 GNSS RTK 方式配合测深设备进行地形测量和低潮位人工登滩进行地形数据采集；岸线陆域测量则一般采用 GNSS RTK 方式或航空摄影测量技术进行地形数据采集。

（二）PPK 技术

在动态条件下，获得精确大地高的方法有 RTK、星链差分及虚拟差分站等。但长距离水深测量的基线比较长，目前比较实际的方法只有载波相位后处理差分（PPK）。双频 GNSS 动态测量数据的事后精密处理技术无需传输实时数据，需在观测结束后联合处理基准站和流动站的观测数据，解算出流动站的位置信息。该技术理想作业半径为 30km，定位精度较高，已经投入商业量产化应用，部分船载定姿定位系统采用了这类技术。基于后处理过程在数据整体性上的优势，定位精度要优于同等长度基线的 RTK 成果，在百公里长基线内可达到亚米级定位精度，同时其作用距离不受数据链模式限制，适用于多波束水下地形测量这类不需要实时获得精确定位结果的海洋测量工作。

（三）CORS 技术

CORS 是在一定的区域范围内，建设若干个永久性连续运行 GNSS 观测参考站，组成 GNSS 参考站网。通过现代通信技术把各参考站采集的观测数据汇聚到数据处理中心进行集中分析、处理和管理，并向各种授权用户发布不同类型的 GNSS 原始数据、RTK 改正数等，用户把自己的 GNSS 接收机采集的数据与接受的 CORS 数据共同处理，就能得到本地测量点位的坐标或其他有用信息。

CORS 是卫星定位技术、计算机网络技术、数字通信技术等多种高新技术融合应用的成果。CORS 由数据中心系统、参考站系统、数据通信系统、用户系统组成，其中数据中心系统又由用户管理中心和系统数据中心组成。根据 CORS 的组成形式和技术原理，CORS 可分为单基站 CORS、多基站 CORS 和网络 RTK 形式。

网络 RTK 是 CORS 技术的典型应用。网络 RTK 利用 CORS 各参考站的观测信息，以 CORS 网络体系结构为基础，建立精确的差分信息解算模型，解算出高精度的差分数据，然后通过数据通信系统将各种差分改正数发送给用户。网络 RTK 系统一般由基准站网、数据处理中心及数据播发中心、数据通信网络和用户部分组成。利用精密定位技术，在测区布设若干个不相同的、长年运行的 GNSS 卫星永久跟踪站，通过通信网络把跟踪站获得的精确坐标和卫星跟踪数据播发给用户，用户只需用一台不同类型的 GNSS 接收机，采用不尽相同的软件和作业延时，就可以进行毫米级、厘米级、分米级乃至米级、十米级、数十米级的实时、准实时、快速或事后定位。这些卫星跟踪站构成一个基准站网络，利用现代化自动控制技术对这些基准站实现无人值守的连续运行，通过有线或无线数字通信网络，使系统的数据实现局部或全球性的共享。这一系统具有全自动、全天候、实时的定位导航等多种功能，在很多工程实践中取得了很好的效果。

随着陆地 CORS 的建设和发展，陆地上全球导航卫星系统实时动态定位精度已达到厘米级。由于海上地理环境的特殊性，近海高精度导航定位成为海洋开发利用的瓶颈。为解决这一问题，我国在沿海地区布设相应的差分台站，如沿海信标台站、海洋局差分站和沿海省、自治区、直辖市 CORS 网等，在一定程度上提高了定位精度和稳定性。但是港口航道建设和近海海洋工程这类对导航定位精度要求较高的行业，目前海上定位精度还达不到相应的规范要求，因此近海岛礁 CORS 系统建设成为未来海上定位发展的趋势之一。

（四）RBN/DGNSS 技术

RBN/DGNSS 是一种利用航海无线电指向标播发台播发 DGNSS 修正信息，向用户提供高精度服务的助航系统，属单站伪距差分，主要由基准台、播发台、完善性监控台和监控中心组成。

RBN/DGNSS 技术是差分 GNSS 技术的一种，它利用覆盖沿海的岸基无线电信标台，在其发射的信号中加一个副载波调制，以发射差分修正信号，提供定位导航服务。目前，我国沿海距离海岸线每 300～500km 设立一个信标站，已建立 20 个信标基站。这些信标基站 24h 发送差分校正信息，传输距离：内陆 300km 的覆盖范围，海上 500km 覆盖范围，其中可利用的有三亚基站等，定位精度可到 1～3m，可以满足 1∶5000～1∶10000 的海上测图要求，但不适用于精度要求在亚米级以内的水下细部地形测量等高精度测量工作。

1994 年，国际航标协会发布了《关于差分全球导航卫星系统规划的通函》，交通运输部海事局据此制定了中国沿海无线电信标/差分全球定位系统（RBN/DGNSS）规划，并从1996 年开始，建设我国沿海 RBN/DGNSS 系统。RBN/DGNSS 系统采用伪距差分改正技术，不仅能提高 GNSS 的定位精度，还能提高 GNSS 系统的可用性、连续性和完好性，推动了GNSS 系统在海事航运领域的应用，并应用于航道疏浚、海上石油勘探、海洋测绘、航道测量、航标定位、救助及其他海上作业。

（五）星站差分系统

星站差分 GNSS 系统是美国建立的一个全球双频 GNSS 广域差分定位系统，也是目前世界上第一个可以提供厘米级实时精度的星基增强差分系统。星站差分 GNSS 系统不需要考虑 RTK 工作距离范围，不需要建立基站就能够自由地在全球任何地方得到分米级及厘米级定位精度。星站差分 GNSS 系统给传统的经典测量带来了一场深刻的技术革命。

星站差分系统由参考站、数据处理中心、注入站、地球同步卫星、用户站五部分组成。

全球参考站网络由双频 GNSS 接收机组成，每时每刻都在接收来自 GNSS 卫星的信号，参考站获得的数据被送到数据处理中心，经过处理以后生成差分的改正数据，差分改正数据通过数据通信链路传送到卫星注入站并上传至国际卫星组织同步卫星，向全球发布。用户站的 GNSS 接收机实际上同时有两个接收部分，一个是 GNSS 接收机，另一个是 L 波段的通信接收器。GNSS 接收机跟踪所有可见的卫星然后获得 GNSS 卫星的测量值，同时 L 波段的接收器通过 L 波段的卫星接收改正数据，当这些改正数据被应用在 GNSS 测量中时，一个实时的高精度的点位就确定了。

目前，市场上已经得到广泛应用的星站差分系统有 Veripos 系统，StarFire 系统、OmniStar 系统、天宝 RTX、中国精度，可实现分米级甚至厘米级实时定位，但需要专门的 GNSS 接收机且用户缴纳相关费用方能使用。

（1）Veripos 系统。Veripos 系统由挪威 Subsea7 公司建立，在全球建立了超过 80 个参考站，并在英国阿伯丁市和新加坡拥有两个控制中心。控制中心监控通信系统的整体性能，也能为用户提供有关系统性能的实时信息。

Veripos 在北纬 76°到南纬 76°之间的地区可以提供 10cm（95%）的水平精度，能满足大部分海上定位导航应用，同时也具备可以提供分米级精度服务的产品。

Veripos 在上海、深圳、塘沽等地建有基准站，通常水平精度 10cm（95%）、垂直精度 20cm（95%）、坐标参考 ITRF05。

（2）StarFire 系统。StarFire 系统由美国 NAVCOM 公司于 1999 年建立，在全球范围内提供 GNSS 差分信号发布服务，主要提供的两种服务 WCT 和 RTG，分别能达到 35cm 和 10cm 的定位精度，保证 99.99% 的联机可靠性。

StarFire 在北纬 76°到南纬 76°的任何地球表面都能提供同样的精度。其改正信号通过 Inmarsat 静止卫星进行广播，无需建立测区的基准站或进行后处理。StarFire 采用四颗高频通信卫星进行通信，目前在我国国内没有建立基准站。

（3）OmniStar 系统。OmniStar 系统原属荷兰 Fugro 公司，2011 年 3 月出售给美国 Trimble（天宝）公司运营，是一套可以覆盖全球的高精度 GNSS 增强系统。它通过分布在全世界的 70 个地面参考站来测定 GNSS 系统误差，由位于美国、欧洲和澳大利亚的 3 个控制中心站对各参考站的数据进行分析和处理，在我国国内建有一个基准站。

目前，OmniStar 提供 3 个等级的 GNSS 差分服务：VBS、HP 和 XP。VBS 是亚米级的服务，95% 置信度下的水平位置偏差小于 1m，99% 置信度下的水平位置偏差接近于 1m；HP 服务在 95% 置信度下的水平位置偏差小于 10cm，99% 置信度下的水平位置偏差小于 15cm；XP 服务提供短期几英寸和 95% 置信度下长期重复性优于 20cm 的精度。

（4）天宝 RTX。RTX 是美国天宝公司在收购 OminStar 后依托原有技术自主研发升级、建设的增强系统，目前已基本实现了对全球的覆盖。

天宝 RTX 定位精度相对较高，其基础服务在实际测试中基本上都能将水平精度稳定在 4cm 以内，高程精度稳定在 10cm 以内。

（5）中国精度。"中国精度"是由北京合众思壮公司建设的首家具备世界级领先水平的覆盖全球运营的星基增强服务系统，使 GNSS 用户在无需架设基站的情况下，在全球任意地点任意时刻体验到从亚米级、分米级到厘米级不同层次的高精度定位增强服务。根据其官方测试，"中国精度"平均耗时 20min 就可使精度收敛到 10cm 左右；再耐心等待 10min，精度则可以收敛到 5cm 左右。

从目前应用领域较广，而且资料收集较为容易的 OmniStar 和天宝 RTX 来看，星站差分系统在陆地和近海的卫星服务基本上已经可以满足常规应用方面精密定位系统的需求。

星站差分 GNSS 系统秉承了传统 GNSS 的优势，使测量工作不再受天气、通视等条件的限制，实现了从数据采集到数字化水下地形图自动生成，大幅度减轻了人员的内、外业劳动强度，充分发挥了速度快、精度高、质量好的优势。

星站差分 GNSS 系统可以实现用户单机作业，彻底解决了在礁屿测量中无法架设基站的难题，特别适合于远离大陆的岛礁测量，极大地提高了测量效率与测量精度。通过实际工作证明，星站差分 GNSS 系统应用于礁屿测量具有传统测量方法无法比拟的优势，能充分发挥其稳定、高效、快速、精度高等特点，将为今后同类型测量工作带来可观的经济效益和社会效益。

（六）精密单点定位技术

在海洋测量中，由于对定位精度要求越来越高，而且许多测量区域远离大陆、无法建立基准站或组网观测，精密单点定位（precise point positioning，PPP）技术被逐渐应用于海洋测量中。

PPP 这一概念首先由美国喷气推进实验室的 Zumberge 等人于 1997 年提出，并给予实现。它是一种利用卫星精密星历和卫星钟差数据以及双频码和载波相位观测值，采用非差模型进行定位的方法。PPP 的精度在很大程度上依赖于精密星历和卫星钟差的精度，国际卫星导航服务组织所提供的优于 5cm 的 GNSS 卫星精密轨道和优于 0.1ns 的精密卫星钟差数据为 PPP 的出现奠定了基础。

精密单点定位技术的基本思想是将 GNSS 定位中的误差划分为卫星轨道误差、卫星钟差和电离层延迟误差、对流层延迟误差及接收机钟差，将定位中的卫星轨道和卫星钟差固定为全球网络解算得到的高精度卫星轨道和钟差（如 IGS 及其分析中心发布的高精度 GNSS 卫星轨道和钟差产品），采用消电离层组合观测值消去电离层延迟误差，将对流层延迟误差和接收机钟差作为未知参数与测站的坐标参数一并解算，获取高精度的 GNSS 定位结果，包括高精度 GNSS 测站坐标、天顶对流层延迟参数和接收机钟差参数。精密单点定位解算流程如图 2-8 所示。

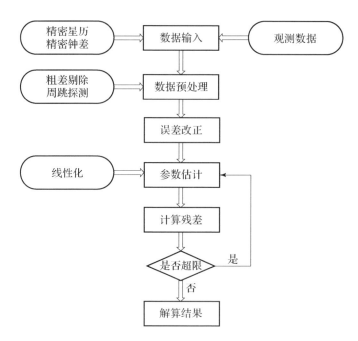

图 2-8　精密单点定位解算流程

PPP 技术除了计算速度快外还有如下优点：①定位时仅需一台 GNSS 接收机，减少了定位所需的仪器成本，且作业方式灵活，不需要进行多个测站的同步观测；②定位精度不受测站与基准站之间的距离限制，且定位精度较均匀；③定位精度可以达到与相对定位相同的精度；④可用观测值多，保留了所有观测信息；⑤定位结果的参考框架全部隐含在数据处理中采用的 GNSS 卫星轨道中，故各站独立的定位结果均在一个统一的参考框架内。

在实时 GNSS 卫星轨道和钟差产品的支持下，PPP 技术数据处理可以在实时情况下进行，得到实时定位结果，称之为实时 PPP 技术。由于实时 PPP 定位技术存在巨大、广阔的应用前景，且基于 PPP 技术建立实时定位服务系统，具有系统服务覆盖区域大、总投资和运营成本低等显著优点。

在实际应用中，由于 PPP 技术不能进行模糊度固定，存在定位结果收敛速度慢的缺点，一般需要 30min ~ 1h 甚至更长时间才能收敛到厘米级。

与相对定位相比，PPP 技术具有不受测站间观测距离限制、能直接获得测站坐标、节省作业开支等优点。由于远海岛礁离陆地距离远，一般距离在几百千米以上，在进行地形测量时，前期的控制测量难以通过传统的 GNSS 静态相对测量完成，因此在远海岛礁上 PPP 技术成为主要的低等级控制测量方法。一般在海测中，其控制测量精度可作为 C 等级点，但是高精度的精密星历文件在观测时间 12 天之后才能从 IGS 官网上获得，因此 PPP 定位技术的时效性较差，其应用也受到一定的限制。

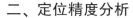

二、定位精度分析

（一）单点定位精度

传统的 GNSS 单点定位采用伪距观测值以及广播星历和伪距观测值，精度较差，单点绝对定位精度仅为数米至数十米。PPP 技术需要利用双频相位和伪距观测值、高精度卫星轨道和钟差产品进行数据解算。精密单点定位结果的精度，静态可获得毫米级至厘米级的精度，动态可获得厘米级至分米级的精度。

实时 PPP 技术利用全球约 40 个均匀分布的 IGS 站实时观测数据，就可以实现全球精度 10～20cm 的实时精密单点定位；在我国仅需 6～7 个基准站的实时观测数据就可以提供全国范围精度为 10～20cm 的实时定位精密单点定位服务。

（二）RTK 定位精度

RTK 技术以载波相位观测量为根据进行实时差分 GNSS 测量，能够实时提供测站点在指定坐标系中的三维定位坐标，并达到厘米级定位精度。GNSS RTK 测量精度大多能达到如下精度：水平精度 10mm＋1ppm，垂直精度 20mm＋2ppm。为提高测量精度，可采取以下措施：①选择合理的卫星几何形状和高度角，对于提高 RTK 测量精度有很大帮助；②对于观测条件比较差的地段，可以适当增加观测时间，有利于提高 RTK 测量精度；③通过电台模式作业的 RTK，应尽量缩短流动站与基准站间的距离，以提高 RTK 定位精度和稳定性；④选取高等级、均匀分布的公共点对提高坐标转换参数的精度有很大帮助。

（三）CORS 定位精度

基于 CORS 的定位技术平面精度优于 2cm，高程精度优于 5cm。

（四）星站差分系统定位精度

星站差分 GNSS 系统在信号覆盖范围内可实现平面 10cm、高程 20cm 的实时定位精度。

第三节　水下导航定位技术

一、水下声学定位系统

目前，全球统一的坐标框架主要由全球卫星导航系统（GNSS）维持，但该系统的信号载体（电磁波）在水体中随频率的升高而迅速衰减，无法为水面以下的拖体或载体提供导航定位，如浅地层剖面仪、侧扫声呐、磁力仪等水下拖鱼设备以及水下机器人（remotely operated underwater vehicle，ROV）、自主式水下航行器（AUV）等水下作业载体，为保证拖鱼的姿态以获取高质量的调查数据及减少船只对声呐设备的信号干扰，拖鱼往往需要释放一定长度的电缆拖曳在调查船尾。如何获取这些水下设备或载体的精确位置，实现其水下的导航定位，就需要用到水下导航定位技术。目前主要的水下导航技术有四种：自感应传感器导航、地图匹配导航、同步定位与地图创建（simultaneous localization and mapping，SLAM），以及水声定位导航。其中，自感应传感器导航基本原理是航迹推算，需提供绝对的初始位置，且误差累计会随时间迅速增大；地图匹配导航基于高精度地形、磁力或重力图进行，也需为初始地图赋予绝对时空信息；SLAM 技术利用传感器观测值构建环境信息地图，同时完成自身定位，但其结果亦为相对位置。以上三种导航手段作用范围均比较有限，且无法直接获得水下目标在全球统一坐标框架内的位置信息，给陆海统筹的海底电力电缆工程造成了新的困难。

海底电力电缆工程勘测一般需要通过多种导航定位技术相结合的方式对水下载体进行定位，一般以声学定位技术为主，再结合惯性导航和多普勒计程仪等导航技术。

不同于电磁波，声波在海水中传播衰减很小，可以很好地在水中进行长距离的传播。利用水声进行水下目标定位的技术称为水声定位技术，它通过测定声波信号在水下传播的时间或相位差，进行水下目标定位。水声导航定位系统一般由水听器阵、应答器和水下信标组成。水听器是用来在水中接收声学信号的装置，应答器是发射和接收声信号的装置，水下信标是接收应答器发出的声信号并给予回应的装置。

水听器阵之间的距离称为基线长度。根据基阵的基线长短可将水声定位技术分为长基线（long baseline positioning，LBL）、短基线（short baseline positioning，SBL）、超短基线（super/ultra short baseline positioning，SSBL/USBL）定位技术，对应的定位系统分别称为长基线声学定位系统、短基线声学定位系统和超短基线声学定位系统。三个系统的基线长度范围见表 2-4。长基线定位系统在海底铺设基准，间距为上百米到几千米，测量目标声源到各基准的距离，确定目标位置。短基线定位系统将基准布设于海面平台的底部，间距一般为几米到几十米，利用目标发出的声信号到达接收阵各基准的时间差，解算目标的方位和距离。超短基线定位系统将数个声学基元集成到换能器中构成一个基准，基元间距一般为几厘米到几十厘米，利用各基元接收信号的相位差解算目标方位和距离。为充分发挥上述系统的优势，组合式水声定位系统（long ultra short baseline positioning，LUSBL）应运而生，既包含海底基准，也包括船载基准，以提高定位精度、拓展应用范围。

表 2-4　几种水声导航定位系统的比较

类型	基线长度（m）	作业方式	技术特点
长基线 （LBL）	100~6000	系统由预先布设的参考声信标阵列和测距仪组成，通过距离交会解算定位	需要先测阵，成本高，一般用于局部区域高精度定位
短基线 （SBL）	1~50	由装载在载体上的多个接收换能器和声信标组成定位系统，通过距离交会解算定位	作业简单，但载体形变等因素易影响定位精度

类型	基线长度（m）	作业方式	技术特点
超短基线（USBL/SSBL）	<1	由多元声基阵与声信标组成定位系统，通过测量方位和距离定位	使用方便，尺寸小，定位误差随着距离增大而增加，仅适用于作业区域跟踪
组合定位（LUSBL）	—	融合了长基线和超短基线定位技术	兼顾了长基线的精度和超短基线的简便作业

（一）长基线水声定位系统

长基线水声定位系统主要包含两部分，一部分是安装在船只或水下机器人上的信号收发器（transducer），另一部分是一系列固定在海底且位置已知的应答器（transponder，至少三个），海底应答器构成基线，基线长度通常为上百米至几千米，如图 2 – 9 所示。长基线水声定位系统测量收发器和应答器间的距离，采用前方或后方交会方式对目标进行定位，因此长基线水声定位系统完全基于距离测量进行工作，系统与深度无关，不必安装姿态传感器、电罗经等设备。理论上该系统只需 2 个海底应答器即可进行定位，但此时会产生目标偏离的模糊问题，且无法测量目标的水深值，故需要 3 个及以上的海底应答器才能测定目标的三维坐标。实际应用中，利用 4 个及以上的海底应答器进行导航定位，产生多余观测，进而提高测量精度。系统的工作方式是距离测量。

长基线水声定位系统具有较长的基线，定位的几何结构较好，在较大的范围和较深的海水条件下，结果具有较高的定位精度。但应用于深水海域时，位置数据的更新率较低，仅为分钟量级，需组合其他高频的导航技术进行工程的定位工作。同时，长基线水声定位系统的作业过程较为复杂，且布放、校准以及回收等环节均需要较长时间，增加了工程的成本。

（二）短基线水声定位系统

短基线水声定位系统由 3 个及以上的换能器基阵组成，基阵阵形为三角形或四边形，基线长度通常为 1 ~ 50m，如图 2 – 10 所示。短基线水声定位系统需精确测定相互关系以构建基阵坐标系，并用常规的测量方法确定基阵坐标系与船舶坐标系的相互关系。系统工作时，其中一个换能器发射声信号，所有换能器接收返回的声信号，根据信号传播时间换算多个斜距观测值。系统基于斜距观测值，结合基阵相对船舶坐标系的固定关系，辅以外部传感器观测值（如 GNSS、MRU、Gyro 提供的船舶位置、姿态、船艏向值等信息），计算得到目标的位置。系统的工作方式是距离测量。

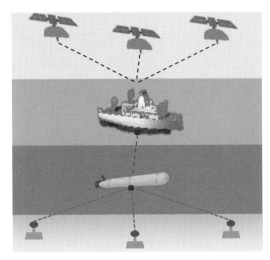

图 2-9　长基线水声定位系统原理

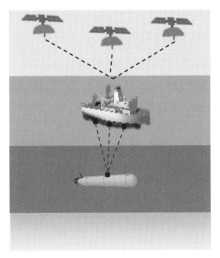

图 2-10　短基线水声定位系统原理

短基线水声定位系统的基线长度远小于长基线系统，需要在船底或平台底部仔细选择换能器的布防位置并分开安装，故最好是在船舶建造期进行系统的安装。该系统的缺点是某些水听器不可避免地会被安装在高噪声区（如靠近螺旋桨或机械的部位），从而使定位跟踪的性能变差。其定位精度比长基线水声定位系统低，但比常规的超短基线水声定位系统高。短基线水声定位系统无需布放多个海底应答器进行标校（用一个应答器提供参考位置即可），基阵安装完毕后定位导航作业过程较为便利。

（三）超短基线水声定位系统

超短基线水声定位系统由数个集成在共同收发器中的声基元（至少3个）组成，基线

图 2-11　超短基线水声定位系统原理

长度通常小于1m，如图 2-11 所示。精确地测定声基元间的位置关系后建立声基阵坐标系，而后在安装时精确测定基阵坐标系与船舶固定坐标系之间的关系，包括3个距离安装偏差（ΔX、ΔY、ΔZ）和3个姿态角偏差（横摇、纵摇和水平旋转）。系统通过测定声基元的相位差可以确定换能器到目标的方位（垂直角和水平角）；通过测定声波传播的时间，利用声速剖面修正声线后，换算换能器与目标的几何距离。上述测量的参数中，垂直角和几何距离受声速的影响特别大，测量结果的不确定度较大。然而垂直角的测量尤为关键，会直接影响最终定位结果的精度，因此多数超短基线水声定位系统会在应答器中安装深度传感器，利用观测的水深信息辅助垂直角的测量。

超短基线水声定位系统的优势是使用方便，只需要安装一个换能器设备即可，且测距精度较好。但是，超短基线水声定位系统的劣势也较为明显，其安装后需进行精确地校

准，而这往往具有很大的难度；同时系统要测量目标绝对位置（地理坐标），必须利用GNSS、姿态传感器和电罗经等辅助设备测量声基阵的位置、姿态以及船舶指向等信息。系统的工作方式是距离和角度测量。

（四）组合式水声定位系统

长基线、短基线以及超短基线声学定位系统既可单独应用，也可根据不同的需求组合应用。为发挥各种定位系统的优点，达到取长补短的效果，组合式水声定位系统应运而生。组合式水声定位系统选取了不同定位系统的优势，可提高定位精度、拓展定位系统的应用范围。由于组合了不同类型的定位系统，组合式水声定位系统的硬件设备组成复杂、操作繁琐，故一般是针对用户的特殊需求进行定制的。目前较为常见的组合式水声定位系统为超短基线/长基线组合系统和超短基线/短基线组合系统。

二、水下声学定位精度

水下声学定位系统的精度有多种评估方式，如绝对测量精度、重复测量精度、相对测量精度以及分辨率等。影响定位精度的误差源也有多种，包含系统误差和随机误差，如水面船舶位置定位误差、姿态测量误差、测距误差、船舶向测量误差、环境噪声、系统测角测距误差等。

（一）长基线声学定位系统的定位精度

长基线声学定位系统独立于深度测量，因此精度非常高，但是很多产品的定位精度与系统使用的频率有关系，属于系统本身的测量误差。长基线声学定位系统定位精度可以由式（2-6）评估。

$$\sigma_{\mathrm{LBL}}^2 = \sigma_{\mathrm{R}}^2 + \sigma_{\mathrm{clock}}^2 + \sigma_{\mathrm{array}}^2 \tag{2-6}$$

式中：σ_{LBL} 为长基线总误差；σ_{R} 为长基线测距误差；σ_{clock} 为系统时间漂移产生的误差；σ_{array} 为海底声基阵位置校准误差。

（二）短基线声学定位系统的定位精度

短基线声学定位精度可以由式（2-7）评估。

$$\sigma_{\mathrm{SBL}}^2 = R\sigma_{\mathrm{GYRO}}^2 + R\sigma_{\mathrm{MRU}}^2 + \sigma_{\mathrm{R}}^2 + \sigma_{\mathrm{GPS}}^2 \tag{2-7}$$

式中：σ_{SBL} 为短基线总误差；σ_{GYRO} 为电罗经测量误差；σ_{MRU} 为姿态传感器测角误差；σ_{R} 为短基线测距误差；σ_{GPS} 为水面船舶 GNSS 测量误差；R 为测量斜距。

（三）超短基线声学定位系统的定位精度

超短基线声学定位精度可以由式（2-8）评估。

$$\sigma_{\mathrm{USBL}}^2 = R\sigma_{\theta}^2 + R\sigma_{\mathrm{GYRO}}^2 + R\sigma_{\phi}^2 + R\sigma_{\mathrm{MRU}}^2 + \sigma_{\mathrm{R}}^2 + \sigma_{\mathrm{GPS}}^2 \tag{2-8}$$

式中：σ_{USBL} 为超短基线总误差；σ_{θ} 为水平角测量误差；σ_{GYRO} 为电罗经测量误差；σ_{ϕ} 为超短基线仰角测量误差；σ_{MRU} 为姿态传感器测角误差；σ_{R} 为超短基线测距误差；σ_{GPS} 为水面船舶 GNSS 测量误差；R 为测量斜距。

三、主要的水声定位系统简介

国外水声定位技术的研发起步较早，目前已经实现水声定位系统的产品化、产业化和系列化。国际上主要的水声定位系统生产厂商有以下几家。

法国 Ixsea 公司研发了包括长基线、短基线和超短基线水声定位系统的多种产品。其中超短基线产品包括 GAPS 和 Posidonia 等。GAPS 定位精度为斜距的 2‰，集成了惯导、GNSS 等传感器；Posidonia 6000 型短基线定位系统的最大作用距离达 8000m，定位精度为作用距离的 0.5%～1.0%，能够为深海拖缆、ROV 以及其他水下设备提供高精度位置服务；Ramses 产品可加载惯性导航系统，并拓展为长基线系统，进行导航定位。

挪威 Kongsberg 公司研发了包括长基线、短基线以及超短基线水声定位系统在内的各类产品，其研发的多用户长基线定位系统开启了一个崭新的时代，数据更新率小于 2s。该公司于 1997 年推出了长程超短基线定位系统 HiPAP350，作用距离为 3000m；随后推出HiPAP500，作用水深达 4000m，精度优于作用距离的 0.2%；而后推出了 HiPAP700 长程声学定位系统，理论推算最大作用距离为 8000m，最大工作水深为 6000m，定位精度为作用距离的 0.15%。目前，HiPAP 系列产品已经由单纯的超短基线定位系统升级为综合定位系统，能够同时以长基线与超短基线两种模式工作。最新推出了小型、轻便水下声学定位设备 μPAP 系列，方便用户将其安装到任何小船或者水面载体上，量程可达几千米，如图 2－12 所示。

图 2－12 Kongsberg 公司的 μPAP 系列水下声学定位设备

英国 Sonardyne 公司针对水下声学定位研发了包括长基线、短基线、超短基线以及组合定位系统。目前，该公司发布的 Fusion LBL 系列定位系统可用于水下仪器设备的连续跟踪定位，以及复杂的深海工程建设项目、资源开采等。Compatt 系列应答器除常规的传感器与释放机构外，还可加装声速、温度、倾角传感器，具备释放、自测阵功能、多种传感器和声通信机等多种功能。

澳大利亚 Nautronix 公司生产的 NASD riII RS925 型短基线定位系统能够在全海深范围工作，在工作范围 3500m 以内可以达到优于 2.5m 的定位精度。

挪威 Simrad 公司的 HPR408S 型长基线定位系统具有自动校准功能的异频收发阵，使得整个系统在超过 3000m 的作用范围内可以达到几厘米的定位精度。

四、水下声学定位测量数据采集

目前在海底电力电缆工程测量中使用最多的水下定位方式为超短基线定位，主要用于海底侧扫声呐、海洋磁力探测等系统的水下拖曳探头的定位。

（一）系统安装与调试

水声定位系统包括船台设备、水下声学设备（包括换能器、水听器和应答器）等。其中，船台设备包括船载 GNSS 定位及姿态采集设备，一台具有发射、接收和测距功能的声学信号控制显示设备，置于船底或置于船后"拖鱼"内的换能器及水听器阵；水下设备主要为声学应答器基阵。设备应安装在船舶侧面，将前面标志对准船的艏向，且避免振动，如图 2 – 13 所示。设备安装完成后，需要精确测量船载定位设备与水下换能器的位置关系，联合调试设备间的信号通信、数据采集存储功能。

图 2 – 13 超短基线安装

（二）水下定位数据采集

结合测量海域及周边地区的实际情况，根据工程需求拟定测量方案并进行数据采集，具体要求有如下几点：

（1）测量环境选择。

1）测量海域的海底地形开阔，地势平坦。

2）测量海域及邻近地区四周视野开阔，高度角15°以上不允许存在成片的障碍物，避免船载 GNSS 接收机跟踪 GNSS 卫星信号失锁。

3）测量环境海况良好，同时考虑风向和风速、水流的流速和流向、天气状况等因素。

（2）基准站布设。

1）基准站位置应选取靠近测量海域的岛屿或陆地。

2）基准站四周视野开阔，高度角 15°以上不允许存在成片的障碍物。基准站上应便于安置 GNSS 接收机和天线，可方便地进行观测。

3）基准站远离大功率的无线电信号发射源，以免损坏接收机天线。与高压输电线、变压器等保持一定距离，避免干扰。

4）基准站的作用范围能有效覆盖测量海域；能够连续、稳定、长时间采集 GNSS 数据。

（3）航迹设计。水面船舶以预设的标定航迹航行测量，航迹在海面的几何中心应为海底信标的正上方，且信标与船舶之间的水平距离一般为水深值的 2~4 倍。

（4）声速测量。为避免声速时空变化的影响，需在试验海区定时进行声速剖面测量。走航作业过程中建议每 1h 停船进行一次声速测量。

（5）系统标定。为获取系统内传感器之间的精确位置关系，采用 8 字形测线或十字形测线布设的方式（见图 2-14）对水下定位系统进行系统标定，需在采集工作开始前对水下声学定位系统进行设备安装姿态校正操作。

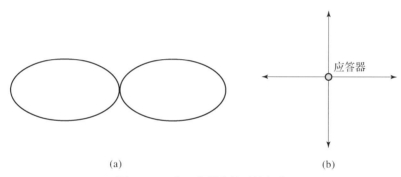

（a）   （b）

图 2-14 水下声学定位系统标定

（a）8 字形测线；（b）十字形测线

（6）数据采集与记录。按照规划的航迹测线进行声学数据采集，航行速度不宜过快。班报应及时记录测线开始时间、结束时间、测线号、位置、特殊事件等。

五、水下声学定位数据处理

水下声学数据主要包括声学定位数据、声速数据、GNSS 导航定位数据及姿态数据。其中，声速数据需要剔除深度异常声速值，对同深度的不同声速值进行均值化处理；GNSS 导航定位数据处理利用精密单点定位技术对船载 GNSS 原始数据进行位置解算，对比验证船载实时定位结果，利用 GNSS 定位结果及姿态数据，获取水下换能器的三维位置；对声学定位数据进行数据质量控制，在船速均匀的情况下，删除异常声学观测数据；结合 GNSS 导航定位数据、声速数据和声学定位数据等，完成水下声学定位解算，如图 2-15 所示。测量内、外业完成后根据技术要求编写技术报告，内容包括工作完成情况概述、精度分析、声速测量数据、GNSS 定位及姿态测量数据、声学定位数据等资料情况。

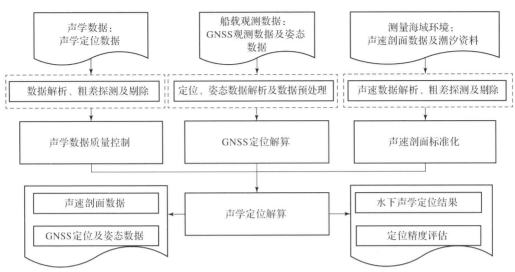

图 2 – 15 水下声学定位数据后处理简要过程

第四节 路由勘测导航定位方式选择

海洋定位中，GNSS 的广泛应用为海洋测量提供了高精度、实时性的导航服务。GNSS 技术具有多种定位模式，不同的 GNSS 定位模式各有优缺点，见表 2 – 5。没有一种技术方法能够适用于所有作业项目，因此需要结合项目工作环境（内陆、近岸、沿海）选择最适合的一种或集合多种定位方式，以实现项目测量目的。

表 2 – 5 各种定位技术的主要优缺点比较及适用范围

测量方法		主要优点	主要缺点	适用范围
地基增强局域差分系统	RTK 技术	厘米级高精度实时动态相对定位	有效作用范围较小，作用距离为 10km 以内	陆域测量；近岸段水上作业的导航定位
	CORS 技术	作用距离扩展到 20 ~ 60km	在海上作业时，测船在多数情况下难以接收到陆域差分使用的连续运行参考站（CORS）	陆域测量；靠近沿海区域的海上作业导航定位
	RBN/DGNSS 技术	工作范围广，基本覆盖了我国海域测量活动的区域，无需建立基准站和数据链传送数据，使用成本较低	作用距离有限，一般不超过 300km；精度相对较低	靠近沿海区域的海上作业导航定位
	PPK 技术	无需传输实时数据，定位精度较高	数据后处理，无实时高精度定位数据	无需实时准确定位数据的海上作业导航定位；控制测量

测量方法	主要优点	主要缺点	适用范围
星站差分系统	无需建立基准站，没有作用距离的限制，作业效率高	需购买高费用精密星站差分数据服务，定位速度慢	远海放样、地形测量等海上作业的导航定位
PPP 技术	长时间观测的定位数据再辅以精密星历文件可获得厘米级坐标信息	精密星历文件存在时间延迟，时效性较差	沿岸海区和远海岛礁的控制测量

海底电力电缆工程一般是沿电缆路径走向的线状工程，覆盖区域较广且涉及近岸和远海等不同海域，同时有多种海洋作业类型，因此选择一种既满足精度要求又能兼顾作用距离、效率、费用等因素的差分定位方式非常重要。离陆地远近和水深条件制约了导航定位方式的选取，离陆地越近、水深越浅，导航定位越简单，定位精度越高。因此，导航定位方式的选择需要结合项目距离陆地远近和载体（水面和水下）选择最适合的一种或集合多种定位方式，以实现海底电力电缆工程勘测目的。

在登陆段或者岛礁上建立控制点，对于精度要求非常高，并且需要同当地坐标系统建立转换关系，因此多采用静态相对定位。如果难以联测当地坐标系统，往往需要进行精密单点定位（PPP）技术。不同等级控制测量的观测要求参见相关规范，但是静态差分定位的基线不宜太长，如果控制点之间相隔太远，也无法得到理想的解算精度。

对于近岸地形测量，距离岸边 30km 以内，多采用 RTK 或者网络 CORS，如果超过 30km，多采用 RBN/DGNSS 技术定位。

对于远海，多采用星站差分 GNSS 接收机进行平面定位，结合潮位仪进行定点验潮，实现高程基准的传递。采用星站差分 GNSS，需要购买精密星站差分数据服务，进行单点的精确平面定位。在码头岸边和工作平台分别布设潮位仪，岸边水位仪不间断对水位进行测量，得到平均潮位值，根据已知高程基准与潮位仪零基面间的差值，推算得到平均海平面的特定高程基准框架下的高程值。同时，工作平台上的水位仪同步进行不间断测量，获得海上定点平均潮位面数值，在一定的精度条件下可视平均海平面相等，反算出工作平台的高度后，根据平台到海底距离得到海底高程。精密星站差分服务为商业服务，服务费收费较高，并且定位速度慢，通常需要开机观测 40min 才能获得精确位置。

对于远海岛礁，由于离陆地距离远，无法利用相对定位的方式进行控制测量，因此在远海岛礁上，PPP 成为主要的低等级控制测量方法。一般在海洋测量中，PPP 控制测量精度可作为 C 等级点，但是高精度的精密星历文件在观测时间 12 天之后才能从 IGS 官网上获得，因此 PPP 定位技术的时效性较差，其应用也受到一定的限制。在测绘任务时间紧急的情况下，利用星站差分技术可以替代 PPP 来快速提供符合精度要求的控制点坐标，能够有效提高作业效率，确保按期完成测绘任务。

第三章
地形测量

海底电力电缆工程分为路由桌面研究与路由勘测两个阶段。路由桌面研究阶段测量主要任务是搜集相关资料，如有需要进行专项测绘工作。路由勘测阶段测量任务主要是平面与高程控制测量、登陆段地形测量、海底地形测量、海底地貌和障碍物测量、勘探点位放样及复测等工作。海底电力电缆价格高昂，其准确长度的确定尤为重要，这就要求路由勘测应提供高精度的测量成果。

表3-1简要总结了路由勘测阶段测量的工作内容及所对应的工作目的、工作对象以及测量方法。

表 3-1　路由勘测阶段测量工作

工作内容	工作目的	工作对象	测量方法
控制测量	提供平面及高程控制成果	平面及高程控制点	GNSS 测量、水准测量
导航定位测量	为设备提供位置信息	陆上或海面设备	GNSS 测量
		水下拖曳探头等	GNSS 测量结合水下声学系统
海岸地形测量	提供登陆段地形图	登陆段地形	全站仪测图、GNSS 测图、无人机摄影测量、船载水陆一体化综合测量
水深测量	提供路由区海域水深图	近岸段海底地形	人工测深、单波束测深、机载激光测量、船载水陆一体化综合测量
		浅海段、深海段海底地形	多波束测深，无验潮水深测量
海底地貌和障碍物测量	提供路由区海底状况图	海底的沉船、礁石、电缆、水下障碍物等目标以及沙带、沙川、断岩、沟槽等地貌	侧扫声呐探测、多波束测深、磁法探测等
勘探点位放样及复测	地质勘探点放样、定位	地质勘探点	全站仪放样、GNSS 放样等

第一节　控制测量

为保证能将海底电力电缆登陆段和海底两部分的勘测设计有机结合与统一，在海底电力电缆工程勘测中采用统一的平面测量基准、高程测量基准和深度基准，一般首先进行控制测量。海底电力电缆工程控制测量主要包括平面控制测量、高程控制测量、验潮与水位测量。

一、平面控制测量

平面控制测量应分别在海底电力电缆登陆点的终端站进行，在路由附近有岛礁，也可以增加控制点布设。在陆地建立平面控制有如下用途：①进行陆地电缆终端站地形测量；②为电缆长度设计提供控制依据；③方便海上定位测量与陆地测量坐标转换；④工程后续阶段测量工作需要。

平面控制测量一般采用 GNSS 静态观测网的方式开展，离大陆较远的岛礁可以选择精密单点定位的方式进行控制测量。

（一）一般技术要求

（1）在海底电力电缆工程测量中，为建立统一的平面测量基准，需要在路由测区布设平面控制网，布设应遵循从整体到局部，从高级到低级，分级布设的原则，也可同级扩展或越级布设。

（2）控制点布设在登陆点区域外缘，至少布设 3 个首级控制点。两端首级控制点应统一构网，统一观测，统一平差，以保证坐标系统的统一。根据实际需要，可适当加密控制点。

（3）平面坐标系统宜采用 2000 国家大地坐标系，也可以选择独立坐标系统。如果采用独立系统，应求得与国家坐标系统的转换关系。同一工程坐标系统应保持一致，选择坐标系统时，应考虑投影长度变形，投影长度变形不应大于 $10cm/km$。

（4）平面控制网应联测国家或地方高等级控制点，作为起算点的高等级控制点不宜少于 3 个点。

（5）考虑到海域广阔，电缆两端距离较大，采用卫星定位测量方式进行首级平面控制网测量。首级 GNSS 平面控制网等级应不低于一级 GNSS 网。

（二）外业观测要求

（1）GNSS 控制测量外业观测技术要求见表 3 – 2。

表 3 - 2　GNSS 控制测量作业技术要求

项目	观测方法	等级		
		三等	四等	一级
卫星高度角（°）	静态	≥15	≥15	≥15
	快速静态	—	—	≥15
有效观测卫星数（个）	静态	≥5	≥4	≥4
	快速静态	—	—	≥5
时段长度（min）	静态	20～60	15～45	10～30
	快速静态	—	—	10～15
数据采样间隔（s）	静态	10～30	10～30	10～30
	快速静态	—	—	5～15
点位几何图形强度因子 PDOP		≤6	≤6	≤8

（2）GNSS 网应由一个或若干个独立观测环构成，也可采用附合路线形式。构成各等级 GNSS 网的每个闭合环或附合路线中的边数应符合表 3 - 3 的规定。

表 3 - 3　GNSS 网中每个闭合环或附合路线中的边数规定

等级	三等	四等	一级
闭合环或附合路线的边数（条）	≤8	≤10	≤10

（3）GNSS 观测人员应严格按计划时间进行作业，保证同步观测同一卫星组。当情况有变化需修改时，应经作业负责人同意，观测人员不得擅自更改计划。

（4）接收机电源电缆和天线连接无误，接收机预置状态正确，GNSS 天线的对中误差经检查不大于 3mm。

（5）每时段开机前，观测人员应量取天线高，并及时输入测站名、年、月、日、时段号、天线高等信息。关机后再量取一次天线高作校核，两次量天线高互差不得大于 3mm，取平均值作为最后结果。若互差超限，应查明原因，提出处理意见记入测量手簿备注栏中。

（6）仪器工作正常后，观测人员应及时逐项填写测量手簿中各项内容。

（7）观测人员在作业期间不得擅自离开测站，并防止仪器受振动和被移动，防止任何其他物体靠近天线，遮挡卫星信号。

（8）接收机在观测过程中，测站 50m 以内不宜使用电台，10m 内不宜使用对讲机或手机。雷雨过境时应关机停测，并卸下天线以防雷击。

（9）观测中应保证接收机工作正常，数据记录正确。

（三）数据处理要求

（1）数据处理主要包括 GNSS 数据预处理、网基线解算、网平差等过程，解算软件可使用经校验的随机商用软件。数据处理应采用随机配备的商用软件或经批准使用的软件。

（2）采用 GNSS 测量技术建立各级平面控制网时，GNSS 网相邻点间基线向量的弦长中误差应按式（3-1）计算，并应符合表 3-4 的规定。

$$\sigma = \pm \sqrt{a^2 + (b \cdot D)^2} \qquad (3-1)$$

式中：σ 为 GNSS 基线向量的弦长中误差，即等效距离误差，mm；a 为 GNSS 接收机标称精度中的固定误差，mm；b 为 GNSS 接收机标称精度中的比例误差系数，mm/km；D 为 GNSS 网中相邻点间基线长度，km。

表 3-4　GNSS 控制网的主要技术要求

等级	平均边长（km）	固定误差 a（mm）	比例误差系数 b（1×10^{-6}）	约束点间的边长相对中误差	约束平差后最弱边相对中误差
三等	4.5	≤10	≤5	≤1/150000	≤1/70000
四等	2.0	≤10	≤10	≤1/100000	≤1/40000
一级	1.0	≤10	≤20	≤1/40000	≤1/20000

（3）外业数据质量检核应满足下列要求。

1）同一时段观测值的数据剔除率小于 10%。

2）同一条边任意两个观测时段的成果互差小于等于接收机标称精度的 $2\sqrt{2}$ 倍。

3）异步环各坐标分量闭合差限值按式（3-2）～式（3-4）计算。

$$W_X = \pm 3 \sqrt{n} \cdot \sigma \qquad (3-2)$$

$$W_Y = \pm 3 \sqrt{n} \cdot \sigma \qquad (3-3)$$

$$W_Z = \pm 3 \sqrt{n} \cdot \sigma \qquad (3-4)$$

异步环线全长闭合差限值按式（3-5）、式（3-6）计算。

$$W = \pm \sqrt{W_X^2 + W_Y^2 + W_Z^2} \qquad (3-5)$$

$$W = \pm 3 \sqrt{3n} \cdot \sigma \qquad (3-6)$$

式中：W_X、W_Y、W_Z 为各坐标分量闭合差限值，mm；W 为异步环线全长闭合差限值，mm；n 为异步闭合环中的边数；σ 为按平均边长计算的相应等级规定的精度，mm。

4）同步观测闭合环的各坐标分量闭合差限值按式（3-7）～式（3-9）计算。

$$W_X = \pm \frac{\sqrt{n}}{5} \cdot \sigma \qquad (3-7)$$

$$W_Y = \pm \frac{\sqrt{n}}{5} \cdot \sigma \qquad\qquad (3-8)$$

$$W_Z = \pm \frac{\sqrt{n}}{5} \cdot \sigma \qquad\qquad (3-9)$$

同步环线全长闭合差限值按式（3-10）、式（3-11）计算。

$$W = \pm \sqrt{W_X^2 + W_Y^2 + W_Z^2} \qquad\qquad (3-10)$$

$$W = \pm \frac{\sqrt{3n}}{5} \cdot \sigma \qquad\qquad (3-11)$$

式中：W_X、W_Y、W_Z 为各坐标分量闭合差限值，mm；W 为同步环线全长闭合差限值，mm；n 为同步闭合环中的边数。

（4）GNSS 网观测精度的评定应满足下列要求。

1）GNSS 网的观测中误差按式（3-12）计算。

$$m = \pm \sqrt{\frac{1}{N}\left[\frac{WW}{3n}\right]} \qquad\qquad (3-12)$$

式中：m 为 GNSS 网测量中误差，mm；N 为 GNSS 网中异步环的个数；W 为异步环环线全长闭合差，mm；n 为异步环的边数。

2）GNSS 网的观测中误差，在满足相应等级控制网的基线精度要求的情况下按式（3-13）计算。

$$m \leqslant \sigma \qquad\qquad (3-13)$$

3）外业测量数据不能满足要求时，应进行重测或补测。重测或补测的分析结果应写入数据处理报告。

4）GNSS 网的无约束平差宜在 WGS84 坐标系中进行，GNSS 网的约束平差可在 WGS84 坐标系、国家坐标系或地方独立坐标系中进行。必要时可利用局部拟合的转换参数，进行 WGS84 坐标系与国家坐标系之间的坐标转换，坐标转换参数应进行校核，平差结果应符合表 3-4 的规定。

二、高程控制测量

在陆地建立高程控制有如下用途：①进行陆地电缆终端站地形测量；②水深测量数据的潮位改正；③水文潮位观测联测；④工程后续阶段测量工作需要。

高程控制点一般与平面控制测量点同步布设，起算数据可搜集高等级国家高程控制点，也可以用各省 CORS 中心提供的数据。

有条件的勘测工程，可以为了拟合项目区域内的似大地水准面而布设高程控制点。

（一）一般技术要求

（1）为测量工作提供统一的高程基准，需要在测区范围内布设一定数量的高程控制点。高程控制点宜与平面控制点共用点位，高程控制测量与平面控制测量工作同期开展。

（2）水位观测站附近应布设至少一个高程控制点。

（3）高程基准宜采用1985国家高程基准，也可根据需要采用其他高程基准。同时，需要推算出高程基准与当地理论最低潮面（当地理论深度基准面）的关系。

（4）一个测区宜采用同一高程基准。当有两个或两个以上的高程基准时，应给出其相互关系。

（5）海底电力电缆工程的首级高程控制测量等级不应低于四等。

（6）高程控制测量可以采用水准测量和GNSS高程测量等方法。

（二）水准测量

水准测量的主要技术要求见表3-5。

表3-5　水准测量的主要技术要求

等级	每千米高差中误差（mm）		检测已测测段高差不符值（mm）	附合或环线闭合差、往返测不符值（mm）			路线长度（km）		观测次数（双面尺）	
	偶然中误差	全中误差	（mm）	平原	山区	附合或环线	支线	支线	附合或闭合
三等	±3	±6	$±20\sqrt{L}$	$±12\sqrt{R}$	$±4\sqrt{n}$	50	20	往返各一次	往返各一次
四等	±5	±10	$±30\sqrt{L}$	$±20\sqrt{R}$	$±6\sqrt{n}$	20	10	往返各一次	往一次

注　L 为检测测段长度，km；R 为往返测段附合或环线的水准路线长度，km；n 为单程测站数。

水准观测的主要技术要求见表3-6。

表3-6　水准观测的主要技术要求

等级	水准仪类型	最大视线长度（m）	视线离地面最低高度（m）	前后视距差（m）	前后视距累积差（m）	基、辅分划或红黑面读数互差（mm）	基、辅分划或红黑面高差之差（mm）	间歇前后或双转点法或变动仪器高前后高差之差（mm）
三等	DS3	75	0.3	3	6	2	3	3
四等	DS3	100	0.2	5	10	3	5	5

1. 外业观测

（1）施测水准测量前，应对仪器进行检验和校正，并做好记录。

（2）测站观测宜采用双面水准尺，其观测顺序应为后—前—前—后。

（3）同一测段观测中需间歇时，应在地基稳固的位置设置2个及以上的标志作为间歇点，间歇后应对其中2个点进行检测。

（4）水准测量的重测与取舍应符合下列规定。

1）两次观测高差较差超限时应重测，重测后应选取两次观测的合格成果。重测结果与原测结果高差较差均不超限值时，应取三次观测结果的平均值。

2）观测结果不符合表 3–6 的规定时，在测站发现的应立即重测；迁站后发现的应从水准点或间歇点开始重测。

2. 数据处理

（1）计算各测段往返测高差不符值，在其基础上计算每千米水准测量偶然中误差 M_Δ，计算公式见式（3–14）。

$$M_\Delta = \pm \sqrt{\frac{1}{4n}\left[\frac{\Delta\Delta}{L}\right]} \qquad (3-14)$$

式中：M_Δ 为高差偶然中误差，mm；Δ 为测段往返高差不符值，mm；L 为测段长度，km；n 为测段数。

（2）附合路线与环线闭合差计算。附合水准路线及闭合环线的测量，在计算出环线闭合差 W 后，还应根据环线闭合差 W 计算每千米水准测量全中误差 M_W，计算公式见式（3–15）。

$$M_W = \pm \sqrt{\frac{1}{N}\left[\frac{WW}{L}\right]} \qquad (3-15)$$

式中：M_W 为高差全中误差，mm；W 为附合或环线闭合差，mm；L 为计算各 W 时相应的路线长度，km；N 为附合路线和闭合环线的总个数。

（三）GNSS 拟合高程测量

1. 外业观测

（1）GNSS 高程测量可代替四等水准。对于已有区域性似大地水准面精化成果的地区，可直接采用该成果。

（2）GNSS 高程测量应联测不少于 1 个能有效控制测区的高等级起始水准点，起始水准点与测区的距离不宜超过 15km。

（3）已知高程点的分布应符合下列规定：①已知点的高程可采用水准测量方式从起始水准点联测；②已知高程点宜均匀分布于测区，面状测区宜分布在测区的四周和中央，带状区域宜分布于测区两端和中部；③参与高程拟合计算的已知高程点不应少于 5 个；④测区地形高差变化较大时，应按地形特征适当增加已知高程点的数量。

（4）采用 GNSS 进行高程控制测量时，宜与平面控制测量同时进行。

2. 数据处理

（1）GNSS 控制网的内业数据处理同平面控制测量。

（2）沿海等地形平坦的测区，高程拟合可采用平面拟合模型；地形起伏较大或大面积测区，宜采用曲面拟合模型或分区拟合的方法进行高程拟合。

（3）区域似大地水准面精化应充分利用测区所在地的重力大地水准面模型和相关资料。

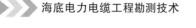

（4）海底电力电缆工程两端高程控制网联测，应进行跨海面高程测量，可采用 GNSS 高程测量法和利用海水面传递高程法。

三、验潮与水位测量

海洋测量一般依托船舶等载体，换能器安装在船舶上向下发射声波等信号，接收不同界面的反射信号来获取不同界面的信息。而海面受潮汐影响在时刻变化，因此换能器的垂直位置也时时刻刻受到潮汐影响。要准确获取不同界面的信息，需要消除潮汐的影响，故在海洋测量过程中同步进行潮汐观测。

潮汐观测通常称为水位观测，又称为验潮，即测量某固定点的水位随时间的变化。在海底电力电缆工程中验潮的主要目的是计算测区的平均海平面和深度基准面、预报潮汐，以及提供测量不同时刻的水位改正数等。

海道测量所采用的验潮站分为长期验潮站、短期验潮站、临时验潮站和海上定点验潮站。长期验潮站是测区水位控制的基础，主要用于计算平均海平面和深度基准面，计算平均海平面要求有两年以上连续观测的水位资料。短期验潮站用于补充长期验潮站的不足，它与长期验潮站共同推算确定区域的深度基准面，一般要求连续 30 天的水位观测。临时验潮站在水深测量期间设置，一般要求采用四等水准测量与三等水准点进行联测，测深期间用于观测瞬时水位，进行水位改正，观测时间一般为 3~5 天。海上定点验潮站最少在大潮期间与长期或短期站同步进行三次 24h 的水位观测，用以推算平均海平面、深度基准面和预报瞬时水位。海底电力电缆工程测量主要使用临时验潮站，本部分主要介绍临时验潮的相关技术和设备。

工程中常用的验潮方式包括水尺验潮、超声波潮汐计验潮、压力式验潮仪验潮及 GNSS 验潮等。

（1）水尺验潮。水尺是验潮站观测的基本设备，通过人工读取水位刻度，记录潮位变化。水尺通常竖直安装于水中，在码头也可直接安装在港池壁上。水尺观测方法简单方便，但自动化程度较低，需要人工配合观测且存在读数视差，一般适用于短期近岸的水下地形测量工作。

（2）超声波潮汐计验潮。超声波潮汐计主要由探头、声管、计算机等部分组成。其主要特点是利用声学测距原理进行非接触式潮位测量。其基本工作原理是通过固定在水位计顶端的声学换能器向下发射声信号，信号遇到声管的校准面和水面分别产生回波，同时记录发射、接收的时间差，进而求得水面高度。其特点是使用方便、工作量小、滤波性能好等。

（3）压力式验潮仪验潮。压力式验潮仪是一种海洋测量工程中常用的验潮设备，它是将验潮仪安置于水下固定位置，通过检测海水的压力变化而推算出海面的起伏变化。

压力式验潮仪在工程领域的应用优势明显。首先它不需要打井建站，也无需海岸作依托，而且设备轻便灵活，非常适合于各类验潮作业机动、灵活且时间较短（一般为一、两个月）的应用场合；其次其测量水深量程广，能适应不同深度的海区，在较浅水域也可与水尺联合作业实现自动记录潮位，节省人力成本；除此之外还具备验潮精度高的优点，压力测量精度可达 0.1% FS。

压力式验潮仪数据在计算时如果已进行了联测，即找到了验潮仪零点与大地基准面的关系，就可直接将潮汐数据归算到任一已知基准面。如果布放点水深较深，无法进行联测，则验潮仪的工作时间应长一些，一般为半个月或一个月甚至更长，对长时间的潮汐数据进行处理，算出调和常数，找出整个测量期间的平均海平面，以此面作为基准面给出潮汐数据。

（4）GNSS 验潮。随着全球导航卫星系统（GNSS）技术的发展，尤其是高程定位精度的提高，这就使得借助实时动态定位（RTK）、后处理差分定位（PPK）、连续运行参考系统（CORS）技术进行船载 GNSS 潮位测量变得可能，国内外在此方面的研究和实践已取得了一定成果。

将 GNSS 高精度定位技术和惯性导航系统（INS）组合在一起放置到浮标等载体上，通过 RTK、PPK 和 PPP 的定位技术计算 GNSS 天线的瞬时三维信息，通过 INS 设备的姿态信息进行姿态改正，从而获取载体的三维信息，抽取其中的垂直信息，通过粗差剔除和波浪滤波等处理可获取潮汐信息。

以上验潮方式在海底电力电缆工程路由勘测中均有应用，但 GNSS + INS 的验潮方式设备较贵，同时一般布设在海面，如果无人值守，易丢失。现在海底电力电缆工程测量中常用的验潮方式为水尺验潮和压力式验潮仪验潮两种。

进行验潮及水位测量时，水位站布设的密度应能控制全测区的水位变化，宜在海底电力电缆登陆端附近布设。相邻水位站之间的距离应满足最大潮高差小于 0.4m，最大潮时差不大于 1h，且潮汐性质应基本相同。

当沿岸水位站能控制全测区水位变化时，通常使用水尺进行验潮。水尺要牢固、垂直于水面。水尺前方应无浅滩阻隔，海水可自由流通，低潮不干出，高潮不淹没，能充分反映当地海区潮波传播情况。水位站的工作水准点、水尺零点的高程控制精度不低于四等水准。水深测量时的水位观测宜提前 10min 开始，推迟 10min 结束，观测时间间隔不大于 30min；在高、低潮前后适当增加水位观测次数，其时间间隔以不遗漏潮位极值水位值为原则；水位观测准确度应优于 5cm，时间准确度应优于 1min。

当沿岸水位站不能控制全测区水位变化时，可采用 GNSS 验潮。

第二节　登陆段地形测量

登陆段是指海底电力电缆从登陆点向海洋侧延伸至水深小于 5m 处，向陆地方向通常

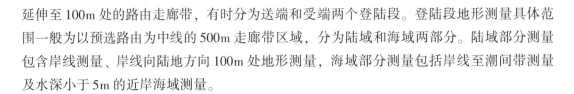

延伸至100m处的路由走廊带，有时分为送端和受端两个登陆段。登陆段地形测量具体范围一般为以预选路由为中线的500m走廊带区域，分为陆域和海域两部分。陆域部分测量包含岸线测量、岸线向陆地方向100m处地形测量，海域部分测量包括岸线至潮间带测量及水深小于5m的近岸海域测量。

一、测量要求

传统登陆段地形测量内容包括控制测量、水准联测和地形图测量。地形图测量前通常收集和利用测区附近已有测量控制点，若没有，则需新布设控制点并进行GNSS静态观测完成测区的平面控制测量。水准联测点包括平面控制点和水位点，通过水位点的水准测量建立工程基准面和水深基准面的关系。当首级控制网点的密度无法满足地形图测图的需要时，则需在首级控制网的基础上布设图根点，图根点可以采用图根导线或GNSS RTK测量。图根导线是按照图根导线的精度在上一级控制点之间布设附合导线，采用全站仪施测。测量图根导线的同时可进行图根三角高程测量。GNSS RTK测量作业半径不宜超过5km，对每个图根点均进行同一参考站或不同参考站下的两次独立测量，其点位较差不应大于图上0.1mm，高程较差不应大于基本等高距的1/10。

登陆段地形测量比例尺一般为1:500~1:1000，一般依次按照平坦地、丘陵地、山地和高山地等地形类别选择0.5m、1m、2m、2m基本等高距。地形数据包括基本的地表起伏变化、岛礁分布、潮间带出没范围、植被分布等元素；地物信息包括周边现有建（构）筑物的位置、层高和结构类型，管线、孤石、坎崖等重要自然和人工地物的分布情况。测绘依比例尺表示的地物时，测点应布设在轮廓线或拐角点；测绘不依比例尺表示的地物时，测点应布设在其相应的定位点或定位线处。测绘独立地物时，依比例尺表示的应实测外廓，填绘符号；不依比例尺表示的应测绘其定位点或定位线。地形图上的地物点相对于邻近图根点的平面点位中误差按一般地区、建筑区、水域等区域类型分别不超过0.8m、0.6m、1.5m，等高线的插求点或数字高程模型格网点相对于邻近图根点的高程中误差一般按照平坦地、丘陵地、山地和高山地等地形类别分别不超过1/3倍、1/2倍、2/3倍、1倍的基本等高距。进行地形地物测量时应对影响路由的地物，如建（构）筑物、交叉跨越等进行拍照。部分区域需要生成不同比例尺地形图时，应按照最大成图比例尺的精度要求进行测量，内业按照不同比例尺要求分别编辑成图。

登陆段地形测量一般选用全站仪极坐标法、GNSS RTK、CORS以及能达到精度要求的其他测绘方法，海域段地形可利用人工测深或单波束测深等方法测量。随着无人机技术和船载水陆一体化综合测量技术的快速发展，岛礁和潮间带可使用无人机航测系统或船载水陆一体化综合测量技术施测。

二、常规地形测量

常规地形测量是指使用全站仪、GNSS等碎步手段进行陆地地形测量。

（一）全站仪碎步地形测量

全站仪集成了电子测距仪、电子经纬仪和电子记录功能等模块，是一种自动化程度较高的数字测图设备。其工作原理是基于已知坐标点和已知方位的极坐标测量方法：首先根据已有控制点或通过空间交会获取架站位置处的平面坐标和高程；然后通过后视定向确定度盘方位角；再由测角测距数据确定碎步点的位置及高程；最后导入绘图软件绘制成图并添加地物属性信息。全站仪碎步测图原理简单，操作易行，可适用于各类地形条件。

（二）GNSS 碎步地形测量

GNSS 碎步测量主要是通过 RTK、CORS 等差分数据链获取模糊度固定解的定位数据，应根据测区现场情况进行比选采用。其中，RTK 模式需要架设基准站，且存在有效作业半径限制，但具备改正信号代表性较强，固定解收敛速度快，工程性能稳定等优点；CORS 虽然省去了架设基准站的步骤，也没有工作半径限制，但是在测量过程中应保持蜂窝移动网络信号通畅，同时在植被茂密区可能存在固定解收敛速度缓慢等问题。

以 RTK 作业模式为例，碎步测量工作流程如下：

（1）新建工程，设置坐标系统，输入转换参数。

（2）架设基准站。架设位置应选择交通便利、环境相对空旷、地势相对较高、周围没有干扰的地方；电台频率应该选择本地区无线电使用较少的频率，防止相互干扰造成数据出错；碎步测量工作前后应对附近的已知点进行检查校准。

（3）碎步采集。采集碎步点时应根据地物属性记录点编码，仔细检查点编码编排规则，避免出现错误和歧义；检查杆高，确保地形高程数据准确无误。

（4）导出数据，绘制成图。

三、无人机摄影测量

（一）测量特点

随着测绘技术的不断发展，无人机低空摄影和机载激光扫描在登陆段地形测量中逐步应用，可大大提高测量效率和质量，增大测量比例尺，建立细致的三维地形模型，能为路由选择规划提供更加翔实的依据。三维激光扫描仪可以快速获取大范围的地形点云数据，可以在短时间内完成测量工作，为测量争取了大量的宝贵天气窗口。无人机可以获取高清晰测区影像图，经过后期处理形成正射影像，结合三维激光扫描仪数据可以真实再现登陆段的现状。

使用无人机技术进行测量，其优点体现在以下几方面。

（1）测量精度高。理论和实际检验结果都表明，在滩涂地形无人机测量精度明显优于船载测量。不受海浪等因素干扰，测量作业时的传感器姿态保持稳定，传感器方向不确定产生的误差明显小于船载测量。

（2）测区适应能力强。对于许多海岛、基岩海岸和滩涂实施测量，潮间带的地形属于空白区域，采用无人机测量可以不受限制。

（3）作业速度快，效率高，可以快速测量并处理成图。

无人机技术也受一定的不利因素制约，如雷雨、多云等天气条件会干扰外业数据采集工作；无人机测图能够保证很高的平面精度，但高程精度相对较低，无法满足高精度的大比例尺测图需求；对于潮间带区域内的滞水凹坑等局部变化地形难以有效测量其尺寸和深度。

鉴于无人机摄影测量应用广泛，本书重点介绍无人机摄影测量。

（二）系统组成

无人机航摄系统主要由飞行平台、飞控系统、地面监控系统、数码相机、POS 设备、数据传输系统、发射与回收系统和地面保障设备等部分组成。相比于传统的摄影测量，无人机航测最大的不同在于飞行平台，能够实现传统型摄影测量和倾斜摄影测量作业。目前用于无人机航测的飞行平台主要为固定翼和多旋翼无人机两种（见图 3-1），尤其对于固定翼无人机，其作业方式与传统摄影测量类似，因此可将成熟的摄影测量技术方便地移植到无人机航测系统中。

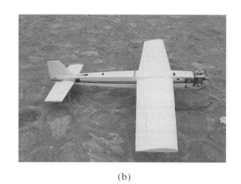

（a）   （b）

图 3-1　无人机航摄飞行平台

（a）旋翼式无人机；（b）固定翼式无人机

无人机摄影测量是数字航空摄影测量一种特殊形式，其基本原理是基于摄影测量原理。同传统航空摄影测量相比，无人机航测具有更宽广的应用范围，飞行航迹完全由程序控制，能以复杂姿态飞行，获取特定测区的数字影像。近年来，随着各类传感器及其集成技术的发展，多传感器辅助摄影测量得以实现。配备了高精度 POS 系统的摄影测量数据采集设备，能够在没有进行相片控制点测量的前提下完成测图工作。在海底电力电缆工程登陆段地形测量中应用无人机航测系统，能高效方便、高精度地获取地形等测量数据。

（三）作业流程

无人机低空摄影测量通常包括影像数据获取、数据预处理、像片控制测量、像片调绘、空中三角测量、DEM 制作、DOM 制作、内业数字测图、外业检测与修正、提交资料及成果等环节。其产品主要有登陆段地形图、断面图、正射影像地图等。其作业流程如图 3 - 2 所示，在本书中着重叙述影像数据获取、数据预处理和外业检测与修正等内容。

1. 数据获取

无人机低空数字航空摄影进行登陆段地形测量，其作业流程应包括摄影系统准备、航摄计划与航摄设计、飞行质量和影像质量、成果整理等工作。

（1）摄影系统准备。

1）飞行平台要求。主要包括对有效载荷、抗风能力、飞行速度、自动驾驶仪、定位系统等的要求。

飞行平台应具备足够的荷载能力，除电池、油料、机载发电机等外，有效载荷必须满足传感器及其辅助系统需要；空间充足，不遮挡视场，不影响接线盒插卡等动作。搭载云台的，应协调保证运动空间，云台运动范围内传感器无视场遮挡现象。飞行平台发动机、电机运行过程中固有振动频率应与传感器协调，采取减振措施避免振动引起成像模糊，尤其应避免传感器出现角元素形式的振动。

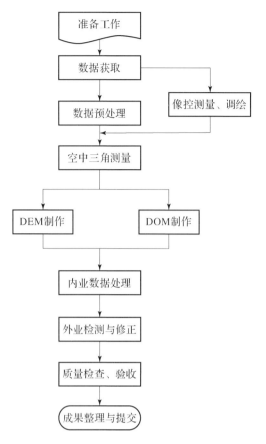

图 3 - 2　无人机摄影测量作业流程

抗风能力要求：固定翼无人飞机应具备不低于 5 级风力气象条件下安全飞行能力；多轴旋翼无人机应具备不低于 4 级风力气象条件下安全飞行能力。

飞行平台应与其搭载的传感器协调配合，在保证安全飞行的前提下，尽量选择巡航速度低的飞行平台，以保证像移和运动变形在较小的范围内。无人机低空航空摄影时，飞行平台巡航一般不大于 160km/h；1∶500 成图比例尺航摄时，巡航速度一般不大于 100km/h；采用具备像移补偿功能的传感器或者云台的低空摄影系统，飞行平台巡航最大速度可不受限制，补偿后残差不超过 0.5 个像素。

飞行平台的自动驾驶仪应具备基本飞行控制功能。为满足低空航空摄影需要，还应具备以下功能和要求：具备接受预设航线和数码相机曝光控制功能、具备定点曝光控制或等距曝光控制功能、具备记录和下载实际曝光点位置和姿态等信息的功能。

当采用双频 GNSS 或 IMU/GNSS 辅助航空摄影测量时，应满足以下要求：选用双频

GNSS 数据记录频率不小于 5Hz；测角精度值应达到横滚角、俯仰角不大于 0.01°，航偏角不大于 0.02°。

2）航摄数码相机要求。主要包括基本要求、检校要求、数据动态范围等。

基本要求：相机镜头应为定焦镜头，且对焦无限远；镜头与相机机身，以及相机与成像探测器之间连接稳固；相机最高快门速度不慢于 1/800s；连接双频 GNSS 和 IMU 时，相机应具备曝光信号反馈功能；相机视场角不小于 27°；灰度记录的动态范围，每通道不应低于 8bit；原始影像宜以无压缩格式存储，采用压缩格式存储时，压缩倍率不应大于 10 倍。

数码相机必须进行成像几何检校，检校应满足以下要求：通过摄影测量平差方法解算相机检校参数，包括主点坐标、主距、畸变参数、像元参数、面阵大小等，并提供检校数学模型；主点坐标中误差不应大于 $10\mu m$，主距中误差不应大于 $50\mu m$，残余畸变差不应大于 0.3 个像素；当航摄像机出现大修、关键部件更换或遭受剧烈振动和冲击等情况下，应重新检校；航摄相机应定期检校，一般期限不超过 2 年；采用弹射伞降方式等频繁使用的相机，检校期限原则上不超过 1 年。

相机影像每通道的数据动态范围不应小于 8bit。原始记录影像可采用压缩格式，压缩率一般不大于 10 倍。

低空数码相机主要为非量测型相机，目前常用低空数码相机有佳能 5D Mark – Ⅱ、尼康 D800、索尼 SONY 7r、飞思 P65 + 相机等。

（2）航摄计划与航摄设计。

1）航摄计划。根据登陆段地形测量航摄任务需求制订相应的航摄计划，航摄计划应包括以下内容：航摄区域范围；测图比例尺和摄影地面分辨率；航线布设方法、技术参数和辅助设备参数；需要提供的航摄成果名称和数量；执行航摄任务的季节和期限等。

2）航摄设计。航摄设计主要内容应包括基础地理数据的选择、基准面地面分辨率的选择、航摄分区的划分和基准面确定、重叠度设计、飞行速度与传感器快门协调指标、航线布设方法、像控点预先布设，以及航摄季节、气象和时间条件选择。航摄设计内容要求如下：

①航摄设计用基础地理数据应选择摄区最新制作的地形图、影像图或数字高程模型，地形图、影像图比例尺不低于 1∶10000，数字高程模型比例尺不低于 1∶5000。

②登陆段各航摄分区基准面的地面分辨率应根据 1∶500、1∶1000 比例尺航摄成图的要求，结合分区的地形条件、测图等高距、航摄基高比，在确保成图精度的前提下，遵守有利于缩短成图周期、降低成本、提高登陆段地形测绘综合效益的原则，在表 3 – 7 的范围内选择。

表 3 - 7　航摄基准面设计地面分辨率范围

测图比例尺	地面分辨率值（cm）
1∶500	≤5
1∶1000	≤10

③无人机低空航摄分区划分应遵循以下原则：分区应兼顾考虑成图精度、飞行安全高度，以及飞行效率、飞行方向等因素。平地和山地分区内的高差不应大于 1/4 相对航高，高山地分区内的高差不应大于 1/3 相对航高。航摄基准面一般取分区内高程占比加权平均值。

④航摄分区基准面上设计航向重叠度，无人机低空数字航摄一般取 65%～75%，宜采用 70%；旁向重叠度一般取 30%～45%，宜采用 40%；对于部分海岛礁测绘，宜采用较大旁向重叠度设计方案。

⑤航摄阶段，所选用无人机的飞行速度和传感器采用的快门速度应匹配，必要时协调指标，降低巡航速度，或提高快门速度。需要遵循以下原则：采用中心快门的传感器，仅考虑像移，无人机飞行速度一般不超过 0.5 个像素像移对应的巡航速度；采用帘幕快门的传感器，除了满足前面要求外，快门速度一般不小于 1/1000s，无人机尽可能采用低速水平稳定姿态飞行，减少幕帘快门运动周期内的影像运动变形。

⑥航线布设应遵循以下原则：航线一般按测区形状的长边平行布设，或沿登陆段岸线方向飞行。相机曝光点应尽量采用数字高程模型依地形起伏设计，采用定点曝光或灯具曝光控制方法，不宜采用等时曝光控制方法。进行水域摄影时，尽可能减少像主点落水，要确保所有岛屿达到完整立体观测覆盖。需要布设构架航线时，应与正常航线尽量垂直、航高近似。

⑦对滩涂等缺乏特征地物的区域，需要在航摄实施之前布设人工标志并测量坐标和高程。

⑧无人机低空航摄应尽量避免雨、雾、霾等能见度低的气象条件，以及各种覆盖物如积雪、洪水、扬尘等的不利影响，确保航摄影像能够详细显示地物细部。以测制登陆段地形图为目的无人机低空摄影，宜选择冬季植被覆盖较低时节航摄，减少植被对地形测制的不利影响。航摄时间选择应避免地物对太阳光造成强反射，减少阴影对地物细节的影响。在滩涂、海洋等水域上空摄影时，尽量减少影像上强烈反射光斑而损失地物细节，不宜选择正午时间，应提前或推后 1～2h 摄影。

（3）无人机航摄实施。航摄实施过程中应遵循以下原则性要求：实施前应制订详细的飞行计划，且应针对可能出现的紧急情况制定应急预案。无人机使用机场时，应按照机场相关规定飞行；不使用机场时，应根据无人机的性能要求，选择起降场地和备用场地。在保证飞行安全的前提下可实施云下摄影。采用 GNSS 辅助航空摄影时，可按规定布设地面基站。采用 GNSS 或 IMU/GNSS 辅助航空摄影时，需要复制机载记录文件，并使用地面检校场计算偏心量。航摄实施期间需要填写航摄飞行记录。

（4）飞行质量与影像质量。

1）飞行质量。无人机飞行质量主要包括像片重叠度、像片倾角和旋角、摄区边界覆盖保证、航高保持、漏洞补摄，具体质量要求如下。

①航向重叠度和旁向重叠度。航向重叠度：实际飞行结果最小不得小于 53%，连续出现小于 53% 不得超过 3 张航片。旁向重叠度：实际飞行结果最小不得小于 8%，连续出现小于 8% 不得超过 3 张航片。

②像片倾角实际飞行结果一般不超过 12°，最大不超过 15°。像片旋角实际飞行结果一般不超过 15°，最大不超过 25°。像片倾角和像片旋角不得同时达到最大值。

③航向覆盖超出分区边界线不得少于 2 条基线。旁向覆盖超出整个摄区和分区边界一般不少于像幅的 50%。

④同一航线上相邻像片的航高差不得大于 30m，最大航高与最小航高之差不得大于 50m，实际航高与设计航高之差不得大于 50m。

⑤航摄实施过程中出现的相对漏洞和绝对漏洞均应及时补摄，应采取同型号相机补摄，补摄航线的两端应超出漏洞之外两条基线。

2）影像质量要求。影像应清晰，层次丰富，反差适中，色调柔和，能分辨出与地面分辨率相应的细小地物影像，能够建立清晰的立体模型。影像上不得有云、云影、烟、大面积反光、污点等缺陷。确保因飞机地速的影像曝光瞬间造成的基准面上像点位移一般不大于 0.5 个像素，地形最高点最大不应大于 1 个像素。

2. 数据预处理

数据预处理是将数码相机获取的原始影像数据、机载 IMU/GNSS 数据、飞行控制测量数据、检校场的数据进行处理，获得能够直接提供给数字摄影测量系统使用的数码影像以及影像相关的外方位元素。

（1）数据预处理工作流程。数据预处理主要内容包括航摄影像数据预处理、IMU/GNSS 数据与飞行控制测量数据的联合解算以及检校场空三解算等内容。其中，影像数据预处理包括格式转换、辐射纠正、几何纠正等内容。IMU/GNSS 辅助航空摄影则包括了 IMU/GNSS 数据与基站数据联合解算影像外方位元素以及检校场数据空三解算内容。

（2）技术要求。数据预处理应满足以下技术要求。

1）采用地面基站和连续运行参考站定位方式时，IMU 和 GNSS 数据联合解算的平面、高程和速度偏差不应大于表 3-8 的规定。

表 3-8　IMU 和 GNSS 数据联合解算偏差限值

成图比例尺	平面偏差限值（m）	高程偏差限值（m）	速度偏差限值（m/s）
1:500、1:1000	0.08	0.3	0.4

采用 GNSS 精密单点定位，IMU 和 GNSS 数据联合解算的平面位置偏差不应大于 0.15m，高程位置偏差不应大于 0.5m，速度偏差不应大于 0.6m/s。

2）检校场数据预处理后计算出偏心角以及线元素偏移值。偏心角及线元素偏移值的解算中误差不应大于表 3 - 9 的规定。

表 3 - 9　偏心角及线元素偏移值中误差限值

成图比例尺	线元素偏移值平面中误差限值（m）	线元素偏移值高程中误差限值（m）	偏心角侧滚角、俯仰角中误差限差（°）	偏心角航偏角中误差限差（°）
1：500、1：1000	±0.5	±0.5	±0.03	±0.02

3. 像片控制测量

（1）像片控制测量作业流程。作业流程主要包括准备工作、像片控制点的布设、像片控制点测量等流程。

（2）技术要求。像片控制测量应符合以下技术要求。

1）区域网的划分应依据成图比例尺、地面分辨率、测区地形特点、航摄分区的划分、测区形状等情况全面考虑，选择最优实施方案。

2）对于两条和两条以上的平行航线采用区域网布点时，航向相邻控制点间隔基线和旁向相邻控制点间隔航线数不宜超过表 3 - 10 的规定。

表 3 - 10　无辅助航摄时平高控制点跨度　　　　　　　单位：基线条数

比例尺	航向相邻控制点的基线跨度	旁向相邻控制点的航线跨度
1：500	3	3
1：1000	4	3

3）采用 GNSS 辅助航摄、IMU/GNSS 辅助航摄时，像片控制点连线应完全覆盖成图区域，且全部布设平高点。控制点采用角点布设法，实际布设时控制点间隔基数、间隔航线数不宜超过表 3 - 11 的规定。

表 3 - 11　有辅助航摄时平高控制点跨度　　　　　　　单位：基线条数

比例尺	航向相邻控制点的基线跨度	旁向相邻控制点的航线跨度
1：500	12	5
1：1000	12	5

4）像片控制点测量精度要求。像控点相对于相邻控制点的点位中误差不应大于图上 ±0.1mm，高程中误差不应大于测图基本等高距的 1/10。

4. 调绘

（1）调绘要求。现场调绘应做到判读准确、描绘清楚、位置正确、图式符号运用恰当、清晰易读。调绘涉及军事禁区、保密单位等时，应执行国家军事设施保护法律、保密规定或其他相关法律法规。

（2）调绘形式。一般采用先内业测图、后外业调绘的方式进行。

（3）调绘内容。调绘主要任务是实地确定地物、地貌的真实性质，查清其实际"身份"，根据图件需要表示的内容要求取舍影像上的地物、地貌，并对影像上没有的新增地物、地貌进行补测，实地调查、注记地理名称。其最终目的是使测绘成果图件符合规范、图式的标准、要求，满足海底电力电缆工程设计的需要。

5. 空中三角测量

（1）主要内容。空中三角测量是立体摄影测量中根据少量的野外控制点，在室内进行控制点加密，求得加密点的平面位置和高程的测量方法。空中三角测量的主要内容包括资料搜集与分析、绝对定向、平差计算、质量检查、成果整理与提交等。

（2）主要技术要求。空中三角测量应符合以下技术要求。

1）相对定向连接点上下视差限值应符合表 3 – 12 的规定。

表 3 – 12 相对定向连接点上下视差限值

影像类型	连接点上下视差中误差	连接点上下视差最大残差
低空数码航摄影像	±2/3 个像素	4/3 个像素

2）自由网平差后像点坐标残差不大于 2 个像素。

3）平差计算结束后，基本定向点残差、检查点不符值、区域网间公共点较差不应大于表 3 – 13 的规定。

表 3 – 13　定向点残差、检查点不符值、区域网间公共点较差　　　　单位：m

成图比例尺	点别	平面位置限差				高程限差			
		平地	丘陵地	山地	高山地	平地	丘陵地	山地	高山地
1：500	基本定向点	0.13	0.13	0.2	0.2	0.11	0.2	0.26	0.4
	检查点	0.175	0.175	0.35	0.35	0.15	0.28	0.4	0.6
	公共点	0.35	0.35	0.55	0.55	0.3	0.56	0.7	1.0
1：1000	基本定向点	0.3	0.3	0.4	0.4	0.2	0.26	0.4	0.75
	检查点	0.5	0.5	0.7	0.7	0.28	0.4	0.6	1.2
	公共点	0.8	0.8	1.1	1.1	0.56	0.7	1.0	2.0

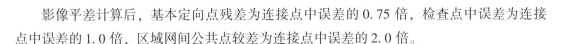

影像平差计算后，基本定向点残差为连接点中误差的 0.75 倍，检查点中误差为连接点中误差的 1.0 倍，区域网间公共点较差为连接点中误差的 2.0 倍。

6. DEM 及 DOM 制作

（1）DEM 制作。

1）DEM 制作流程主要包括资料准备、定向建模、生成核线影像、特征数据采集、内插建立 DEM、DEM 数据编辑、DEM 数据镶嵌和裁切、质量检查、成果整理输出等环节。

2）DEM 制作的技术要求。登陆段 1∶500、1∶1000 地形测量 DEM 成果均采用 2.5m 格网间距，DEM 高程中误差应符合表 3－14 的规定。

表 3－14　数字高程模型精度指标　　　　　　　　单位：m

比例尺	地形类别			
	平坦地	丘陵地	山地	高山地
1∶500	±0.20	±0.40	±0.50	±0.70
1∶1000	±0.20	±0.50	±0.70	±1.50

（2）DOM 制作。

1）DOM 制作流程主要包括资料准备、数字微分纠正、影像处理、影像镶嵌与裁切、DOM 的整饰等环节。

2）DOM 的地面分辨率应符合表 3－15 的规定。

表 3－15　数字正射影像图地面分辨率　　　　　　单位：m

比例尺	1∶500	1∶1000	1∶2000	1∶5000	1∶10000
地面分辨率	≤0.05	≤0.10	≤0.20	≤0.50	≤1.00

7. 内业数字测图

内业数字测图主要用于获取地形图和断面图，以满足海底电力电缆工程设计及施工要求。地形图是按一定精度，用各种符号和文字对地表形态的真实反映，其绘制应根据工程性质、测区地形、测图比例尺，掌握重点，合理取舍，真实形象地反映地面上的地物地貌。登陆段地形图内业测图主要包括登陆段地形测量中岸线测量、潮间带测量。

（1）内业数字测图作业流程主要包括资料准备、恢复立体模型、内业测图、图面整饰。

（2）内业数字测图的技术要求。

1）海岸线测量。海岸线最大点位误差不得大于图上 1.0mm，转折点的位置误差不得大于图上 0.6mm。与海岸线相连的各种设施均必须进行测绘，并注记高程。当海岸线与其他地物位置发生矛盾时,一般不得移动海岸线位置;但当岛屿与大陆以堤岸相连接时,堤上的公路、铁路、堤的符号必须加宽时,可移动海岸线的位置。在河口地区测绘海岸线时,潮差较大的地区,仍按平均大潮高潮线测绘;在河水影响大于潮汐影响的河口内部地段,则以河水的常年水位作为河岸线。

2)潮间带测量。干出滩及滩涂指海岸线与干出线之间的潮浸地带,高潮时被海水淹没、低潮时露出的部分。对面积不大的干出滩及滩涂,可在测量海岸时同时进行测绘;对面积大的干出滩及滩涂,采用断面法测量。干出滩的外边缘采用水深测量资料。对干出滩及滩涂的性质,必须说明注记。对测区内的明礁、干出礁均应测定其位置、高程和干出深度。群礁测定其外围和显著礁石的位置、高程,在此范围内可适当取舍。干出滩上的小水道、小河流的出海口,除了已进行过水深测量的,也必须进行测量。当干出滩和滩涂的面积较大时,以图上每隔2~5cm布设一条断面线进行施测。断面线应垂直海岸线布设,其起点按测站点的要求测定,中间点的测定按碎部点的要求测定。断面线测至半潮线,低潮时测到有水深时为止,最后点或标尺点上应量取水深并记录时间。以水深法计算出的干出深度,应与其他方法测得的干出深度相一致,最大互差不大于0.3m。

3)测图后应对地形图进行整饰,可根据需要在图廓间注出境界通过的区划名称、重要高程点等,测图说明加注航摄和调绘日期。

(四)工程实例

(1)工程背景。某省沿海地形地貌复杂,许多临海滩涂或近海岛屿滩涂靠人工无法直接获取实测数据;高滩面积较大的区域采用人工上滩测量,工作量大,工期长,且存在一定的危险性。无人机摄影测量具有系统结构简单、飞行成本低、反应速度快及飞机易于转场等优势,已广泛应用于滩涂测量中。在国内无人机民用遥感领域,固定翼式无人机因为覆盖范围较大、可控性能和效率相对较高,一般用以完成较大面积区域的航空影像获取,与机载GNSS、POS等辅助设备相结合可以满足较高精度的测绘制图需求。为此,本工程进行了基于无人机摄影技术结合潮位观测的潮间带高程测量。

(2)技术路线。首先,基于CAD平台拼接其他方式采集的数据,根据已经测量的各种数据确定航摄区域范围;然后,采用无人机低空数码摄影系统快速获取大比例尺真彩色航空影像,经过内业处理生产制作出正射影像;最后,配以无人机航摄时同步观测的潮位数据,绘制出高精度的水陆交界线,从而达到测量潮间带高程的目的。

根据航摄区风力情况,本次测量使用的无人机平台为ZC-1型和ZC-2型无人机,如图3-3所示。ZC-1型无人机的机身为玻璃纤维材质,抗风性能好,有效载荷大,但自身重量也大,对起飞场地的要求严格,因此在5~6级以上大风天气情况下选用ZC-1型无人机;ZC-2型无人机的机身为航空木板材质,轻巧易操作,对起飞场地的要求不高,但抗风性能较差,因此在5级以下风力天气情况下选用ZC-2型无人机。

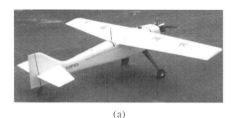 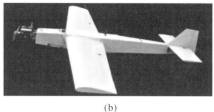

(a)   (b)

图 3 – 3　滩涂测量固定翼式无人机

（a）ZC – 1 型无人机；（b）ZC – 2 型无人机

无人机航摄作业流程主要包括航摄设计、航摄飞行和影像处理三个步骤。本次航摄设计地面分辨率为 0.2m，航高为 750m。为保证大风天气下不出现航摄漏洞，将航向重叠度设计为 75%，旁向重叠度设计为 50%。航摄飞行根据潮汐表水位信息选择阳光照射较为充足的中潮位时间段内进行，以保证影像质量。影像处理主要包括畸变差校正、空中三角测量、影像匀光、单片纠正以及正射影像镶嵌与生成等内容，详细技术流程如图 3 – 4 所示。

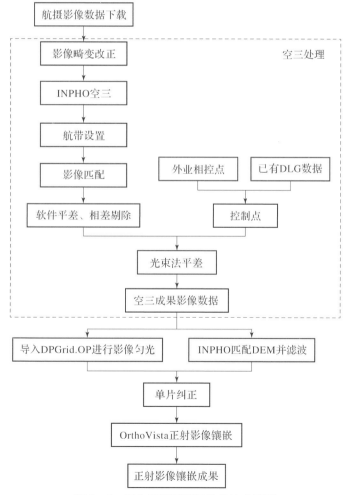

图 3 – 4　无人机摄影测量作业技术流程

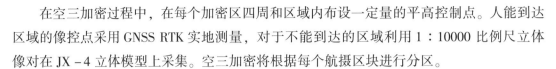

在空三加密过程中，在每个加密区四周和区域内布设一定量的平高控制点。人能到达区域的像控点采用 GNSS RTK 实地测量，对于不能到达的区域利用 1：10000 比例尺立体像对在 JX－4 立体模型上采集。空三加密将根据每个航摄区块进行分区。

应用本方法实现潮间带高程测量的依据是"潮汐性质基本相同"原理。测区范围内的潮位必须满足"最大潮高差≤1m，最大潮时差≤2h"。当满足这两个要求时，即可用在潮位站观测得到的水位高程值代替瞬时潮水高度。因此，通过在无人机航摄数字正射影像图上绘制水陆边界线，计算影像拍摄时同步观测的水位高程值，就能得到潮间带区域高程信息。

第三节　海底地形测量

海底地形测量是路由勘测必不可少的内容。通过测量可以了解海床地形资料，并帮助了解海底地貌特征。通过海底地形测量可以获得两个对于电缆设计和施工非常重要的参数——水深和坡度。

（1）水深是决定海底电力电缆敷设张力和布缆设备工况的主要参数之一。在海底地形急剧起伏的海区，如隆起的岛礁、礁盘、海底山、海沟、冲刷槽等不利于海底电力电缆通过，而海底地形较平坦的海区则利于施工和保护海底电力电缆的安全。

（2）海底坡度是海底电力电缆工程中一个非常重要的参数。浅水敷设的电缆通常需要埋设保护，地形平缓的区域有利于埋设犁的稳定操作，超过 6°的坡度尤其是走向与埋设犁工作方向近似的侧坡，会导致埋设犁倾覆，破坏正在敷设的电缆。深水敷设的电缆通常是表面敷设，如果电缆经过坡度变化较快或坡度较大区域，那么在海流和地形的影响下其磨损破坏概率增加。另外，海底坡度对海底电力电缆余量有着直接的影响，平坦的海底由于坡度较小，影响相对较小；对于起伏较大的海底，必须投入相应的余量，才能保证电力电缆不悬空。一般在电力电缆工程中坡度大于 5°的区域需要标注出来，而坡度大于 20°区域则视为地形陡峭区，需要重点关注。

一、海底地形测量的特点和基本要求

海底地形测量是按一定程序和方法，将海水覆盖下的海底地形及其变化记录在载体上的测绘工作，是陆地地形测量在海洋区域的延伸。虽然最终成图在投影、坐标系统、基准面、图幅分幅及编号、内容表示、综合原则以及比例尺确定等方面与陆地地形图一致，但是海底地形测量因为水层覆盖，水下地形的起伏无法目视，二者在测量方法上相差较大，主要表现为：① 海底地形测量时，肉眼不可见，难以选择地形特征点进行测绘，也难以采用常见的陆地地形测量方法，只能通过合适的间接测量手段，用测深线法或散点法均匀地布设一些测点达到测量目的。一般情况下，每个测点的平面位置和高程是用不同的

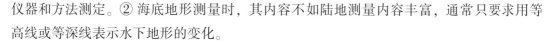

仪器和方法测定。② 海底地形测量时，其内容不如陆地测量内容丰富，通常只要求用等高线或等深线表示水下地形的变化。

海底地形测量是一项基础性海洋测绘工作，是路由勘测中的重要勘测内容。海底地形测量的目的在于获得水下地形点的三维坐标，主要测量位置、水深、水位、声速、姿态和方位等信息，其核心是水深测量。

水深测量经历了从人工到自动、单波束到多波束、单一船基测量到立体测量的重大变革。早期的水深地形测量主要是借助测深杆或者测深锤来实现。声呐探测技术通过检测声波往返于换能器到海底的双程传播时间，再结合声速计算水深，反映海底地形的起伏变化。随着声呐探测技术的发展，以船舶等水面移动载体为平台的单波束回声测深仪、多波束回声测深系统和相干声呐系统等测深设备的应用，极大地提高了水深测量的效率。所测得瞬时水面下的深度，经测深仪改正和水位改正，可以归算到由深度基准面起算的深度。单波束测深虽每次只能发射一个波束，但实现了水深测量从人工到自动的变革。随着声学、传感器、计算机和数据处理等技术发展，20 世纪 70 年代起出现了由换能器阵列组成的多波束回声测深技术。多波束测深系统每次发射可以在与航迹正交的扇面内形成上百个甚至几百个波束。相对单波束，多波束测深系统的出现是水深测量的又一场革命。长期以来，船载声呐测深是海底地形测量的主要作业模式。随着相关技术进步，历经半个多世纪的发展，基于遥感影像的海底地形反演、机载激光测深、基于潜航器或深拖系统的测深技术等新技术相继出现，且研究和应用日益成熟。船基测深技术也在不断完善，船载水陆一体化综合测量系统是近年来应用于海岸地形水陆测量的一项新技术，目前已形成了海底地形立体测量体系和信息的高精度、高分辨率、高效获取态势。

当前，海底电力电缆工程路由勘测海岸带区域地形可使用船载水陆一体化综合测量系统进行水陆一体化无缝测量，海底地形则通常采用单波束水深测量仪或多波束水深测量仪进行测深。单波束水深测量可用于要求成图比例尺较小、海底地形起伏较小及近岸段区域，其他海域水下地形一般采用多波束水深测量仪进行测深。对于水深值小于 10m 的近海岸地区往往处于滩浅、淤泥、礁多等较为复杂的作业环境中，且由于潮间带地区受海洋潮汐的影响，出于安全考虑，测量船只无法到达大陆沿岸和岛屿周边的很多浅水区域，传统水深测量难以满足要求。在应用条件和水质合适的情况下，可使用机载激光测深系统对这些区域进行水陆一体化测量，克服了传统测深方式周期长、机动性差、测深精度低、测区范围有限等缺点，从而提高了海底地形的现势性、缩短海图的更新周期。

海底地形测量应满足下列要求。

（1）海底地形图的比例尺不宜小于 1∶5000。

（2）测线上测点间距宜为图上 1cm。海底地形变化显著地段应适当加密，海底平坦或水深超过 20m 的水域可适当放宽。

（3）基本等高距宜为 1m。当海底平坦，基本等高线不能明确反映海底地貌时，可适当缩小等高距；当海底坡度很大时，可适当扩大等高距。

（4）在深度测量中，当水深≤20m时，深度测量中误差≤±0.2m；当水深>20m时，深度测量中误差≤水深的±1%。

（5）水深测量外业完成后，水深测量原始数据应进行100%的检查，剔除突变的错误数据和质量差的边缘波束数据，进行深度改正。

（6）明礁、干出礁的面积在图上大于0.2mm² 时，应绘出实测形状；面积在图上不大于0.2mm² 时，用符号表示。在干出礁旁应注记干出高度。

（7）暗礁和水下障碍物，要注记最浅深度、底质或性质。

（8）海底地形点的取舍应满足下列要求：①能确切地显示礁石、特殊深度、浅滩、岸边石陂等障碍物的位置、形状（及其延伸范围）以及深度（高度）的点；②能确切显示测区的地貌特征点；③特殊深度和反映其变化程度的特征点；④能正确地勾绘零米线、等深线及显示干出滩坡度的特征点。

二、单波束水深测量

（一）测深原理

单波束测深是通过单波束换能器在水中以垂直方向发射声波，声波在水中按一定速度传播，到达水底后发生散射和反射，其中，大部分声波经反射后返回，进而被换能器接收，如图3－5所示。利用声波在不同水温下的传播速度即声速，以及一个波束从发射到被换能器接收所用的时间，进而得出该点的水深值，见式（3－16）。

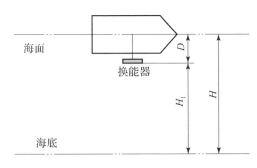

图 3－5　单波束测深工作原理

$$H = H_1 + D$$
$$H_1 = (v \times t)/2 \qquad (3-16)$$

式中：H 为水深值；H_1 为换能器至海底的距离；t 为一个波束从发射到被换能器接收所用的时间；v 为声波在海水中的传播速度；D 为换能器的吃水深度。

在水深测量中，根据单波束测深的作业方式及目的，声波的折射作用一般不予考虑。其垂直发射声波的特点，就决定了它的测深点若要实现测区全覆盖，会耗费大量的时间与成本。

单波束测深系统通常使用单一的声波发射及回声接收装置测量水体深度，每次只能发射、接收一个声波信号，具有操作简便、设备成本低廉的优点，特别适用于小范围、浅水区域的水深测量。然而，单波束测深的缺点也显而易见，每次只能获取一个水深点。用这种方式进行水深测量时，需要测量船根据测图比例尺确定的测线间隔进行全覆盖的测量，一般测线间隔比较窄，测量船总的航程较长，作业效率较低。

（二）测深仪的组成

单波束属于"点"状测量，测量船在水上航行时，船上的回声测深仪可测得一条连续的水深线（即地形断面），通过水深的变化，可以了解水下地形的情况。

单波束测深仪一般由以下几部分组成：

（1）激发器。它是一个产生脉冲振荡电流的电路装置，输出脉冲振荡电流信号给发射换能器。

（2）收、发换能器。声波的发射和接收是由换能器来实现的。将激发器输出脉冲振荡电流信号转换成电磁能，并将电磁能转换成声能的装置称为发射换能器；将接收的声能转换成电信号的装置称为接收换能器，两者结构相同。现在一般采用同一换能器兼做发射和接收。

（3）放大器。它将接收换能器收到的微弱信号加以放大。

（4）记录器。它通常控制发射与记录声波脉冲发射和接收的时间间隔 t。根据需要可记录测得深度的模拟量，作为硬拷贝；也可进行数字化处理，记录数字量，并通过接口将数字量存储在计算机上，有利于测深数据的自动化实时和事后处理。

单波束测深系统主要经历了模拟、模拟与数字结合以及全数字化三个阶段。目前国外的生产厂家主要包括 Teledyne、ODOM、Seafloor Systems、Kongsberg、Syqwest、Meridata 等公司；国内单波束产品也已得到普遍应用，主要有中海达、无锡海鹰等公司。国内外的主要单波束测深系统产品见表 3 – 16。

表 3 – 16　国内外主要的单波束测深系统产品及其性能指标

生产厂家	型号	工作频率(kHz)	测深精度	测深范围
Teledyne ODOM （美国）	Echotrac MK Ⅲ	低频 3.5 ~ 50、 高频 100 ~ 1000	1cm ± 0.1% 测深@200kHz； 10cm ± 0.1% 测深@33kHz； 18cm ± 0.1% 测深@12kHz （考虑声速修正）	0.2 ~ 200m@200kHz； 0.5 ~ 1500m@33kHz； 1.0 ~ 4000m@12kHz
	Echotrac E20	10 ~ 250	2cm ± 0.1% 测深@200kHz； 10cm ± 0.1% 测深@33kHz； 15cm ± 0.1% 测深@12kHz	0.5 ~ 400m@200kHz； 1.0 ~ 3000m@33kHz； 3.0 ~ 6000m@12kHz
Seafloor Systems （美国）	Hydrolite – TM	200	1cm 或 0.1% 所测深度	0.3 ~ 75m
	Hydrolite – DFX	200、30	1cm 或 0.1% 所测深度	0.3 ~ 200
Kongsberg （挪威）	EA640	12 ~ 500	0.6cm@500kHz； 1.2cm@200kHz； 4.8cm@38kHz； 9.8cm@18kHz； 19.6cm@12kHz	1 ~ 12500m
	EA440	30 ~ 500		1 ~ 3000m

生产厂家	型号	工作频率(kHz)	测深精度	测深范围
Syqwest (美国)	Bathy - 500MF	33 ~ 200	水深 0 ~ 100m:1.0cm; 水深 >100m:10.0cm	0 ~ 640m
	Bathy - 500DF	33/210 或 50/210		0.15 ~ 640m
	Bathy - 1500C	3.5 ~ 340	水深 0 ~ 40m:2.5cm; 水深 40 ~ 200m:5cm; 水深 >200m:10cm	0 ~ 5000m
Meridata (芬兰)	MD500	10 ~ 200	2cm ± 0.2% 测深	0.5 ~ 200
中海达 (中国)	HD - 670	100 ~ 1000	1cm ± 0.1% 测深	0.15 ~ 300@200kHz
	HD - 680	低频 10 ~ 50; 高频 100 ~ 1000	1cm ± 0.1% 测深@200kHz; 10cm ± 0.1% 测深@24kHz; 18cm ± 0.1% 测深@12kHz	0.15 ~ 300m@200kHz; 0.8 ~ 2000m@24kHz; 1.0 ~ 4000m@12kHz
无锡海鹰 (中国)	HY1600A	208	1cm ± 0.1% 测深	0.3 ~ 300m
	HY1602	低频 24; 高频 208	1cm ± 0.1% 测深@208kHz; 10cm ± 0.1% 测深@24kHz	0.5 ~ 300m@208kHz; 1 ~ 2000m@24kHz
	HY1603	208 ± 1	1cm ± 0.1% 所测深度	0.15 ~ 300m
	HY1690	低频 10.5; 高频 25	25cm ± 0.1% 所测深度	1 ~ 1200m@25Hz; 10 ~ 10000m@10.5kHz

(三) 测深数据采集

单波束测深仪器发射声波信号的能量基本集中于主瓣之内,利用单波束实施水深测量,其实质是采用水下地形的断面抽样测量模式。单波束水深测量工作流程包括测前准备、外业测量、内业处理及报告撰写等。

(1) 单波束水深测量仪器主要技术指标应满足下列要求:①工作频率为 10 ~ 220kHz;②换能器垂直指向角为 3°~ 8°;③连续工作时间应大于 24h;④船速不小于 15kn,在船横摇 10°和纵摇 5°的情况下仪器能正常工作。

(2) 测前准备。测前准备工作主要包括控制点布设、测深线布设。根据具体的技术要求确定控制点采用的坐标系统及深度基准,收集满足技术要求的控制点资料并根据测量需要布设新的控制点,校核控制点满足精度要求后方可进行测深线的布设。测深线布设需根据测深的技术要求,确定断面间距及测深点间距,其布设原则为:①测深线方向应平行于海底电力电缆走向。②测深线间隔的确定应顾及海区的重要性、海底地形特征和水深等因

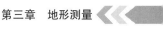

素。单波束测深时，原则上测深线图上间隔为1cm，平坦区域可为1.5~2.0cm。③检查线的方向应尽量与主测线垂直，分布均匀，能普遍检查主测深线，检查线的长度不小于主测深线总长的5%。

（3）外业测量。单波束外业测量包括测深任务建立、设备安装、设备调试、水位观测、水深测量五部分。

1）任务建立时选择与控制点对应的坐标系和投影中央子午线，确定图形比例并设置记录点间距，最后导入测线文件保存任务设置。

2）设备安装包括换能器与换能器杆连接、换能器与测深仪连接、GNSS与测深仪连接，并接通各设备的电源。注意换能器杆应保证竖直、牢固可靠，在测量过程中随时检查换能器杆是否倾斜，及时调整。

3）调试过程应确定换能器吃水深度，选择连接串口；测深仪中改正吃水深度及GNSS天线至水面高度，使测量数据保持一致；利用比对盘进行水深比对，测深仪所测水深与比对水深存在差值，需通过调整测深仪声速来改正，保证测量数据的精度。连接GNSS接收机，查看定位点的准确性，当采用RTK定位时，在保证船体不动的情况下测量当前点，然后查看测深仪测量数值；当采用信标机定位时，尽量采用附近特征点来校核定位的准确性。

4）水深测量工作中，必须进行同步水位观测才能保证实测深度正确地归算到统一的深度基准面上。水位观测方法有：①采用皮尺量测码头面至水面的高差进行水位计算；②采用验潮仪记录水位数据；③RTK实时测量水面高程。

验潮点必须定期与附近水准点进行校核。水位观测需在水深测量前20min开始，水深测量结束20min后停止。

5）水深测量过程中应注意根据测深线指挥舵手按测线方向进行数据采集，当实测测深线间距大于布设测深线间距1.5倍时要重新测量；当主测线测完时，要垂直于主测线进行检查线的测量，用来检查测量数据，保证测量数据的准确。

（4）在下列情况之一时应进行补测：①测深时，当测深线偏离设定测线的距离超过规定间隔的1/2时；②固定水深剖面重复检测测量，当测深线偏离设定测线的距离大于10m时；③两定位点间测深线漏测或测深仪回波信号记录中断（或模糊不清）在图上超过5mm时；④测深仪信号不能正确量取水深时；⑤测深期间，验潮中断时。

（5）具有下列情况之一时应重测：①主、检点位水深比对时重合深度点（图上距离1.0mm以内）的不符值限差，0~15m为0.3m，15m以上为水深的2%，超限的点数超过参加比对总点数的20%时；②图幅拼接的点位水深比对超限时；③点位中误差超限时。

（四）测深数据处理

内业数据处理工作主要内容：水域单波束测量的原始水深平面位置和深度资料，要经过水位改正、声速改正、动态吃水改正、升沉改正和横摇纵摇改正等工作；检查是否有漏测区域，若有需及时补测；对照水深模拟数据检查记录水深数据的水位与水深值，对不符水深，以模拟数据为准，将水深改正并保存；根据水深数据绘制等深线，按规范要求成图。

单波束测量内、外业完成后应提交下列资料：潮位控制、观测和改正资料；主、检比对资料；定位比对资料；测量航迹图；系统校准报告、系统外业测量记录、系统数据处理记录；原始数据、项目中所用到的过程数据、水深成果数据；声速测定数据文件；测量技术总结；其他资料等。

三、多波束水深测量

多波束测深系统利用安装于测量船底或拖体上的声基阵向海底发射航向开角窄、沿垂直航向开角宽的声波束，接收海底反向散射信号，经过模拟、数字信号处理，获得成千数百个波束，其测量条带覆盖范围为水深的 2～10 倍，与现场采集的导航定位及姿态数据相结合，绘制出高精度、高分辨率的数字成果图。与单波束回声测深仪相比，多波束测深系统具有测量范围大、测量速度快、精度和效率高的优点，把测深技术从点、线扩展到面，并进一步发展到立体测深和自动成图，特别适合进行大面积的海底地形探测。

目前，大部分路由在区域环境（水深等）许可内都要求采用多波束水下测量，以保证地形数据的可靠性。

（一）测深原理

多波束测深系统利用换能器基阵产生并发射指定方向声波信号，波束在不同角度能量不同，具有一定指向性，换能器基阵包含多个直线或曲线排列的发射器，由波束间的相互干涉方式可以确定换能器基阵的指向性，得到预定方向的波束信号。

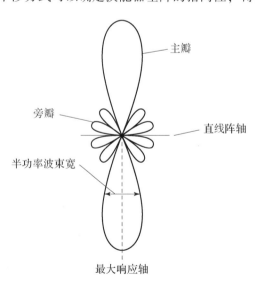

每个波束信号都包含主叶瓣、侧叶瓣和背叶瓣，其中，主叶瓣集中了波束的主要能量，在实际测量过程中，系统尽可能聚集主叶瓣信号强度，抑制侧叶瓣和背叶瓣干扰信号，即换能器基阵的束控。如图 3-6 所示，能量最大的波束为主瓣，侧边的一些小瓣是旁瓣，也是相长干涉的地方。旁瓣会引起能量的泄漏，还会因为引起回波而对主瓣的回波产生干扰。旁瓣通常是不可避免的，可通过加权的方法抑制或降低旁瓣的水平，但是加权后旁瓣水平值降低了，波束却展宽了，因此需要在主瓣宽度和旁瓣水平间保持一个平衡。主瓣的中心轴叫最大响应轴（maxi-

图 3-6 多基元线性基阵的波束能量

mum response axis，MRA），主瓣半功率处（相对于主瓣能量的 −3dB）的波束宽度就是波束角。在一定程度上，发射声基元越多，基阵越长，则波束角越小，指向性就越高。

多波束测深系统将声能聚集在要获取目标的某特定方向，从而获得准确位置。发射换能器发射具有一定开角的一组波束，通过参数调整控制扇面开角大小。姿态传感器将其与船体姿态参数一起发送给甲板控制单元，并计算出相应的波束数目及发射脉冲的信号，然后利用多通道变换器来形成多个发射信号，并经过前置放大器放大，最终声波脉冲信号经换能器阵列发送出去。换能器接收阵列接收到波束之后，产生高频振荡电压，同时利用时间增益补偿控制前置放大器放大电压。为了保证信号有效性，数据采集电路通常会采集得到相位相同或正交的两次放大后的信号，并将该过程同波束形成和控制电路相结合，最终形成波束。波束信号经过多通道信号电路处理，传递给外部存储电路，完成波束的接收。单个发射和接收循环形成一个声脉冲（ping）。如图 3 – 7 所示，单个发射波束与接收波束的交叉区域形成了波束脚印，每个波束脚印的回波信息包含了两种信息——通过声传播时间计算的水深和与信号振幅相关的反向散射强度。

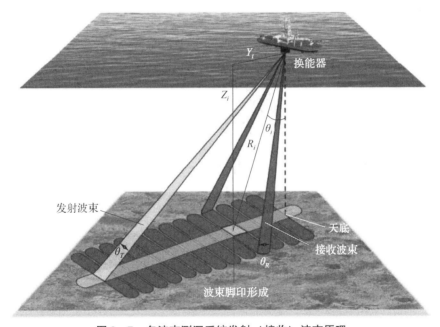

图 3 – 7　多波束测深系统发射（接收）波束原理

Z_i—水深；Y_i—侧向距；R_i—斜距；θ_T—发射波束开角；θ_R—接受波束开角；θ_i—波束角

多波束测深的关键技术包括：

（1）宽覆盖高分辨多波束测深技术。多波束声呐的测深精度与覆盖宽度两个指标是一对矛盾。由于声信号存在衰减（基于扩散和吸收现象），边缘波束测量海底目标时很难满足宽覆盖测量的要求。为破解这对矛盾，一般采用线性调频信号和编码信号脉冲压缩的方法提高声信号信噪比，实现测深精度与覆盖宽度两个指标的统一。

（2）Multi - Ping 技术。在常规多波束测量中，往往都是单次发射脉冲信号，以避免脉冲信号之间的干扰，需要等最远处的回波信号返回换能器后才能再次发射，这势必降低了信号刷新率。因此，要想获得精细的海底信息，需要作业母船保持低速航行。而采用多脉冲技术，能同时向多方向发射不同频率的脉冲声信号，使得单次探测信息量增加，信息刷新率提高。

（3）横摇稳定技术。受风和海流的影响，多波束声呐在扫测过程中会受母船姿态影响，测量地形深度与实际深度会产生误差，影响探测精准度。可通过测量拖体姿态数据，将测量地形数据与之匹配补偿，最终补偿横摇产生的数据误差。

（二）测深系统组成

多波束测深系统是一种多传感器的复杂组合系统，是现代信号处理技术、高性能计算机技术、高分辨显示技术、高精度导航定位技术、数字化传感器技术及其他相关高新技术等多种技术的高度集成，如图 3 - 8 所示。多波束测深系统的主要传感器包括多波束换能器、GNSS、惯性导航系统（INS）以及其他辅助测量设备。

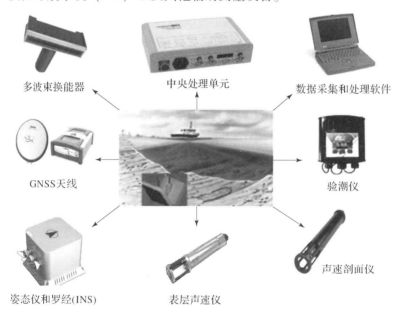

多波束换能器　　中央处理单元　　数据采集和处理软件

GNSS天线　　验潮仪

姿态仪和罗经(INS)　　表层声速仪　　声速剖面仪

图 3 - 8　多波束测深系统的组成单元

多波束换能器用于水下声呐波束的发射与接收，分为收发同置换能器和收发分置换能器。发射换能器发射具有波束指向性的声波，经水体传播、海底或水中物体后向散射后，由接收换能器接收并进行初步信号处理，通过数据缆传输给多波束中央处理单元。GNSS与 INS 共同为多波束测量提供实时的位置及姿态信息，在采集多波束测深信息的同时，GNSS 接收中央处理单元的指令记录导航定位以及时间信息，INS 接收中央处理单元的指令记录姿态信息，GNSS 与 INS 的组合导航为多波束水深测量精确定位提供了保障。表 3 - 17 对多波束系统各组成单元的功能进行了说明。

表 3 – 17　多波束系统主要组成单元功能

组成单元	功能
多波束换能器	发射和接收声波束
GNSS	实时获得多波束位置、速度和时间信息
惯性导航系统	实时记录多波束定向和姿态信息
多波束中央处理单元	定位数据、水深数据、船舶姿态数据的集成
工业电脑	实时测量显示，数据存储和处理
表层声速仪	实时测得换能器处海水声速，安装在换能器附近
声速剖面仪	测量不同海水深度的声速剖面
验潮仪	记录多波束测量时段内的潮位数据

(三) 常见多波束测深系统

相对单波束测深系统，多波束测深系统因其全覆盖、高效率等特点广受用户青睐，系统研制进展较快。目前产品主要有 SeaBeam 系列、FANSWEEP 系列、EM 系列、Seabat 系列、R2SONIC 系列及我国自主研发的多个型号的浅水多波束测深系统，已形成了全海深、全覆盖、高精度、高分辨、高效率测量态势。高分辨、宽带信号处理及测深假象消除、CUBE 测深估计等技术的采用，大幅度提高了测深精度、分辨率和可信度，测深覆盖已从传统的 3~5 倍水深扩展到 6~8 倍，Ping 波束从上百个发展为几百个，设备的小型化和便于安装特点突出。表 3 – 18 为国外主要的多波束测深系统各系列的产品型号和性能指标，表 3 – 19 为我国主要多波束测深系统产品及其性能指标。测深数据采集与处理目前主要采用 CARIS、PDS、Hypack、Qinsy Evia、Triton 等软件，我国自主研发的测深数据处理软件也已投入应用。

表 3 – 18　国外主要的多波束测深系统产品及其性能指标

生产厂家	型号	工作频率（kHz）	波束宽度	测深范围（m）	覆盖范围
R2Sonic（美国）	Sonic 2026	170~450	1°×1°（200kHz）、0.45°×0.45°（450kHz）	2~800	10°~160°
	Sonic 2024	170~450	1°×2°（200kHz）、0.45°×0.9°（450kHz）	2~400	10°~160°
	Sonic 2022	170~450	2°×2°（200kHz）、0.9°×0.9°（450kHz）	2~400	10°~160°
	Sonic 2020	200~450	4°×4°（200kHz）、2°×2°（400kHz）	2~200	10°~130°

生产厂家	型号	工作频率 （kHz）	波束宽度	测深范围 （m）	覆盖范围
Kongsberg Simrad （挪威）	M3	500	3°、7°、15°、30°	0.2~150	120°
	GeoSwath Plus	125、250、500	0.9°×0.02°	0.3~200	200°
	EM 2040C	200~400	1°×1°（400kHz）	0.5~490	140°、200°
	EM 2040	200~400	0.4°×0.7°、0.7°×0.7°	0.5~600	140°、200°
	EM 712	40~100	0.5°×1°、2°×2°	3~3600	140°
	EM 304	26~34	0.5°×1°~4°×4°	10~8000	143°
	EM 124	10.5~13.5	1°×1°~2°×4°	20~11000	143°
ELAC （美国）	SeaBeam 3050	50	1°×1°	5~3000	140°
	SeaBeam 3030	30	1°×1°	50~7000	140°
	SeaBeam 3020	20	1°×1°、2°×2°	50~8000	120°、140°
	SeaBeam 3012	12	1°×1°	50~11000	140°
	SeaBeam 2122	12	1°×1°	50~11000	150°
	SeaBeam 2120	20	1°×1°	50~8000	150°
	SeaBeam 1185	180	1.5°×1.5°	1~300	153°
	SeaBeam 1180	180	1.5°×1.5°	1~600	153°
	SeaBeam 1055	50	1.5°×1.5°	10~1500	153°
	SeaBeam 1050	50	1.5°×1.5°	5~3000	153°
Teledyne Reson （丹麦）	SeaBat 9001	455	1.5°×1.5°	1~140	90°
	SeaBat 8150	12、24	1°×1°~4°×4°	20~1200	150°
	SeaBat 8125	455	0.5°×0.5°	1~120	120°
	SeaBat 8111	100	1.5°×1.5°	3~700	150°
	SeaBat 8101	240	1.5°×1.5°	1~300	150°
	SeaBat 7160	44	2°×1.5°	2~3000	150°
	SeaBat 7125	200、400	1°×0.5°、2°×1°	0.5~500	140°、165°
	SeaBat 7101	240	1.5°×1.8°	0.5~300	150°、210°
	SeaBat T20-P	200、300	1.1°×2.2°	0.5~500	140°、165°
	SeaBat T50-P	190~420	1°×1°	0.5~450	150°、165°
	SeaBat T51-R	350~430、700~800	1°×0.5°、0.5°×0.25°	150、350	170°

续表

生产厂家	型号	工作频率 （kHz）	波束宽度	测深范围 （m）	覆盖范围
ATLAS （德国）	HydroSweep MD/50	52～62	0.5°×0.75°～1°×1.5°	5～2000	143°
	HydroSweep DS	14～16	0.5°×1°～2°×2°	10～11000	140°
	HydroSweep 30	24～30	1°×1°～1.5°×3°	5～7000	140°

表3－19 国内主要的多波束测深系统产品及其性能指标

生产厂家	型号	工作频率 （kHz）	波束宽度	测深范围 （m）	覆盖范围	扫描宽度
中科院声学研究所和天津海洋测绘研究所联合研制	861型试验样机	100	3°×3°	＜200	120°	—
哈尔滨工业大学水声研究所和天津海洋测绘研究所联合研制	H/HCS－017	45	2°×3°	10～1000	120°、90°	测深为10～150m时，大于4倍水深；测深为150～1000m时，大于2倍水深
哈尔滨工程大学	SeaDep300	300	1.5°×1.5°	2～200	120°	4倍水深
	HT－300S－W	300	1.5°×1.5°	1～150		4～6倍水深
	HT－300S－P	300	1.5°×3°	1～120		4～6倍水深
	HT－180D－SW	180	1.3°×1.3°	1～500		10～12倍水深
广州中海达卫星导航技术股份有限公司	iBeam 8140P	400	1°×2°	0.2～180	30°～150°	
	iBeam E20	190～210	1.5°×1.5°	0.5～550	15°～165°	
上海华测导航技术股份有限公司	HT－300A	300	2.5°×1.5°	2～200	150°	4倍水深
	HT－200S	200	1°×1°	1～500	160°	
	HT－400	400	1°×1°	0.2～150	143°	
北京海卓同创科技公司	MS400P	400	1°×2°	0.2～200	143°	—
	MS8200	200	1°×2°	0.5～500	160°	

（四）测深数据采集

（1）平面坐标系统和高程基准的确定。根据工程情况确定水深测量的导航坐标系统，求解测区的7个参数（坐标轴的3个平移参数、3个旋转参数和尺度比因子）信息，同时确定潮位测定基准。

（2）系统安装与调试。

1）多波束测深系统性能要求见表 3 – 20。

表 3 – 20　多波束测深系统性能要求

性能指标	技术要求
测深精度	测量成果满足深度中误差要求，水深 20m 以浅不大于 0.2m，水深 20m 以深不大于水深的 1%
换能器波束角	不大于 2°
姿态传感器	横摇、纵倾测量准确度不低于 0.05°，升沉测量不低于 0.05m 或实际升沉量的 5%，罗经测量不低于 0.1°
定位精度	测图比例尺大于 1：5000，海上定位中误差不大于图上 1.5mm
	测图比例尺不大于 1：5000，海上定位中误差不大于图上 1.0mm

2）系统安装。多波束设备按厂家推荐程序进行安装，多波束换能器的安装位置应尽量减少船只推进器、机器噪声及气泡等干扰因素。对于收发分置换能器，多波束测深仪由发射换能器与接收换能器组成。其中，发射换能器长轴沿船龙骨方向，接收换能器长轴垂直于船龙骨方向，即与发射换能器垂直，如图 3 – 9 所示。对于收发同置换能器，安装采用舷侧垂直安装，安装在船舷一侧，确保换能器方向与船舶轴线基本一致，如图 3 – 10 所示。将多波束和表面声速探头安装到导流罩上，并通过安装杆固定到船上，要保证船在航行的过程中多波束安装杆不抖动，否则无法保证数据的准确性。

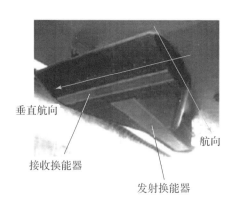

图 3 – 9　收发分置多波束换能器安装　　　　图 3 – 10　收发同置多波束换能器安装

3）系统连接及调试。安装 GNSS 及 INS，按照具体设备的连接要求，完成多波束及辅助设备的连接。软硬件调试包括主机调试，主要检测电脑与主机连接是否正常；GNSS 调试，主要确定输出软件可以接受 GNSS 输出格式；INS 调试，主要确定姿态数据和艏向数据的输出格式。大地测量参数设置，主要是将处理软件的椭球基准、GNSS 接收机椭球基准和当地椭球基准进行统一。参考原点一般为初次安装时换能器安装杆与水线的交点。量取姿态传感器、换能器、GNSS 天线在船体坐标系中的位置参数，进行测量工程项目相关参数设置。

（3）系统检校。多波束系统的换能器与定位系统、惯性导航系统等辅助传感器之间的理想安装位置与实际安装位置往往存在一定的安装偏差，包括角度偏差和位置偏差；此外，多波束系统获得平面位置和水深数据的传感器不同，各传感器之间也存在时间延迟问题，这些偏差会造成海底测量成果数据精度不高。因此，在实施水深测量前，为了消除各传感器之间安装产生的安装偏差和时间延迟，需要对多波束进行系统安装检校以减弱系统安装偏差对测量结果的负面影响。

多波束系统安装误差校准主要有横摇偏差、导航延迟、纵摇偏差及艏摇偏差的校准，通常可在典型区域采用以下经典方法进行校准。

1）横摇偏差将带来水深测量值误差，它将随着偏离中央波速的夹角的增大和水深的增大而增大。对平坦海底区域沿同一测线正常速度往返测量，调整横摇参数使两次地形重合，此时的参数即为横摇偏差值。

2）选择具有斜坡或明显特征的孤立点较浅海域，利用中央波束沿同一测线以不同速度重复同向测量，通过两次目标位移长度及船速差的比值计算出导航延迟偏差。

3）选择具有明显特征的孤立点较深海域，利用中央波束沿同一测线以相同较低速度往返测量，通过孤立点位移长度及水深计算出纵摇偏差。

4）艏摇偏差会引起波束沿中央波束旋转，应选择具有明显特征点的海域，沿特征点两边布设两平行线，同时测线要有 50% 的重叠率，通过特征点在两次测量的位移及孤立点到测线距离即可计算出艏摇偏差。

校准参数计算的先后顺序非常重要，应按"定位时延—横摇偏差—纵摇偏差—艏摇偏差"的顺序进行，且进行下一个参数校正时要先输入已校正好的值，以排除校正时其他参数的影响。同时，潮位将引起结果误差，因此做校正计算时要注意潮位改正问题。

（4）声速剖面测量。在使用多波束测深仪测量水下地形时，需要在测区内现场采集适当数量的声速剖面，时间密度不小于每天一次，对多波束系统的测量水深数据进行实时校正，声速剖面的精度和有效性是影响多波束测深精度的主要误差来源之一。

（5）稳定性试验。测量前应进行多波束测深系统的稳定性试验。稳定性试验应选择平坦海底区，对深度进行重复测量，深度比对误差符合深度测量中误差要求和重合点（图上 1mm 以内）深度不符值中误差要求（水深 20m 以浅不大于 0.4m，水深 20m 以深不大于水深的 2%，超限点数不得超过参加比对总点数的 15%）。

（6）航行试验。航行试验应选择有代表性的海底地形起伏变化区域，测定系统在不同深度、不同航速下的工作状态，要求每个发射脉冲接收到的波束数应大于总波束数的

95%，测定从静止到最大工作航速间不同速度时换能器的动态吃水变化。

（7）测线布设。多波束测深系统应用于水下地形测量时，一般在满足测深精度条件下，对水底100%覆盖。进行海底全覆盖测量时，换能器扫描宽度直接影响测线间距的确定，扫描宽度与波束测深系统的扇面开角、作业水深、海底底质、水温等水文要素密切相关。因此，在确定扫描宽度时需综合考虑以上因素，根据测区实际情况结合多波束的系统特性选择合适的扫描宽度。

测线布设的原则：在满足测深精度要求和重叠度的要求下，尽量增大相邻测线间距，提高作业效率。测线布设前需要确定测区准确范围和水深分布情况。测线布设是否合适对多波束测深的质量和效率产生重要影响，可根据实际测量海区水深分布情况，保证相邻测线的测幅不小于10%的有效波束测幅重叠度下灵活设计等间隔或不等间隔的测线，不等间隔的测线如图3-11所示。测线布设的具体技术要求有以下几点：

1）在满足精度要求的前提下，根据多波束系统在不同水深段覆盖率的大小，把测区按水深划分为若干区域，每个区域的水深变化均在多波束系统相同覆盖率的范围内。

2）测线分为主测线与检查线。主测线尽可能地平行等深线，这样可最大限度地增加海底覆盖率，保持不变的扫描宽度；检查线垂直于主测线布设，检查线跨越整个测区，并与主测线方向垂直，长度一般为主测线的5%~10%。

3）测线间距以保证相邻测线的测幅不小于10%的有效波束测幅重叠覆盖，并根据实际水深情况及相互重叠度进行合理调整，避免测量盲区。

4）在测线设计时，尽量避免测线穿越主要水团，并根据海水垂直结构的时空变化规律采集足够的海水声速剖面。

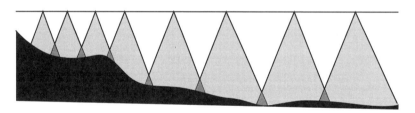

图3-11　不等间隔多波束测线布设效果

■—海底地形；▨—扫幅宽度；▧—重叠区域

近岸段、浅海段主测线应平行预选路由布设，总数一般不少于3条，其中一条测线应沿预选路由布设，其他测线布设在预选路由两侧。应进行路由走廊带的全覆盖测量。主测线布设应使相邻测线的测幅不小于10%的有效波束测幅重叠覆盖（有效波束覆盖是在考虑测量系统性能、环境条件和精度情况下，剔除无效边缘波束的部分）。检查线根据需要布设，间距一般不大于10km。进行检查线测量时，应使用中央波束。

（8）多波束测深数据采集。经安装校准并经过测前检查的多波束测深系统可以开始水深测量工作。一般多波束测深系统生产厂家都提供配套或第三方的软件（如 Qincy、SIS、

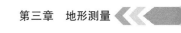

PDS2000、Hypack 等），用于多波束外业数据采集，这些软件都提供一些测量时的实时质量控制工具，通过用多个窗口的图形、图像和数字信息显示多波束测深系统的工作状态。

外业数据采集内容包括采集水深、定位、姿态数据，采集声速数据，同步观测水位。外业采集时应注意以下问题：

1）观察系统状态显示和波束质量显示窗口，监视系统参数设置、横摇和纵倾改正、换能器艏向改正和条幅内波束完整性等。

2）观察航迹显示，监视有无突跳、相邻测线的重叠宽度等。

3）当波束接收数小于发射数 80% 时，应降低船速或调整测线间距。

4）观察记录设备工作状态，确保测量数据的完整记录。

5）测线间条幅空白区要及时补测或列入补测计划。

6）班报应及时记录测线开始、结束、测线号、经纬度、异常事件等。

（五）测深数据处理

多波束测深系统采集的原始数据一般以二进制（部分含 ASCII 码）格式存储，需要经数据处理软件进行提取分析，通过数据整合得到海底地形地貌的真实反映。多波束测量数据后处理简要过程如图 3 – 12 所示。

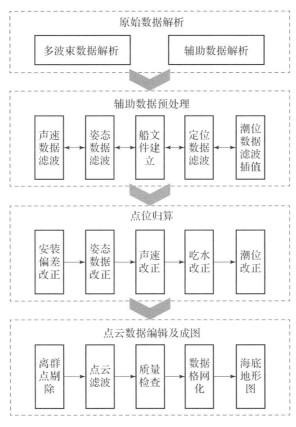

图 3 – 12 多波束数据后处理简要过程

（1）测量数据导出及展绘定位点。外业完成后，将深度测量和定位数据进行检查后导出，并在制图软件中导入。当导入测深线上的定位点过密时，可以适当地舍去个别定位点。

（2）水位改正。水位改正需要根据水位观测的数据进行内业改正，一般测深仪的随机软件都可进行编辑。作业过程中若采用 RTK 方法进行定位，由于同时采集水面实时高程，可不进行水位改正。在进行水位改正前，需检查各验潮站的零点、平均海面和深度基准面的确定是否准确。当相邻验潮站的控制范围重叠时，两验潮站间的瞬时水深应以其实测水位资料分别改正。当相邻验潮站的控制范围值不重叠时，两验潮站间的瞬时水深可采用直线分带法或时差法进行水位改正。采用上述方法时均要求两站间的潮时和潮高的变化与其距离成比例，分带时带的界线基本上应与潮波方向垂直。对离岸较远，又无法设立海上定点验潮站的海域，可采用预报水位内插处理方法解决。

（3）多波束数据处理和成图。多波束数据处理一般流程为原始数据导出、定位数据编辑、声速改正、姿态数据编辑、潮位改正、吃水改正、噪声信号编辑、数据网格化及坐标系统转换等数据后处理、成图。多波束系统采集的数据为点云数据，在高分辨率及高精度的数据建立的三维海底地形图上可以很清晰地看出海底障碍物、海槽、海沟等形状和位置。三维海底地形图可应用于海底电力电缆路由的优化设计，也可用于施工前后海底地形变化的对比。

（4）水深图绘制。不影响真实地反映海底地貌的前提下，为使图面清晰易读，可以合理地取舍深度点。当转绘的岸线及其干出部分与水深资料发生矛盾时，应根据实测资料进行分析，正确处理。

（5）路径平断面图绘制。电缆的线路平断面图为送端至受端的平断面。海域断面利用水深测量的数据构建三角网，根据三角网内插得到断面高程数据，若出现管线跨越，跨越点的埋深、跨越管线孔径等信息也要在断面上绘制。海域平面则利用水下地形图结合海底状况图绘制，需要描述海底的地形、地物分布等。最后，将登陆段和海域平断面图进行拼接。

（六）测深检查

测深过程中或测深结束后，应对测深断面进行检查。检查线与主测深线宜垂直相交，多波束测深检查线长度应不小于主测线总长度的 5%。对于多波束测量，采用多波束进行检查线测量时，应使用中央波束。同一作业组不同时期测深的相邻测深段应布设两条重合测深线。

（七）补测或重测

出现以下情形之一的，应进行补测：①测深线间距大于设计测线间距的 1.5 倍；②测深仪记录纸上的回波信号中断或模糊不清，在纸上超过 3mm，且水下地形复杂；③测深仪零信号不正常或无法量取水深；④对于非自动化水深测量，连续漏测 2 个及以上定位点，断面的起点、终点或转折点未定位；⑤当用多波束测深系统全覆盖测深时，如因偏航、船只规避等原因导致测线间有未覆盖区域；⑥GNSS 卫星定位时，卫星数少于 3 颗，连续发生信号异常以及 GNSS 精度自评不合格的时段；⑦测深点号与定位点号不符，且无法纠正；⑧测深期间，验潮中断。

出现以下情形之一的，应进行重测：①不同时间、不同系统的深度拼接、比对结果达不到测深检查的要求；②确认有系统误差，但又无法消除或改正。

（八）测深成果整理与提交

通过验收的成果应逐项登记整理并提交，包括成果清单、仪器检校的相关资料、水下声学定位测量数据、基准站 GNSS 观测数据、POS 数据、声速剖面数据、外业测量记录、现场原始照片、技术总结、检查报告与成果验收报告、其他相关资料等。

四、机载激光雷达测深

机载激光测深系统（airborne LiDAR bathymetry，ALB）是将激光器搭载于航空平台，借助绿激光可穿透一定水深的原理实现全波形条带式扫描测深，具有稳定、高效、扫描宽度不受水深限制以及可进行水陆一体化测量等技术特点（见图 3－13），可有效地克服传统测深方式周期长、机动性差、测深精度低、测区范围有限等缺点。对于水深值小于 10m 的近海岸地区，往往处于滩浅、礁多等较为复杂的作业环境中，且由于潮间带地区受海洋潮汐的影响，传统方法只能依靠人工或小船乘潮作业的方式进行水深数据的采集，效率低、难度大，有一定危险性。在这些海域，机载激光测深技术是最有效直接的水深探测方法，也是当前水深测量领域的重要发展方向。由于测深激光在穿透大气和水体两种介质的过程中通常伴随一系列反射、折射、散射、吸收等光学作用，且不同底质的反射面其后向散射特征不相同，使得 ALB 系统接收的反射信号通常表现出复杂多变的波动特性，相对于陆地上获取的激光扫描数据，数据处理也更为复杂。

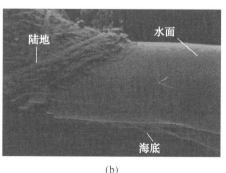

(a)   (b)

图 3－13　机载激光测深系统的主要优势

（a）机载激光与传统测深设备覆盖面比较；（b）海陆一体化测量效果

近年来，机载激光测深技术受到广泛关注。1968 年，首台激光水深测量系统由美国 Syracuse 大学的 Hickman 和 Hogg 研制成功，验证了激光测量海水水深的可行性，并正式奠定了该技术在海洋科学领域中的研究基础。目前，机载激光测深技术在国外已成功实现了产品化，国内也在试验研发向商业应用转变阶段，其可靠、高效的作业特点能有效满足海岛、海岸带及其邻近区域的水陆一体化探测需求。

就覆盖范围方面，机载激光测深系统既可满足传统机载激光扫描技术对陆地以及海面状态的探测要求，同时具有穿透水体采集海底地形及水下目标物的功能。此外，机载激光扫描测深系统通常搭载有多种传感器，可同时采集不同性质的高质量数据，并在数据处理过程中通过相应的技术手段实现多源数据的融合互补，丰富了单次作业所获得的数据量，极大地提高了对目标物相关性质的认知程度。由于采用了航空平台作为机载激光测深系统的基本载体，使得系统扫描获得的空间范围较传统多波束测量所覆盖宽度更大，且该技术并不直接接触海面本身，在保证作业安全性和工程精度要求的同时，对测深作业的工作效率具有明显的提升。因此，机载激光测深技术是目前以至今后海洋测绘领域重要的技术手段和研究方向。

（一）测深原理及系统组成

1. 基本测深原理

按照光波在海水中的传播特性，$0.47 \sim 0.58\,\mu m$ 的蓝绿光波段存在一个能量衰减程度相对较小的透射窗口，多数机载激光测深系统的激光器使用 Nd：YAG（掺钕钇铝石榴石）为发光介质，产生 $1.064\,\mu m$ 的红外激光与 $0.532\,\mu m$ 的绿光激光，或者倍频 Nd：YAG 准三能级 $0.946\,\mu m$ 激光产生 $0.473\,\mu m$ 蓝光激光。为了克服入射角所造成的干扰，通常采用较低功率的宽波束脉冲（红外光）探测水面，同时采用大功率的窄波束脉冲（蓝绿光）探测水底，测深原理如图 3 - 14 所示。

机载激光测深技术的原理在于通过计时单元记录收到两次回波信号的时刻，计算出水面与水底的回波时间差 Δt，再乘以光波在水体中的速度得到激光在水中传播的斜矩 R_g，见式（3 - 17）。

$$R_g = \frac{c \Delta t K(\theta)}{2n} \tag{3-17}$$

式中：c 为光在水体中的传播速度；Δt 为海面回波信号与海底回波信号的时间间隔；$K(\theta)$ 为蓝绿光入射时入射角 θ 的光径因子；n 为海水折射率，其随着海水环境的具体情况（如盐度、温度、压强等因素）的变化而有所不同，可沿光路积分计算。

最后，通过平面及深度归算，求得各个激光测点的空间位置信息及其相对于某一海水基准面的深度值。

2. 系统组成

机载激光测深系统是集多种设备于一体，通过各系统的协同控制与相互作用进行扫描

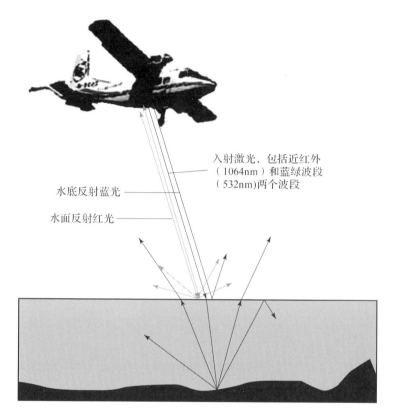

入射激光,包括近红外
(1064nm)和蓝绿波段
(532nm)两个波段

水底反射蓝光

水面反射红光

图3-14 机载激光测深原理

的复杂系统。机载激光测深系统的主要功能模块包括飞行平台、导航定位系统、惯性导航系统、激光扫描仪、同步控制装置、计算机控制与记录部分。各个功能部分通过不同的连接方式相互组合,共同构成了机载激光测深系统的主体。

(1)飞行平台。飞行平台是机载激光测深系统进行作业的空间载体和操作平台,主要采用固定翼飞机和旋翼直升机。

(2)动态GNSS导航定位系统。GNSS系统在机载激光测深系统中的作用主要包括三个方面:①提供激光扫描仪传感器在空中的精确、实时位置;②为姿态测量装置INS提供实时动态定位数据,消除陀螺漂移,并同时参与陀螺系统的修正计算;③为飞行平台提供导航数据。多数情况下可采用精度和稳定性较好的动态差分模式,该模式为系统提供厘米级的导航定位精度。星站差分技术以及动态精密单点定位技术等导航定位模式的不断完善与普及将使机载激光测深系统的应用更为广泛。

(3)惯性导航系统。惯性导航系统(INS)是由惯性测量单元(inertial measurement unit,IMU)组成,其主要作用在于为激光测深系统提供精确的姿态信息,包括激光器的俯仰角(pitch)、侧滚角(roll)以及航向角(heading),但IMU容易受到系统过度倾斜或转弯等条件的影响,致使陀螺仪漂移并产生误差。采用GNSS/INS组合姿态测量系统可以有效克服 INS 的误差累积，提高系统位置与姿态参数的测定精度。IMU 是 INS 的核心部件，主要由三个单轴加速度计和三个单轴陀螺组成，前者主要监测激光扫描系统在载体坐标系统上的三轴加速度，后者则主要对激光扫描系统相对于导航坐标系的角速度进行监测。

（4）激光扫描仪。激光扫描仪是机载激光测深系统的核心部件，主要用来测量地物地貌的三维坐标信息。激光扫描仪主要包括激光发射器、码盘信号处理器以及接收系统等部分。其中，激光发射器与接收器主要用于量测激光的发射与接收，码盘信号处理器主要用于确保激光与扫描的同步以及记录发射脉冲的方位角等。

机载激光测深系统通常采用对地扫描的方式进行作业，常见的扫描方式有直线形扫描 ［见图 3 - 15（a）］ 和椭圆形扫描 ［见图 3 - 15（b）］，或根据搭载的不同激光器采用二者结合的方式。其中，椭圆形扫描轨迹一般为卵形或椭圆螺旋形。不同的扫描方式各有利弊，直线形扫描方式结构复杂，但数据处理方式相对简单，而椭圆形扫描的扫描机械结构简单，但由于其激光点云在地面的分布并不均匀从而增加了数据处理的难度。

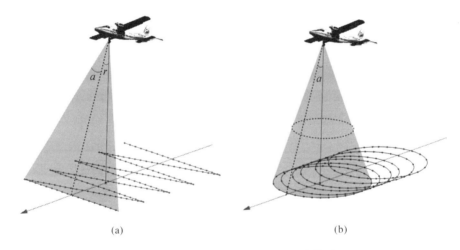

(a)   (b)

图 3 - 15　机载激光扫描方式与脚点轨迹

(a) 直线形扫描（摆镜）；(b) 椭圆形扫描

（5）同步控制装置。机载激光测深系统在计算机控制系统和同步控制装置的协调下协同工作，实现系统的整体运行与作业。机载激光测深系统在扫描过程中通常需处理由多种不同硬件所采集、记录和存储的数据，如导航数据、姿态数据、激光扫描数据、多波段影像数据等，各功能模块之间需要进行同步控制以实现各系统间的数据交流与协同工作。采用同步控制系统可将不同设备获得和产生的数据进行统一控制，使其关联、匹配。导航定位系统、姿态测量系统以及激光扫描仪均通过一套稳定的时钟支持其运行，同步控制设备可通过协调和检校各模块的钟，实现机载激光测深系统整体的同步控制。

机载 LiDAR 扫描与传统摄影测量的比较见表 3 - 21。

表 3 – 21 机载 LiDAR 扫描与传统摄影测量的比较

传统摄影测量	机载 LiDAR 扫描
被动式测量	主动式测量
覆盖整个摄影区域	逐点采样
间接获取地面三维坐标	直接获取地面三维坐标
获取高质量的灰度影像或多光谱数据	能够识别比激光斑点小的物体，如输电线
软、硬件经多年发展已比较成熟	新技术不断发展，具有很大的发展潜力
可利用的传感器类型多（多光谱、线阵 CCD）	可利用的传感器类型少
飞行计划相对简单	飞行计划相对复杂，要求较苛刻
相同的飞行高度下带宽较宽，覆盖面积大	飞行带宽较窄，容易形成漏飞区域
受天气影响	理论上能全天候采集数据，实际上背景反射越弱，测距效果越好
数据处理自动化程度低，特别是处理航片时需要人工干预	容易实现数据处理自动化
GPS（INS 可选）、GPS/INS 数据采样率低	GPS + INS（价格昂贵），INS 数据采样率高

(二) 主要机载激光测深系统

当前国外的机载激光测深系统研究已经比较成熟，主流的商业机载激光测深系统主要包括加拿大 Optech 公司的 CZMIL 系列，瑞士 Leica 公司的 HawkEye 和 Chiroptera 系列，荷兰 Fugro 公司的 LADS Mk 系列以及奥地利 Riegl 公司的 VQ – 820G、VQ – 880G 等。

Teledyne Optech 公司与美国海军、陆军工程兵团及美国国家海洋和大气管理局合作开发了第一个机载绿光激光扫描系统 SHOALS，后来发展了沿海地区测绘成像激光雷达（CZMIL）系统。2021 年，经过多年技术更新，CZMIL Supernova 被推出，在能见度为 2.5m 的条件下，最大可测水深为 80m。对于水深较浅、水质浑浊的区域，CZMIL Supernova 采用高功率激光脉冲和较大的接收孔径，并结合更加有效的专用算法使得深度测量即使在复杂水域环境内也能得到较好的结果，与同类产品相比有明显优势。产品还配套有 Optech 公司开发的 Optech HydroFusion 软件套装，可对从多个传感器传回的 LiDAR 和图像数据进行融合处理。

HawkEye – 5 系统是由 Leica 公司研制并开发的机载激光水深与地形测量系统，该系统可实现陆地到浅海的无缝覆盖，采用全波形激光测深通道和 Leica RCD30 RGB 相机，可同时采集陆地、海岸以及水深在 50m 以内的浅水区的激光回波数据和航空影像。HawkEye – 5 系统加载的高性能水深激光测量单元，其浅水测量精度符合国际海道测量特级测量规范，

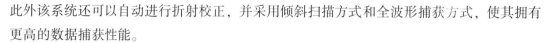

此外该系统还可以自动进行折射校正，并采用倾斜扫描方式和全波形捕获方式，使其拥有更高的数据捕获性能。

Leica 公司研制的 Chiroptera‐5 与前几代产品相比，具有更出色的深度穿透能力、更高的点密度和更好的地形灵敏度，可以对近岸和内陆水域进行详细的水文调查。其基本性能与 HawkEye 系列类似，均采用了倾斜扫描和全波形记录的方式。结合 Leica LiDAR Survey Studio（LSS）软件可快速实现全波形分析、校准、折射改正等处理。

LADs Mk3 系统由 Fugro 公司研制并生产，该系统从设计角度看更加安全可靠并且成本低廉，在近海岸以及水质清澈的水域可测深度可达 80m。其精度可达国际海道测量规范的 1a 级和 1b 级。所采用的激光频率为 1.5kHz，工作飞行高度为 360～900m 时的有效幅宽为 585m，该系统最大的特点在于可以通过激光在海底的反射率对海床进行分类。另外，Fugro 公司的机载激光测深系统是水陆分开设计和使用的，LADs Mk3 系统仅用于水下探测，要实现海陆一体化测量，需要与其陆地激光测量系统同步使用，因此该公司的产品需要搭载飞机具备两个观测窗口。

由 Riegl 公司和因斯布鲁克大学联合制造的 VQ‐820‐G 系统于 2011 年完成海上测试。该系统在整体设计上尽量减小了设备的体积与重量，耗电功率低于 200W，一定程度上提高了设备作业续航时间。系统配备的原厂软件包 RiProcess 可用于复杂回波数据与激光折射数据的有效处理。目前，VQ‐820‐G 可用于近海岸浅水区域的陆地地形勘测和水深测量，其所具有的浑水探测能力使得部分河流与湖泊等内陆水域的探测成为可能。2015 年，Riegl 公司在 VQ‐820‐G 的基础上发布了新的机载激光测深系统 VQ‐880‐G。与之前相比，该系将测深脉冲频率提高到了 550kHz，同时扫描速度达到 10～200Scans/s，有效地提高了作业效率。另外，该系统的水深探测范围有了进一步提升，最大可探测水深达1.5 倍透明度。

国内也有相关科研机构和高校对机载激光测深系统进行了研究。2003 年，华中科技大学研制了我国第一套机载激光测深系统。2017 年，上海光机所等单位研制了机载双频激光雷达系统 Mapper‐5000，该系统已开展 40 余架次试验和应用，测绘面积超过 1200km²，最大测量深度达到 67.92m，水深精度在 20m 深度内满足国际海道测量规范的特级标准，其他深度满足国际海道测量规范 1a 级标准。2023 年，上海光机所将 Mapper5000 升级为 Mapper‐10K，测量点密度提高 1 倍。深圳大学于 2020 年推出了机载激光测深系统 iGreena，并在我国南海对该系统开展飞行试验。桂林理工大学研制了 GQ‐eagle 18 双波长激光测深系统，并在涠洲岛完成了检校和测试。此外，中国海洋大学、海军海洋测绘研究所、中国人民解放军战略支援部队信息工程大学、自然资源部第一海洋研究所、自然资源部第二海洋研究所、上海海洋大学、山东科技大学等单位分别进行了相关的技术研究和系统研制。表 3‐22 对比了当前国内外几种主要有人机载激光测深系统及其相关参数。

表 3-22　主要机载激光测深系统参数对比

设备型号	Optech CZMIL Supernova	Leica AHAB HawkEye-5	Leica AHAB Chiroptera 5	Fugro LADs MK3	Riegl VQ-880-G	上海光机所 Mapper-10K	深圳大学 IGreena	桂林理工大学 GQ-Eagle 18
作业航高（m）	400~800	水域,400~600; 陆地,400~1600	水域,400~600; 陆地,400~1600	360~900	水域,600; 陆地,2200	—	—	500~1000
浅水脉冲频率（kHz）	210	35	200	—	550	—	—	—
浅水模式最大测深	$2.9/k_d$（反射率>15%）	$2.2/k_d$	$3.8/k_d$	1.5	1.5 Secchi	—	—	5~9
深水脉冲频率（kHz）	30	10	—	—	—	10	50~700	—
深水模式最大测深	$4.4/k_d$（反射率>15%）	$4/k_d$	—	2.5 Secchi	—	$4/k_d$（反射率>15%）	50	2.6 Secchi
标称测深精度（m）	$\sqrt{0.3^2+(0.013d_p)^2}(2\sigma)$	浅水:0.15(2σ); 深水:$\sqrt{0.3^2+(0.013d_p)^2}(2\sigma)$	<0.01(1σ)	<0.5(2σ)	0.025(σ)	$\sqrt{0.25^2+(0.0075d_p)^2}$	$\sqrt{0.23^2+(0.013d_p)^2}$	0.025
扫描角	圆形扫描±20°	椭圆扫描, 前后±14°,左右±20°	倾斜式,前后±14°; 左右±20°	直线型, 向前7°	椭圆扫描, 20°~40°	椭圆扫描	圆形扫描±20°	椭圆扫描,±22°
幅宽	作业高度的70%	作业高度的70%	作业高度的70%	79~585m	—	—	—	—
陆地测量脉冲频率（kHz）	240	500	500	1.5	550	—	50~700	—

注：1. k_d 为扩散衰减系数，一般来说只有在(0.1,0.3)区间内激光才能够有效地穿透水体。

2. d_p 为测量目标深度。

3. Secchi 表示透明度的量，采用具有黑白分隔的沙奇盘（secchi disk）沉入水中直至肉眼无法辨认时的距离。

4. σ 为测量中误差。

随着无人机技术的成熟和激光测深系统趋于小型化，无人机载激光测深系统逐步得到研究应用，如 Litewave 公司的 Edge、Amuse Oneself 公司的 TDOT3 和 Riegl 公司的 VQ-840-G。上海光机所于 2024 年推出了双波长无人机载水陆一体化激光测深系统 RY-lidar20KU，海底点密度 13points/m^2（@100m 航高和 20m/s），相比有人机载激光测深系统，无人机载激光测深系统具有质量轻，操作便捷、灵活性强、耗资低等优势，但由于技术尚不成熟且缺乏广泛的试验测试，其测量精度目前尚无法准确评估。

（三）测深系统适用性

机载激光测深技术将围绕提高测深精度、增强系统适用性以及与传统水深地形测绘技术相融合等方向继续发展。目前根据机载激光测深的技术特点，可以应用的主要相关领域包括以下几种。

（1）沿岸浅水区水深测量。由于多波束测深系统的海底覆盖宽度与水深有关，因此在浅水区应用多波束测深系统进行全覆盖测量时的效率较低。机载激光测深系统的海底覆盖宽度与水深无关，仅与航高有关，因而采用机载激光测深系统进行沿岸浅水区的全覆盖水深测量具有独特的优势。同时，出于安全考虑，测量船舶无法到达大陆沿岸和岛屿周边的很多浅水区域，诸如珊瑚礁区、疑存雷区、岩礁浅滩等，此时机载激光测深系统的机动性得到了充分体现。目前，我国的沿岸水深测量仍然采用声学测深仪，一旦将机载激光测深系统应用于沿岸浅水区域的测量，必将大大提高海底地形的现势性，缩短海图的更新周期，提升海洋基础测绘服务于社会的能力。

（2）障碍物探测。正常飞行条件下，机载激光测深系统的测点密度可达到 2m×2m。如果采取更低的飞行高度和更慢的飞行速度，则可获得更高分辨率的测点密度，这对于探测海底障碍物是非常有效的。就目前机载激光测深系统达到的分辨率而言，对于探测失事飞机、沉船等是较合适的。

（3）近岸工程建设。机载激光测深系统的高分辨率、全覆盖特性使得其在近岸工程建设中具有重要的应用。港口建设、码头维护、水下管线敷设、钻井平台选址安装、航道疏浚与维护等对海底地形的需求都可以得到很好的满足。

机载激光测深系统也有其技术缺陷，主要体现在三个方面：①水质的透明度。在江河的入海口，如东海的长江口、杭州湾等海域，水质浑浊，难以使用激光测深设备。②海底底质。如果在海岛海岸带的周边海域是淤泥质的底质类型，由于淤泥质对激光信号的吸收，信号衰减非常严重，无法保证成功使用。③天气及飞行控制问题。该类设备依靠飞机平台，需要满足安装要求的飞机，同时需要申请空域，天气晴朗也是制约该设备使用的重要因素。

机载激光测深技术主要应用于沿岸浅水区水深测量。在测量船只无法到达的大陆沿岸和岛屿周边的很多浅水区域，诸如珊瑚礁区、疑存雷区、岩礁浅滩等地区，机载激光测深技术是对其他测深技术的一个有力补充。机载激光测深作业过程需严格按照《机载激光雷

达水下地形测量技术规范》（GB/T 39624—2020）进行，主要包括机载激光雷达测深数据采集与机载激光雷达测深数据处理两部分。

（四）激光测深数据采集

机载激光测深系统数据采集需要测深激光扫描仪、POS 系统、数码相机等多种设备的协同工作，其数据采集过程在保证作业安全和结果精度的条件下需进行统筹安排，特别是与激光扫描数据结果相关的导航定位以及姿态量测设备的测试与安置、系统整体的标定校正等工作需要在作业之前完成，以保证测绘作业所得结果完整、可靠。完整的机载激光测深数据采集作业可以分为测量准备和测量实施。

1. 测量准备

测量准备阶段是整个工作的基础，为后续测绘任务实施提供必要的资料和设备保证，必须予以重视。其中，准备工作主要包括测区踏勘，相关资料整理以及仪器设备的准备。

（1）测区踏勘。在确定采用机载激光测深系统作业之前，应首先对测量区域进行实际踏勘，调查区域内水体透明度、底质主要类型等情况。了解测区内采用相应的机载激光测深设备进行测深作业的可行性以及需要注意的重点区域，了解测区的潮汐、季风、河口径流、海藻生长等情况；掌握调查区域的海岛分布、军事管理区分布情况等。

（2）测区资料收集。收集测量区域内已有的相关资料，包括调查区域的交通、电力、自然地理资料等。另外，如果调查区域已有大地控制点、地形图、水深图、潮汐情况等资料也应尽量搜集，这些资料对整个测深作业具有重要价值。

（3）仪器设备准备。仪器设备准备包括以下内容。

1）飞行平台。应根据实际作业需要以及设备载荷选择合适的飞行平台，重点参考飞行平台的最大升限、飞行速度、续航能力、有效载荷等主要参数。

2）机载激光测深系统。了解系统的主要技术参数，包括发射频率、工作高度以及测深范围等。机载激光测深系统是测绘作业的核心，需保证系统的安装、控制以及操作准确熟练。

3）动态差分 GNSS 系统。由于目前机载激光测深系统主要采用动态差分 GNSS 的方法为飞行平台提供准确的导航定位数据，需要保证系统的有效作用半径能够覆盖测区上空，同时为保证测量精度，地面参考站接收机应尽量选用大地测量型双频接收机，并配置扼流圈抗干扰天线，避免干扰。

4）姿态量测系统。保证姿态测量系统工作正常，为传感器提供高精度、连续的姿态测量数据。

5）系统安装与标定。经过单个设备的检查后，需按照标准正确安装以上设备，并保证各系统间可以同步协调作业。另外，为了将各系统的测量值统一归算至传感器空间位置，一般可采用工业测量的方法对机载设备的相对位置进行测量，以确定各系统间的相对

位置关系。之后，选择具有明显标志物的区域作为检校场地，对系统进行检校飞行。

在检校飞行完成后，使用预处理后的检校场数据计算设备检校参数。参数计算通常在设备自检校软件中完成，并生成新的设备检校参数文件用于后续数据的采集与处理。

（4）潮位测量。如果需要得到水深图成果，需要将机载激光扫描所得数据经处理后归算至某一标准水深基准面。还需布设一定数量的验潮站并保证一定时间的潮位数据采集量，以监控和收集当地潮汐数据用于最终的水深值归算和成果检验。

（5）航线设计与飞行准备。设计测区飞行航线时应考虑飞行高度、航带重叠度等。此外，还应考虑飞行过程中可能出现的问题，如天气状况、设备故障等问题，并制定相应的处理预案，以保证飞行作业安全顺利实施。

2. 测量实施

测量实施过程中，应保证系统内各设备可以正常工作。同时，针对系统中的关键设备予以密切关注。

（1）GNSS 测量。设置地面固定 GNSS 参考站，保证在飞机进入调查区域前开机，直至飞机作业结束后关机。关于 GNSS 参考站的建立可采用长期观测，建立准确稳定的控制网。同时，为了防止参考站 GNSS 接收机出现状况，有条件的应设置备用基站，其 GNSS 接收机和天线最好与参考站相同。

（2）潮位测量。如果测量区域距离潮汐监测站较近，可直接收集相关海洋环境监测站的潮位数据，也可采用独立验潮的方式获取测区范围内的实时潮位数据。如有需要，可辅助建立测区内的潮位模型，从而在一定程度上提高水深测量精度。

（3）航空数据获取。进入调查区域前，完成机载激光测深系统初始化。起飞前 5min 开机、落地 5min 后关机，保证 GNSS/IMU 记录完整、稳定。在正式作业前检查机舱内环境，保证仪器设备的安全。按照计划的路线，实施航飞计划。飞行过程中需同时获取岛陆地形、周边水域地形的激光扫描数据、IMU 数据、GNSS 数据。飞行中需注意，飞机应在同一航线尽量保持匀速航行，飞行姿态平稳，俯仰角和侧滚角不超过 3°，航线弯曲度不大于 3%，保证获取的激光脚点数据满足相关的密度要求。当数据不满足成果要求时，或出现数据丢失和覆盖漏洞时，应及时补飞。

每日完成飞行后，确认 GNSS/IMU 数据，拷贝至移动存储设备。取出激光数据盘，并立即放入替换激光数据盘，方便下一次作业。将 GNSS/IMU 数据与激光数据盘带回以备后续数据处理。

3. 数据整理

数据整理主要包括以下内容：

（1）解算 GNSS 参考站数据至相应格式，与 GNSS/POS 系统记录数据共同经由软件（如 Pospack）解算精确飞行轨迹并实时检查 GNSS 数据精度。若 GNSS 数据未达到要求，则需进一步检查原因。

（2）根据检校场实地测量的陆地数据，改正激光的误差。

（3）使用设备自带的软件，将 ASCII 格式的导航定位文件、系统自检校文件与原始激光测距数据融合处理成为三维激光点云。

（4）检查激光数据和影像数据的吻合情况，确定点云数据与影像资料的吻合程度。

（5）经检查，相邻航带的点云误差小于点云间距，直接拼接航带；如果存在系统性误差，需利用地面控制点进行纠正后拼接。

（6）根据陆地数据所覆盖区域的地形特征，利用点云的高程、强度、回波等多种特征信息，进行点云去噪滤波、地面点提取等操作。

（7）采用专业软件处理机载激光测深系统的 GNSS 测量、LiDAR 测量和影像数据，进行高程系统转换，制作水深地形图、DEM、DOM。

现场数据处理工程师负责检查航带之间重叠是否满足要求，是否有应飞航带空缺，采集数据是否正常，测深数据是否包含在有效深度范围之内等，对存在的问题应及时处理。

（五）激光测深数据处理

在完成机载激光测深外业工作后，得到的数据主要包括导航定位数据、IMU 数据、激光测距数据等。通过对采集的数据进行处理可以解算得到对应激光脚点的三维坐标值，进而通过对点云数据的后处理得到所需目标的有关信息以及对应的数据产品。由于当前不同机载激光测深系统获取的原始数据格式并不统一，与机载激光测深系统相对应的数据处理软件通常作为随机软件由设备厂商提供，如 Leica 的 Lidar Survey Studio（LSS）。另外，可针对不同阶段、不同种类的数据分别采用不同的数据处理软件进行处理，如 Bentley 公司基于 Microstation 的 Terrasolid 模块组。图 3 – 16 所示为机载激光测深数据处理的主要过程。通常数据处理主要包括以下内容：

（1）飞行轨迹解算。飞行平台在作业过程中通过与地面 GNSS 参考站的同步观测获得了与飞行时间相对应的 GNSS 测量数据，通过与地面参考站的联合差分解算即可精确确定在系统扫描过程中移动 GNSS 接收机的实时位置，再参考设备间的相对位置关系经过偏心改正确定出激光传感器在作业过程中的实时坐标，从而为目标脚点的位置解算奠定基础。

（2）激光脚点的空间位置解算。联合 GNSS 导航数据、飞机的姿态数据、激光测距数据以及扫描镜的摆动角度等计算得到激光脚点的三维坐标数据。经过区分水域与陆地边界，对水下部分所得数据考虑水体折射率改正与计算，最终形成扫描区域点云数据。

（3）激光扫描数据噪声点和异常点去除。在机载激光测深系统作业过程中，由于反射、水面吸收以及系统误差等造成接收数据经过解算后表现出一定的异常性，无法得到准确的反射信息，在数据处理过程中必须予以清除或削弱噪声点和异常点。

（4）潮位改正与坐标变换。由于目前主流机载激光扫描设备所得到的数据均是基于大地坐标框架下的结果，为了最终生成水深数据产品，还应参考作业期间的潮位信息，对所得的测深数据进行潮位改正。

（5）航带拼接。机载激光扫描过程中，由于受到视场角与飞行高度的限制，无法一次完成扫描目标区域的测量工作。且在作业过程中受到多种系统误差和随机误差的影响，使得扫描航带之间无法完全重合。通常情况下，在扫描飞行作业中需要保持航带间有 10% ~ 20% 的重叠度，用以在航带数据处理完成后对不同航带间点云数据进行拼接。此外通过布设检查线的方式对机载激光测深的作业结果进行精度控制。

（6）激光点云分类。根据实际工程需要进行激光点云的分类，有时需将点云抽稀，并将测深结果以 ASCII 码或二进制的形式输出。

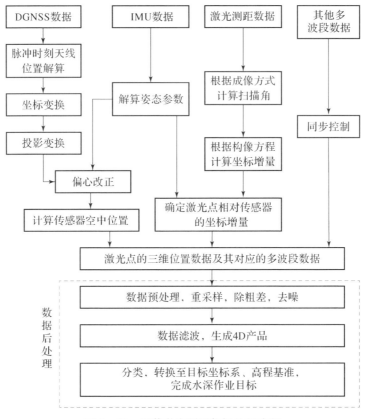

图 3 – 16 机载激光测深数据处理流程

五、船载水陆一体化综合测量

海岸带、海岛礁、江河湖泊以及水库等水陆接合部和水中构筑物是海洋测绘、航道测绘中密切关注的区域，这些区域的地理信息获取通常按水上、水下工程分别实施。采用 GNSS RTK 技术、航空摄影测量或激光扫描等技术进行陆地区域的测量，利用船载单波束、多波束测深仪进行水下地形测量。该作业方式存在耗时长、人工成本大、水陆高程基准不统一、留有测量盲区等问题，难以实现水陆地形的无缝拼接测量。船载水陆一体化综合测量系统的出现可以有效解决这一问题，该系统是近年来应用于海岸地形水陆测量的一项新兴技术。船载水陆一体化综合测量系统通过对水上激光扫描系统、水下多波束测深系统和定位定姿系统（positioning and orientation system，POS）等设备的集成，对沿岸区域进行水陆一体化无缝测量；通过统一测量坐标系，避免由于水上、水下分部测量造成的地形拼接问题，工作效率和测量精度能够达到规范的要求。目前，国内对该系统存在多种名称，如船载多传感器水上水下一体化测量系统、船载水上水下一体化移动三维测量系统以及水岸一体综合测量系统等。

（一）测量原理及系统组成

1. 基本原理

船载水陆一体化综合测量系统依据成熟的控制系统实现对多传感器的同步控制、多数据源的同步采集。船载水陆一体化综合测量系统的思路是：将水上、水下设备进行固联，并标定水上激光扫描仪、水下多波束换能器与POS系统的平移及旋转位置关系，利用POS系统获取测量平台的实时位置以及姿态信息，并通过坐标转换归算出两组测量传感器的位置坐标。通过同步控制器实现多传感器协同信息采集，同时将三维点云归算到统一坐标系下，实现沿岸水陆一体化测量。其中同步控制器的作用是时间同步。向数据采集系统传感器输入秒脉冲信号（pulse per second，PPS）和UTC时，完成1PPS上升沿和下降沿的时间对准，达到对传感器处理单元进行时钟校正、时间同步的目的，为相关事件标记GNSS时间。选择合理的同步频率可避免数据的浪费，因GNSS数据频率最低，以此频率为同步频率，通过对系统内各子系统采集数据内插处理，实现多传感器时间配准；而定位定姿系统IMU/GNSS紧组合的模式则极大程度减小了载体平台的移动对定位和航向精度的影响，确保系统的稳定性。

2. 系统组成

船载水陆一体化综合测量系统由三维激光扫描仪、多波束测深仪、定位定姿系统（POS）、数据实时采集处理与可视化系统、外围辅助设备以及数据后处理软件等六部分组成（见图3-17），从而实现同步采集近岸水上地形数据以及水下地形数据，实现水上、水下平面和垂直基准的统一，生成数字化无缝拼接图形产品，为港口、航道、水利基础设施建设提供毫米级精度陆域数字化地形图和厘米级精度水下地形图。船载水陆一体化综合测量系统集成了多个传感器，各传感器相对空间位置的精准确定是影响最终数据成果质量的关键因素。针对这一问题，国内外学者通常通过分析不同测线的测量数据求解激光扫描仪或多波束测深仪相对于惯性导航系统的角度安装误差。实际上，对于主流采集软件所支持的多波束测深仪和三维激光扫描仪，均可根据不同的应用需求和应用目的，进行船载水陆一体化测量系统的灵活集成。

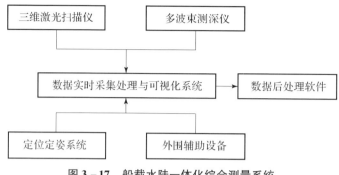

图 3 - 17　船载水陆一体化综合测量系统

（1）三维激光扫描仪。可进行三维数据采集与分析，可在复杂环境和危险地区进行陆地地形测量，设备同时配备内置数码相机与高精度微秒级时间同步器。

（2）多波束测深仪。主要包括发射换能器、接收换能器、换能器安装导流罩、声呐接口单元以及相关电缆等，可进行海底地形测量。

（3）定位定姿系统。POS MV 系统通过集成尖端的高精度罗经以及 GNSS 接收机，提供全六自由度的定位和导航方案，测量包括位置、速度、高度、起伏以及加速度、角速度矢量在内的信息。可不受外部干扰地持续提供精确的定位及导航信息，为船舶和传感器提供可靠的位置、姿态数据支持。

（4）数据实时采集处理与可视化系统。数据实时采集处理与可视化系统由工作主机及其显示器组成，系统采用数据采集软件（PDS 2000、Qinsy 等）控制数据的储存与输入、输出，对测线进行实时监控与记录，其数据交互对象包括激光扫描系统、声学测深系统、POS MV 定位定姿系统、辅助设备及后处理软件系统。

（5）外围辅助设备。外围辅助设备包括声速剖面仪、RTK 接收机，或 TRIMBLE 差分/信标 GNSS 接收机。其中，声速剖面仪用于测定测量区域的声速剖面；RTK 接收机、TRIMBLE 差分/信标 GNSS 结合 POS MV 系统可实时获得精确的天线坐标（X、Y、Z），辅助设备采集的所有信息通过数据线传入到工控机进行处理。

（6）数据后处理软件。通常船载水陆一体化综合测量系统分别采用 CARIS HIPS 与 PDS2000 软件进行数据后处理，HIPS 为多波束数据后处理软件，PDS2000 为多波束与激光点云数据处理软件。

（二）测量系统关键技术

（1）多传感器集成技术。船载水陆一体化综合测量系统将多波束测深系统、激光扫描系统、POS 定位定向系统等众多传感器进行集成作业，实现了水陆地形快速移动测量，克服了传统水陆测量分开作业的限制，极大地提高了水陆测量的作业效率。但是，多传感器集成使得整个测量系统的数据采集和处理过程难度增大，主要体现在传感器之间的采集频率不同、安装位置不同、采集时间和空间未同步对准等问题，导致可能因为某一传感器的性能不高造成整个测量系统的精度下降。因此，综合测量系统的各种测量传感器选型要相匹配，将所有传感器的精度设定在某一合理数量级，以保证系统精度。同时，要配备成熟的控制系统来保证多传感器在时间和空间上协同工作，确保测量数据能够有效地进行融合处理。

（2）无控点快速测量技术。无控点快速测量技术是船载水陆一体化综合测量系统的最大优势，主要依赖于其配备的 POS 定位定向系统。基本原理是将 POS 电脑系统与 GNSS 和 IMU 传感器集成，用高精度 GNSS 定位结果来控制 IMU 系统漂移，用 IMU 来补偿 GNSS 动态测量中的周跳和信号失锁。整个测量过程中主要涉及五个坐标系统，包括测量船坐标系、激光扫描仪坐标系、多波束测深仪坐标系、站心坐标系和大地坐标系，其中，激光扫描仪坐标系和多波束测深仪坐标系为传感器坐标系。根据传感器坐标系到测量船坐标系、测量船坐标系到站心坐标系和站心坐标系到大地坐标系的转换矩阵，将传感器的点位坐标归算到大地坐标，最终得到测量点在大地坐标系下的坐标值。利用 POS 系统可不依赖地面控制点获得测量所需的外方位元素和姿态参数，为综合测量系统提供直接地理坐标参考数据，配合精准的时间参数便可实现无控测图。

（3）多传感器一体化测量数据集成处理技术。多个传感器采集的多源数据存储是多传感器集成方法的关键环节。在水陆一体综合测量系统中，三维激光扫描仪用于测量水上地形信息，多波束测深仪用于测量水下地形信息，POS 系统用于为激光扫描仪和多波束测深仪提供定位信息、时间信息、姿态信息和航向信息，时间同步控制模块为一体化测量数据提供统一的时间同步基准。这些数据包括数字影像栅格数据、视频数据、激光点云数据及属性数据等，因格式不同，其类型有别，地理参考也不统一。在对这些数据进行处理与管理时，应根据不同用途和数据种类建立统一的地理坐标系统，与时间标签进行转化与集成，确定出工作时各传感器位置中心在地理坐标系下的位置和姿态信息，用于后续的空间配准，并根据不同要求对各类数据进行融合处理，实现多源信息在空间数据库中有效地存储、管理和服务。

（4）统一地理坐标向海岸带坐标系统转换技术。高精度 GNSS 定位技术支持下的水陆一体化综合测量系统实现了水陆测量结果在 WGS84 椭球大地高的基准一致。海岸带地形图高程采用 1985 国家高程基准，水深和干出滩涂高度以理论深度基准面为基准。因此，利用水陆一体化综合测量系统的成果转换成海岸带地形图，需将大地坐标系结果向海岸带坐标系进行转换。因此，需要推算出测区大地水准面和深度基准面的大地高。利用 GNSS 对测区验潮站布设的水准点进行观测，可获得较为准确的大地水准面大地高。深度基准面大地高则需要通过求平均海平面大地高推算。同时，根据测量海区的海面地形起伏值，便可得到验潮站点深度基准和高程基准，以及验潮站邻域内基于深度基准面的数据和基于水准高程的数据转换关系，实现理论深度基准面在国家高程基准中的定位，解决水陆一体综合测量成果坐标系之间的转换问题。

（5）潮间带"盲区"无缝测量技术。由于多波束开角一般都在 160°以内，船载三维激光扫描仪无法穿透水介层进行测量，因此将多波束换能器采用正常方式安装会导致水陆一体化测量结果中出现测量"盲区"。针对这一"盲区"，作业原则是：低平潮进行水上潮间带测量，高平潮进行水下地形测量，然后再将水下、水上结果进行拼接，可大大减少潮间带的测量"盲区"。当海岸带地形以滩涂为主且潮差较小时，由于测量船和多波束存在吃水问题使得基于船载激光测量无法对潮间带进行扫测，此时可将水上激光测量改成机载形式。

（三）主流船载水陆一体化综合测量系统

船载水陆一体化综合测量技术可实现水陆结合部区域的地形无缝测量，解决该区域地形的快速、精准获取难题。21 世纪初，美国、英国、新西兰等多个国家开始三维激光扫描仪、多波束测深仪、定位定姿系统、工业全景相机（CCD）以及同步控制器等多传感器系统的研制，并成功应用于港口、码头、桥梁、海岛礁等水陆结合部的基础地理信息采集，验证了水下与陆地地形无缝拼接测量的可行性，成果达到了海岛测量精度指标的各项要求。当随着硬件性能的提高及关键技术的改进，船载水陆一体化综合测量技术在我国海岛、海岸带及内陆水域基础地理信息的动态监测、经济开发、国防保障中发挥了重要作用。

（1）PMLS – 1 系统。2010 年，美国便携式多波束激光雷达系统（Portable Mulibeam & LiDAR System）PMLS – 1 研制成功。该系统水上部分采用 MDL 公司的一款集多传感器为一体的激光雷达系统 Dynascan，水下部分采用 EM 2040C 多波束测深系统，并配有自主设计快速调度测量船（rapid deployment survey vessel，RDSV），将其应用于内河航道、沿海海域、湖泊与水库疏浚、救助搜救等。PMLS – 1 系统完全兼容 HyPac/HyScript 2016、EIVA 和 PDS2000 软件，与国内配置自主设计测量船的 VSurs – W 系统内河版的不同之处在于 PMLS – 1 自主设计测量船也适用于近海测量。

（2）船载水上水下一体化综合测量系统。自然资源部第一海洋研究所于 2012 年引进的船载水上水下一体化综合测量系统由丹麦 Reson SeaBat7125 多波束测深系统、加拿大 Optech ILRIS – LR 激光扫描系统、加拿大 Applannix POS MV 320 定位定姿系统等传感器组成，配套 PDS2000、ILRIS 3D PC Controller、POSView、POS Pac 等采集、导航及后处理软件。在实际应用中，自然资源部第一海洋研究所采用船载水陆一体测量系统与 SIRIUS PRO – 天狼星测图系统，对青岛千里岩海岛分别从水上、水下、空中进行了全方位空间立体测量，数据融合后得到完整的千里岩水上、水下三维地形图，并利用 RTK 定位结果评估了其水上点云精度。在高动态测量条件下，激光点云水平定位和高程精度均优于 0.3m。

（3）iAqua 系统。2012 年，广州中海达卫星导航技术股份有限公司研制出第一台国产地面三维激光扫描仪，其后又推出自主研制的一体化移动三维测量系统 iScan；在此基础上，于 2014 年自主研制成功了 iAqua 船载水陆一体化移动三维测量系统（见图 3 – 18），并提取了高精度的水边线。目前，iAqua 系统及配套的国产点云处理软件 HD_3LS_SCENE 和 HD_PtVector 均已商业化，并可为用户提供高精度、高密度的基础地理空间数据。该系统先后在长江九江段、长江三峡段测试，定位结果绝对精度可达 10cm。

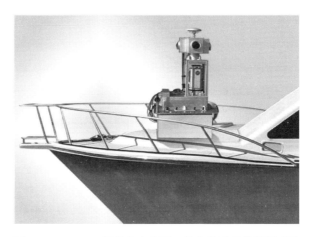

图 3－18　iAqua 船载水上水下一体化移动三维测量系统

（4）VSurs－W 型系统。青岛秀山移动测量有限公司于 2014 年推出了船载水陆一体化测量系统 VSurs－W 及配套软件系统（见图 3－19），集成了激光扫描仪（Riegl VZ－2000i）、多波束测深仪（R2Sonic 2024）和组合导航系统（SPAN－ISA－100C）等高精度传感器，实现水域环境中岛礁、岸线及桥梁等构筑物水陆一体化快速三维测量。该系统精度在西沙群岛区域得到验证，精度可以满足实际应用需求。其中水上点云的均方误差为 0.133 m，水上点云重复精度优于 5cm@50m，水下点云重复精度优于 20cm@50m，水上、水下点云在垂直方向上的缝隙间距≤0.3m，水平方向上的平均缝隙间距≤0.2 m，均满足规范要求。此外，VSurs－W 系统分为内河版和海测版。内河版配备自主设计测量船，仅适用于湖泊、水库等风浪较小的水域，海测版则需将系统安装在渔船等船载平台。

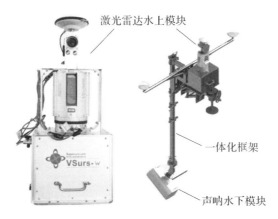

图 3－19　VSurs－W 船载多传感器水陆一体化测量系统

(四) 测量系统适用性

船载水陆一体化综合测量系统是近年来应用于水陆结合部区域地形测量的一项新技术，是对传统测量方式的有效补充。该系统突破了多传感器集成、同步控制、多源测量数据配准融合处理以及水陆三维地形可视化管理等技术，并借助三维激光扫描仪、多波束测深仪和 POS MV 等设备来获取水上、水下三维地形数据。在远离陆地岛礁、石油平台变形监测以及人工难以施测区域作用显著。但是，在应用该系统时应注意下列问题。

（1）存在测量盲区。系统安装位置、水或空中障碍物、平台航向、船舶吃水、潮汐等因素均会影响扫描点云数据的完整性，在地形环境较规整的港口码头、航道、岛礁、桥梁等区域系统适用性较强，在潮差小、坡度变化较大的地形复杂区域，则常会出现测量盲区。对于水下地形盲区，需通过变换多波束换能器角度测量实现盲区的全覆盖；对于陆地盲区，需在外业数据采集时在测线以外对部分区域进行多角度扫描，否则后期只能采取内插进行漏洞修补，最终拟合出整个海岛礁附近水陆的一体化地形数据。同时，还应考虑三维激光扫描仪的作业距离，随着扫描距离的增加，三维激光扫描数据的精度显著下降。

（2）数据处理问题。现有滤波算法仍存在优化空间，由于陆海非地形要素差别较大，三维激光扫描点与多波束水深点云滤波多采用交互式滤波与自动滤波，忽视了系统误差对高度与深度的影响，并未根据误差源类型与特点进行相应滤波削弱误差；点云处理成果部分区域存在不真实的地形，植被等地面附着物致使无法直接测定地貌的真实高度；应建立测区三维动态声速场模型，实现低掠射声波束的准确归位，确保近岸多波束低掠射波束的有效性。

（3）其他问题。固联设备受海水锈蚀影响，常锈蚀松动，反复拆装增加了多波束测深仪和三维激光扫描仪的校准次数，降低了作业效率；测量盲区时宜依靠不同移动测量系统之间的协同作业、优势互补，但多系统联合作业又会增加水陆一体测量作业的复杂性；当前的船载水陆一体化综合测量系统对三维激光扫描仪和多波束测深仪的检校工作多是分开进行，水上、水下的传感器使用不同的目标物或标定场，角度安装系统误差和偏移量系统误差检校分开进行，这也使得船载水陆一体测量系统检校工作较为复杂。

目前，国内外船载水陆一体化综合测量系统在传感器技术指标性能上差距不大，而在载体平台设计方面，国内研发的船载水陆一体化综合测量系统并未达到国外测量船的整体标定、普通车型即可便携运输、安置平台仅需简易拆装的设计水准。因此，降低成本，同时提高系统的便携性，并建立行之有效的仪器检校和应用技术标准是亟需解决的问题。在数据处理方面，应加强数据处理技术及应用软件开发，根据数据类型和特点改进点云滤波、数据分类分割等算法。

利用船载水陆一体化综合测量系统作业时，三维激光扫描仪采集近岸陆地数据，多波束测深仪采集水深数据，POS MV 系统同步采集时间、定位以及姿态数据，数据实时采集处理显示系统将以上数据进行数据融合，对近岸陆地数据与水深数据进行各项改正，从而

实现水陆一体化快速测量。

（五）测量数据采集

（1）系统安装。由于船载水陆一体化综合测量系统包含的传感器较多，安装操作对于综合测量系统能否正常运行起着关键作用。综合测量系统安装要远离发动机，安置在船舷右侧或船体中部，避免噪声干扰；多波束换能器按常规的垂直安装方式会导致浅水测量出现盲区，通过倾斜安装换能器上仰30°~45°，进行倾斜测量是为了实现水陆地形的无缝拼接；系统完成安装后，精测系统内传感器间相对位置关系用于点云数据坐标解算。若因换能器或激光扫描仪安装不牢固，导致波束位置计算错误，在后期数据处理中很难进行修复。

（2）系统连接、调试。综合测量系统安装完成后，要将各传感器进行线路连接，由于线缆比较多，该系统为防止连接错误，主要线缆接口在设置方面基本上实现了一一对应。硬件连接完成后，在数据实时采集处理显示系统中对各个传感器进行调试，系统调试正常后方可进行下一步工作。

（3）系统校准。船载水陆一体化综合测量系统的校准工作包括多波束测深仪校准和三维激光扫描仪校准，在校准前应首先确定典型地形和目标物，按相应测线对两者进行Roll、Pitch、Yaw（侧滚角、俯仰角、偏航角）检校。需要注意：设备每安装一次就要校准一次。当更换设备或改变传感器位置时都要进行校准。校准使用的测线数据的测量顺序不重要，重要的是校准参数计算的先后顺序，应首先进行 Roll 校准，然后是对 Pitch 和 Yaw 的校准。多波束校准数据计算时要注意进行潮位改正。

对于水上部分三维激光扫描仪的校准，应事先选取特征地物对传感器进行安装误差校准实验，对同一地形特征点从不同方向扫描后，对水平及垂直方向上的扫测偏差进行纠正。

（4）数据采集。利用数据实时采集处理显示系统软件布设扫描测线，采集中应实时监控各传感器显示状态，控制相关参数，避免船速、水深、离岸距离对点云密度以及数据质量产生影响。工作时采集的水下数据主要包括位置信息、水深信息、姿态信息以及表面声速数据。多波束测深仪的浅水测深能力较弱，为弥补其不足，可在低潮期进入测区，此时侧重三维激光扫描仪采集水上数据，高潮期则侧重多波束测深仪补充采集水陆交接地带水下信息。

应用区域动态实时差分作业模式确定区域平面控制基准，依照等角模式或等距模式采集水下地形数据，根据激光扫描仪垂直扫描开角确定沿岸陆地扫测区域，围绕测量对象由近及远中低船速扫描，实现作业区域全覆盖点云数据采集。

（六）测量数据处理

船载水陆一体化综合测量数据处理流程主要包括数据整理、点云数据生成以及成果输出等具体步骤。

（1）数据整理。外业数据采集后，对外业采集获取的三维激光扫描仪数据、多波束测深数据以及惯性导航数据进行保存并备份。准备扫描数据、系统各传感器安置参数数据以及声速剖面数据等用于点云数据解算。

（2）点云数据生成。利用数据处理软件分别对水上三维激光扫描数据和水下多波束测深数据进行处理，根据安置参数将激光扫描仪数据和多波束测深数据从各自传感器坐标系归算至以惯导中心为原点的船载坐标系，并利用 POS 信息将船载坐标系坐标归算至当地水平坐标系，在完成点云数据的潮位改正、安置参数精校准以及滤波等操作后，输出大地坐标系下的坐标，实现水陆点云的无缝拼接。

多波束数据的处理可参考本章第三节第三部分中多波束数据处理方法。在处理水下多波束数据之前，首先需要检查数据处理软件中设置的投影参数、椭球体参数、坐标转换参数、各传感器间的位置偏移量、系统校准参数等相关数据的准确性，然后结合外业测量记录，根据需要对水深数据进行声速改正、潮位改正；随后检查每条测线的定位数据、罗经数据、姿态数据和水深数据。根据水底地形、近岸陆地地形数据的质量设置合理的参数滤波、经线模式编辑、子区编辑等人机交互处理后，抽稀水深。对特殊水深点，应从作业区域、回波个数、信号质量等方面进一步加以判读、分析。数据在经过编辑及各项改正后，应再次对所有的数据进行综合检查，最后根据制图比例尺和数据用途对水下数据部分进行处理，输出成果以备综合利用。

水上三维激光扫描点云数据处理主要是飞点去噪处理，对于明显远离点云的、漂浮点云上方的稀疏点、离散点、远离点云中心、小而密集的点云进行滤除。扫描时难以完整控制扫描测区，通常都会大于原定扫描区域，从而形成了多余的扫描点云和正确点云混在一起的噪声点，通过可视化交互、滤波器以及基于最小二乘算法对这些区域点进行删除，获取扫描区域近岸陆地地形的点云数据。

（3）成果输出。对测量、处理、改正并归算到规定基准面后的测量点云数据，采用自由分幅或标准分幅方式进行按要求比例尺的地形图、水深图、等高线图以及三维建模与可视化绘制等处理。

六、GNSS 无验潮水深测量

在海面上进行水深测量受到波浪，潮汐的影响，原始水深数据需要经过换能器吃水、声速、涌浪、水位等归算改正才能得到相对于某一固定基面的图载水深（理论深度基准面），无论是单波束、多波束等测深方式，使用传统有验潮测量方式，水深测量的最终精度受换能器动态吃水、实测水深、涌浪、潮位等因素影响垂直方向的精度。

随着 GNSS 高精度定位技术和水下测量定位技术的发展，近年来提出了无验潮水深测量方式。无验潮无需采用水尺等方式进行水位观测，节约成本；可进行全天候作业，不受昼夜影响，提高作业效率；有效地消除了动吃水及波浪上下等因素影响；避免了由于潮位观测带来的水位改正误差，可得到即时水位。

（一）测量技术原理

GNSS 无验潮水深测量涉及多种类型传感器和采集软件，包括高精度定位设备 GNSS、姿态传感器 INS 和测深设备（单波速 SB、多波速 MB）及相应的数据采集软件。无验潮测量作业主要是采用 GNSS 椭球高及测深仪的深度直接获取海底高程的一种方法，图 3 - 20 所示为海上无验潮测量作业的基本系统及数据处理流程。为了获取高精度定位数据，需要 GNSS 高精度定位技术，主要包括 RTK、PPK 和 PPP 等技术，同时还需要高精度的垂直基准模型。

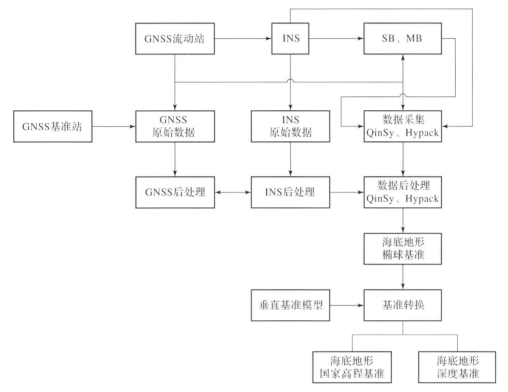

图 3 - 20　无验潮测量作业系统构成及数据处理流程

下面以单波束（SB）为例介绍海上无验潮作业的基本原理。该系统一般由 GNSS - RTK 系统、单波束测深系统、姿态传感器 INS 组成。系统组成、在测量船上的配置以及工作原理如图 3 - 21 所示。计算海底地形时，需要涉及换能器坐标系（transducer frame system，TFS）、船体坐标系（vessel frame system，VFS）和当地水平坐标系［或地理坐标系（geographic reference frame，GRF）］。VFS 以测量船重心 O 为原点，船艏方向为 x 轴，船右弦为 y 轴，垂直 $x - O - y$ 平面为 z 轴，建立右手坐标系。TFS 的原点在换能器的中心，x 轴、y 轴与 VFS 的三个轴平行，由于安装偏差的存在，在这里假定三个旋转角均为 0，即两个坐标系是完全平行的，在这里考虑 TFS 坐标系原点（换能器中心）在 VFS 坐标系的

坐标为 (x_0^T, y_0^T, z_0^T)，GNSS 天线相位中心在船体坐标系下的坐标为 (x_0^G, y_0^G, z_0^G)，若 GNSS 流动站定位解为 $(X, Y, H)_{GNSS}$，理想海况下，即横摇（rou）、纵摇（pitch）以及涌浪（heave）均为 0，波束在海床底投射点的坐标 $(X, Y, H)_B$ 见式（3-18）。

$$\begin{Bmatrix} X \\ Y \\ H \end{Bmatrix}_B = \begin{Bmatrix} X \\ Y \\ H \end{Bmatrix}_{GNSS} - \begin{Bmatrix} 0 \\ 0 \\ Z+D \end{Bmatrix} \tag{3-18}$$

式中：D 为换能器实测水深；Z 为 GNSS 相位中心至换能器中心的距离。

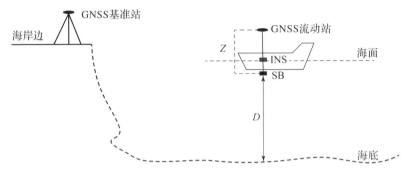

图 3-21　海上无验潮单波束测深系统工作原理

以上为理想状况，测船实际航行时，由于受风浪和船体操纵等因素影响，会发生横摇（rou）、纵摇（pitch）及船体的上下起伏变化（heave），改变了 GNSS 天线、测深仪换能器、姿态传感器 INS 等传感器在理想船体坐标系下的坐标，为了获得瞬时测点的精确三维坐标，必须首先进行姿态改正处理。姿态改正的主要作用有三个：①根据 GNSS 天线处的瞬时三维坐标获取换能器的三维坐标；②根据 GNSS 天线处的瞬时测量高，结合水深，获取海底点的高程；③补偿船体姿态变化给瞬时海面高程、测深带来的影响。

波束点的平面位置即为换能器的平面位置，这样就获得了波束在海床底投射点的三维坐标。这样获取的海底三维坐标一般为 WGS84 或 CGCS2000 坐标系下的坐标，其垂直基准为相应的椭球高，需要借助垂直基准模型将其转换为相应的垂直基准框架下。

通过无验潮测量作业原理分析可知，得到高精度的水深地形需要高精度的 GNSS 定位数据、各个设备之间的时间同步、准确的姿态数据和高精度基准面转换模型等。

（二）现场测量中需关注的问题

（1）GNSS 动态定位数据质量控制。根据以上理论和方法，不同于传统水深测量，动态 GNSS 定位技术是无验潮测量的关键技术，一体化精密水深测量中每个历元的 GNSS 平面和高程解均需准确，否则将会影响最终水下地形测量成果。因此，需对 GNSS 的观测数据进行质量控制。

现在获取高精度动态 GNSS 定位数据方式主要包括 RTK、PPK 和 PPP 技术，不同的动态 GNSS 定位技术都存在相应的不足，需要根据作业条件选择合适的定位方式，但不管采用何种定位模式，一般在动态定位过程中保存 GNSS 原始观测数据，以便后期通过 PPK 的模式，获取高精度的定位数据。

（2）时间同步。水下地形测量中，因为 GNSS RTK 内部算法、数传和编码问题常导致测深和定位不同步，即存在时间延迟。时间同步的方法包括通过时延探测给出固定的时间延迟、采用 GNSS NEMA ZDA 数据进行时间同步和通过 GNSS 1PPS + NEMA ZDA 进行时间同步，分别介绍如下。

1）输入固定时间延迟。该方法简单，需要添加硬件，但由于 GNSS 观测到卫星数量和空间分布随着时间变化而引起时间延迟不同，故该方法精度不高。但由于单波束测深仪基本不具备接收 1PPS 功能，一般采用该方法。因此在水深测量之前需要进行时延探测，获取时间延迟。

时延探测一般通过定位数据，通过往返观测的方式，寻找同一特征点的两个位置，得到延时位移 S，再结合船速 v 计算时延 Δt，见式（3 – 19）。

$$\Delta t = \frac{S}{v} \qquad (3 - 19)$$

由于受定位精度、船姿态等影响，无法靠单一特征点确定时间延迟，一般采用往返断面测量的时延确定方法。采用断面整体平移法，首先计算两个断面的相关系数，见式（3 – 20）。

$$R_{h^A h^B}(d) = \frac{\sum_{i=1}^{D} h_i^A h_{i-d}^B}{\sqrt{\sum_{i=1}^{D} (h_i^A)^2 \sum_{i=1}^{D} (h_{i-d}^B)^2}} \qquad (3 - 20)$$

式中：R 为相关系数；h^A、h^B 分别为往返测线的水深序列；i 为测点数；D 为总测点数。

式（3 – 20）表明，存在两个序列 h^A 和 h^B，当两个序列完全一样时，则相关系数为 1，当两个断面不存在相似性时，相关系数为 0。平移时，以其中一个断面 h^A 为基准，对另一个断面 h^B 进行平移。平移步长设置为固定距离 Δd（设置的尽可能小）。连续移动的同时，根据式（3 – 20）可以计算出相关系数，当相关系数最大时，说明二者相关系数最大，此时对应的平移量 d 可以认为是时延引起的断面滞后量。若往、返断面测量中的平均船速分别为 $\overline{v_A}$ 和 $\overline{v_B}$，则系统时延 Δt 的计算式为

$$\Delta t = \frac{d_{R-max}}{\overline{v}_A + \overline{v}_B} \qquad (3 - 21)$$

2）GNSS NEMA ZDA 数据时间同步。现在 GNSS 一般都能够输出 ZDA 数据，通过 ZDA 数据对设备时间进行校准，该种方式时间精度达到 1ms，一般用在单波束测深中。

3）GNSS 1PPS + NEMA ZDA 时间同步。通过 GNSS 输出秒脉冲信号和 ZDA 数据对设备数据进行时间标签，该种方法时间同步精度最高，一般用在多波束测量中。

七、海底地形测量数据质量评估

海底地形测量成果质量评估能够反映海底地形测量成果与真实水底的可能偏差程度，

只有质量满足要求才能保证测深成果的可靠性。海底地形测量数据质量评估参照多波束测深数据精度评估方法进行。目前国内已发布了多个版本水深测量的规范，但关于多波束数据处理还没有统一的技术标准，在多波束测深数据质量评价体系上还不够完善。目前，常用的多波束测深数据质量评估方法根据评估原理主要分为以下三大类。

1. 水深测量极限误差

根据国际海道测量组织海道测量标准、交通运输部多波束测深系统测量技术要求，测深极限误差计算公式为

$$\Delta = \pm \sqrt{a^2 + (b \times d)^2} \tag{3-22}$$

式中：Δ 为测深极限误差，m；a 为系统误差，m；b 为测深比例误差参数；d 为水深，m。

我国现行海道测量规范规定水深测量极限误差优于水深值的 2%（水深大于 100m），现行《海洋调查规范　第 2 部分：海洋水文观测》（GB 17378.2—2007）规定水深测量准确度优于水深值的 1%（水深大于 30m），近年来海军和原海洋局制定的相关调查规范全部都将深度测量极限误差的标准定义为小于水深值的 1%（水深大于 30m）。

2. 主测线与检查线交叉点不符值统计

对深度达到几千米的深海区，其水深真值在现有条件下根本没有办法获取，因此只能凭借主测线与检查线的交叉点进行多波束测深数据内符合精度计算及评估。该类方法通过计算交叉点深度不符值，可有效地检测数据成果中是否仍存在异常跳点、改正残差等问题，有助于了解多波束测深数据的综合误差，具有较强的实用性，这也是当前多波束测深常用的数据质量检查手段。

《海道测量规范》（GB 12327—2022）规定，通过获取主测线与检查线重合点（两点相距图上 1.0mm 以内）深度信息，在进行剔除系统误差和粗差相关工作后，不符值必须符合水深值的 3%（水深大于 100m）的限差标准，超限点数占参与比对总点数的概率不能够超过 15%。海军和原海洋局在最近几年制定的相关调查规范中，都对主测线与检查线重合点深度标准做出规定，要求在数据经过系统误差和粗差剔除后，不符值必须符合水深值的 2%（水深大于 30m）的限差标准，超限点数的数量占总的对比点数的概率不能够超过 10%。

3. 基于总传播不确定度的多波束测深质量后评估方法

基于总传播不确定度（total propagated uncertainty，TPU）的多波束测深数据质量后评估方法中，总传播不确定度是指由于测量误差的存在，对被测量值不能肯定的程度，包括水平不确定度（total horizontal uncertainty，THU）与垂直不确定度（total vertical uncertainty，TVU）两部分。2008 年，国际海道测量组织第一次规定以不确定度作为评估水深测量数据质量的指标，其值越小，水深测量结果质量越好，可信度越高。

第四节　测量技术手段的比较

针对海底电力电缆工程不同设计阶段的工作内容和技术要求，结合工程特点、地形条

件、外部环境等因素，需形成合理、高效的海底电力电缆工程综合测量技术方案，实现测量技术工作的整体优化。各种测量技术手段的主要优缺点比较及适用范围见表 3 – 22。

表 3 – 22　各种测量技术手段的主要优缺点比较及适用范围

工作内容	测量方法	主要优点	主要缺点	适用范围
海岸地形测量	全站仪和 GNSS RTK 测图	从野外数据采集、处理到绘图过程的自动化和一体化作业系统成熟	总体作业效率低，数据的结构性差	广泛的陆地地形测量
	机载激光扫描测量技术	直接快速获取三维空间数据、数据处理自动化程度高、作业速度快、外业工作省、测量精度高以及作业成本低，最大限度地反映地表真实情况	平面精度与高程精度相关，姿态误差对高程精度的影响会随着扫描角的增大而增大。误差源较多，误差传播模型更为复杂。系统能耗大，操作较复杂，系统成本较高	获取密集森林覆盖地区、海岸地区的数字地面模型（DTM）；近岸段海域水下地形
	无人机摄影测量	航高低，成像清晰度可调；受云层干扰少；对跑道要求不高；航摄周期短，出成果快	续航能力差，不适合大范围的航摄；无人机的载重有限；受天气影响	潮间带、滩涂、岛礁地形图测量
海底地形测量	单波束测深	系统设备组成简单，轻盈便携，易于安装	测线间隔较窄，作业效率较低；无法记录测线间点的数据，计算机软件自动成图有时会产生假地形	近岸段海域水下地形测量
	多波束测深	条带式推进测量，波束点云密度高，测量范围大，测量速度快，精度和效率高	外业过程较为复杂，边沿波束的精度不如中间波束，数据量大，内业处理过程比较复杂	浅海段、深海段海域水下地形测量
	无验潮水深测量	无需专门测定潮位	高精度的水深地形需要有高精度的 GNSS 定位数据、各个设备之间的时间同步、准确的姿态数据和高精度基准面转换模型等	浅海段、深海段海域水下地形测量
	船载水陆一体化综合测量	提供快速、高效、全覆盖、高质量的真三维数据，实现了水深及地形成果的无缝拼接和融合	对于植被覆盖茂密地区很难获取实际地貌的大地高，船载激光点云在岸上有少量的漏洞	近岸段海域水上、水下地形一体化测量

第四章
海底地貌测量和障碍物探测

海底障碍物包括自然障碍物（如海底礁石、沙脊等）和人为障碍物［如海底沉船、管道和缆线、废弃建（构）筑物等］。海底面状况及障碍物直接关系到路由选择、设计和施工安全，因此海底面状况及障碍物探测是路由勘测的重要内容，主要技术方法是侧扫声呐探测和磁法探测。对于露出海床的水下目标，采用侧扫声呐探测技术快速准确地进行扫测、定位，可直观观察其形态，但定位精准度相对不足。磁法探测具有探测出露或掩埋磁性物体的特征，弥补了侧扫声呐的不足之处，二者互补作用较强。海上磁场干扰少，可以用磁法探测方法准确地探测出海底障碍物的平面位置。对于海底电力电缆这类细长线性铁磁性障碍物的探测，目前多采用磁法探测为主，其优势在于磁法探测较电法探测的设备组成少，仪器布放方便，操作更为便捷；磁法探测对于铁磁性小目标物体的反应更为灵敏。高精度的磁测方法还需设置日变观测站或组建磁力梯度仪进行作业。磁法探测的数据后期处理和解译也要依靠具有丰富经验的技术人员，才能更好地获得真实的结论。

第一节　侧扫声呐探测

海底电力电缆工程的建设必须了解海底地形和地貌，侧扫声呐是利用回声测深原理探测海底地貌和水下物体的设备，它的出现为海底探测提供了完整的海底声学图像，用于海底地形地貌的获取和对水下非磁性障碍物（如锚痕、渔网、沙波、沉船等）进行调查和定性描述。

最早的拖曳式水下声呐系统起源于 20 世纪 20 年代的英国，主要用于探测水雷等军事目的。20 世纪 40 年代早期，德国的声呐技术处于世界领先水平。40 年代后，美、英等国重新认识到声呐系统的重要性，开始投入大量的精力发展声呐技术。直到 50 年代末，才真正出现应用于海洋地质调查的侧扫声呐。20 世纪 90 年代，成功地开发出数字声呐，可以有效地提高信噪比，同时使拖缆可以选择同轴缆或光纤，在深拖系统中可以大大减小拖缆的横截面积、增加拖缆的长度。同样在 20 世纪 90 年代，线性调频技术在侧扫声呐中得到应用，这项技术使得声呐在不影响分辨率的前提下获得更大的量程。

侧扫声呐的优点主要体现在可以利用海底或沉底物的回波强度信息，对海底介质或沉底物特征进行定性分析；具有较高的横向分辨率，可以获得分辨率较高的、二维的海底地貌图；探测面积大，且对特殊外形的水下目标识别能力强；安装难度低，且成本低廉。因此，侧扫声呐出现以后很快得到广泛应用，现在已成为水下探测的主要设备之一。当然，侧扫声呐也存在明显的缺点，如只能获取海底相对起伏的数据，无法获得直观的、三维的地形图，海底深度测量的精度也比较低等。侧扫声呐技术进一步发展的方向有两个：一个是发展测深侧扫声呐技术，它可以在获得海底形态的同时获得海底的深度；另一个是发展合成孔径声呐技术，它的横向分辨率理论上等于声呐阵物理长度的一半，不随距离的增加而增大。

一、侧扫声呐系统组成和探测原理

（一）侧扫声呐系统组成

侧扫声呐系统包括两个子系统：甲板系统和拖鱼系统，如图 4 – 1 所示。

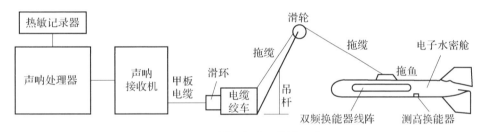

图 4 – 1　侧扫声呐系统的组成

（1）甲板系统。甲板系统由声呐处理器（声呐工作站）、声呐接收机和记录器组成。其中，声呐处理器由计算机、数据采集控制器、扩展输入和输出接口板、采集控制卡、智能通信接口卡、显示器、轨道球、键盘、光盘驱动器、软件仓等组成，是侧扫声呐的核心，控制整个系统的工作，具有数据接收、采集、处理、显示、存储及图形镶嵌、图像处理等功能。声呐接收机由 GNSS 接收机、四通道侧扫接收机、测高接收机等组成。

（2）拖鱼系统。拖鱼系统由电缆绞车、吊杆、滑轮、拖缆（同轴拖缆或光纤拖缆）和拖鱼组成。电缆绞车和吊杆的主要作用是对拖鱼进行拖曳操作。绞车有电动、手动和液压等几种，各有利弊，可以根据实际的使用环境来选择。一般在浅海小船作业时，可以选择手动绞车，体积小，重量轻，搬运比较方便，而且不需要电源。在深海大船使用时，可以选择电动或液压的绞车，液压绞车收放比较方便，但价格一般都比较贵，电动绞车在性能价格比上有一定的优势。

拖曳电缆安装在绞车上，其一头与绞车上的滑环相连，另一头与侧扫声呐的鱼体相连。拖缆有两个作用：①对拖鱼进行拖曳操作，保证拖鱼在拖曳状态下的安全；②通过电缆传递信号。

拖缆有强度增强的多芯轻型电缆和铠装电缆两种类型。沿岸比较浅的海区，一般使用轻型电缆，其长度从几十米到一百多米。轻型电缆便于甲板上的操作，可由一个人搬动。其负荷一般在 400~1000kg 之间，取决于内部增强芯的尺寸。铠装电缆用于较深的海区，大部分侧扫声呐铠装电缆是"力矩平衡"的"双层铠装"，这意味着铠装电缆具有两层反方向螺旋绕成的金属套，铠装层可以水密，也可以不水密，由铠装的材料来决定。不管铠装层水密与否，导线还得由绝缘层来水密。

侧扫声呐的拖鱼是一个流线型稳定拖曳体，由鱼前部和鱼后部组成。鱼前部由鱼头、换能器舱和拖曳钩等部分组成，包括四路侧扫发射机、测高发射机、双频换能器线阵（左、右各一个换能器线阵）、测高换能器（在拖鱼底部测量拖鱼至海底的高度）。鱼后部由电子舱、鱼尾、尾翼等部分组成。尾翼用来稳定拖鱼，当它被渔网或障碍物挂住时可脱离鱼体，收回鱼体后可重新安装尾翼。拖曳钩用于连接拖缆和鱼体的机械连接和电连接。根据不同的航速和拖缆长度，把拖鱼放置在最佳工作深度。

侧扫声呐拖鱼的两侧按固定时间间隔向水底发射有一定音频能量的狭窄波束，从水底（包括水体中的物体）反射后被拖鱼接收信号，通过拖缆传到甲板上的显示单元形成声呐影像来发现水下物体。换能器的分辨率决定于发射声波的频率。波束平面垂直于航行方向，沿航线方向束宽很窄，开角一般小于 2°，以保证有较高分辨率；垂直于航线方向的束宽较宽，开角在 20°~60°，以保证一定的扫描宽度。工作时发射出的声波投射在海底的区域呈长条形，换能器阵接收来自照射区各点的反向散射信号，经放大、处理和记录，在记录条纸上显示出海底的图像。

显示单元显示的是高分辨率的海底或位于底部其他物体的声呐影像。回波信号较强的目标图像较黑，声波照射不到的影区图像色调很淡，根据影区的长度可以估算目标的高度。从侧扫声呐的记录图像上，能判读出泥、沙、岩石等不同底质。利用数字信号处理技术获得的小视野放大图像能分辨目标的细节。

（二）侧扫声呐的工作原理

由侧扫声呐拖鱼的发射单元两侧同时向海底发射一定频率声波脉冲，声波传播至海底或遇障碍物时发生反射和散射，其接收单元接收反射和散射到侧扫声呐拖鱼接收单元的声呐信号，声呐数据处理单元根据海底地物的散射和反射信号强度大小转换成不同灰度像素影像来呈现待探测目标相对海底的状态。侧扫声呐工作原理的几何关系是人们对侧扫记录图像判读解释的关键，根据几何关系，可计算出目标障碍物裸露于海底的高度，如图 4-2 所示。

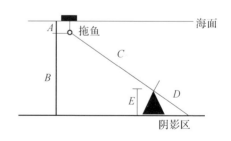

图 4-2 侧扫声呐工作原理

A—拖鱼的入水深度；B—拖鱼至海底的深度；
C—拖鱼至海底目标障碍物的距离；D—影像阴影区
的长度；E—目标物裸露于海底的高度

从工作原理来讲，侧扫声呐可分为单波束单频侧扫声呐、单波束双频侧扫声呐、单波束三频侧扫声呐、多波束侧扫声呐等。其中，单波束双频侧扫声呐应用较为广泛，技术更加成熟。侧扫声呐是以较低的频率来得到较大的扫描范围，但是精度要低。高频系统可以得到较高的精度，但是扫描范围较小。双频侧扫同时拥有高频和低频换能器，这样可以得到较大范围同时分辨率较高的图像。

图 4 – 3 所示的安装在拖鱼中的左、右两侧换能器线阵具有扇形指向性，在航线的垂直平面为垂直开角 θ_v，在航线的水平面内为水平开角 θ_L。当换能器发射一个声脉冲时，换能器左、右两侧各照射到一窄梯形海底（见图 4 – 3 中梯形 ABCD），靠近换能器的梯形边 AB 小于较远的梯形边 CD，发射声波以球面波形式传播，声波触及海底后其反射波沿原路线返回到换能器，距离近的回波先到达换能器，距离远的回波滞后到达换能器。声回波是时间较长的脉冲串，在设备终端的显示器或记录器上形成一条扫描线。换能器随船前进，按侧扫距离所确定的时间间隔发射和接收声脉冲，并将每次声脉冲形成的扫描线向前排列组成二维海底地貌声图。每条扫描线依据海底底质性质及海底起伏形态，其灰度呈强弱变化，使二维声图由灰度强弱变化而显示出海底起伏形态变化，以及海底底质变化。

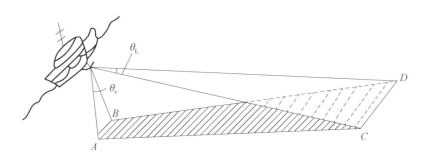

图 4 – 3　拖鱼两侧换能器线阵

二、侧扫声呐主要设备简介

按照不同的分类原则，侧扫声呐可以分成表 4 – 1 所列几种类型。

表 4 – 1　侧扫声呐分类

分类原则	类型	分类原则	类型
安装方式	船载、拖体	波束数	单波束、多波束
安装对象	水面船只、水下运载器	工作原理	单脉冲、多脉冲
工作频率	低频、中频、高频	工作深度	浅拖、深拖
信号类型	CW 脉冲信号、线性调频		

注　CW 脉冲信号表示一段固定长度的正弦波脉冲信号。

根据声学探头安装位置的不同，侧扫声呐可以分为船载和拖体两类。船载型声学换能器安装在船体的两侧，该类侧扫声呐工作频率一般较低（10kHz 以下），扫幅较宽。探头安装在拖体内的侧扫声呐系统根据拖体距海底的高度还可分为两种：离海面较近的高位拖曳型和离海底较近的深拖型。高位拖曳型侧扫系统的拖体在水下 100m 左右拖曳，能够提供侧扫图像和测深数据，航速较快（8kn）。多数拖体式侧扫声呐系统为深拖型，拖体距离海底仅有数十米，位置较低，航速较低，但获取的侧扫声呐图像质量较高，侧扫图像甚至可分辨出十几厘米的管线和体积很小的油桶等。最近有些深拖型侧扫声呐系统也开始具备高航速的作业能力，10kn 航速下依然能获得高清晰度的海底侧扫图像。

目前市场上应用较多的侧扫声呐仪器主要为 Edgetech 公司、Klein 公司和 Kongsberg 公司的设备，国内主要有中海达 iSide 系列、蓝创海洋的 Shark – S 系列、海卓同创 SS/ES 系列产品等，现将各公司选取代表性的仪器设备介绍如下。

Klein 4000 侧扫声呐是美国 Klein 公司推出的一款多功能的物探设备，可以适应浅水和深水等多种不同测量任务。它同时采用了用户可选的 CW 脉冲和先进的 FM Chirp 信号处理技术，并结合其公司独有的 De – speckling 算法，可以得到高分辨率和超远范围的海底图像。Klein 4000 的 100、400kHz 提供了远距离的测量，100kHz 单侧扫宽 600m 以上，高清晰图像的 400kHz 单侧扫宽 200m。Klein 4000 系统既可配同轴缆也可配光纤缆。先进的可变带宽遥测用于测试同轴电缆的电气特性。基于距离尺度以及缆的电气特性，自动选择最佳的 LF、HF 脉宽，以最大带宽进行实时测量。此外，可选的光纤接口可无限制延长拖缆长度。

Klein 4900 双频侧扫声呐系统是新推出的一款多功能侧扫声呐，可用于不同调查、搜索和回收任务。该系统具有高保真、高清晰度成像能力和方便携带的优点，使它成为搜索和回收任务的理想工具。Klein 4900 系统的双频率 455、900kHz 可用于远程检测：采用 455KHz，测距 200m；采用 900KHz，测距 75m 且为高清晰图像。该系统还对传感器的设计进行了优化，提供非常窄的水平波束宽度，从而沿航迹分辨率提高，得到的图像质量进一步提高。Klein 4900 系统可由 1000m 的标准装甲缆进行数字遥测。Klein 4900 系统拖鱼沉没水中不需要一个外加重量，已具备全水深至 300m 的便携方便性、沉没强稳定性。

EdgeTech 4200FS 是一种双模式侧扫声呐系统，将 Edgetech 公司的全频谱和多脉冲技术集成于一体，通过应用 Edgetech 公司的全频谱 Chirp 技术，得到宽频带、高能量发射脉冲和高分辨率、高信噪比的回声数据。该系统采用了宽频带、低噪声的前置电子电路，使由仪器引起的相位误差和漂移减小到可以忽略的水平。系统可选高分辨率模式或高速模式，高分辨率模式可同时进行双频操作，高速模式可以多脉冲单频进行作业。EdgeTech 4125i 采用了全频谱 Chirp 技术，可提供超高分辨率地貌图像。该系统可选双同步频率组拖鱼：400、900kHz 或者 600、1600kHz，耐压 200m，适合浅水搜救和调查。EdgeTech 4205 是新一代多功能侧扫声呐系统，可用于从浅水到深水（2000m）几乎任何勘测应用。该系统利用全频谱 Chirp 技术，可提供清晰、高分辨率的地貌图像，可选三频侧扫声呐或艏摇改正和多脉冲拖鱼。三频声呐允许调查人员同时选择三频系统的任意两个频率工作。多脉冲艏摇改正拖鱼能够在恶劣海况下仍以较快的调查速度进行测量，同时仍能获得高质量的地貌图像。EdgeTech 4205 拖鱼还耦合了 USBL 信标，可进行准确的水下定位。三维侧扫声呐 EdgeTech 6205 利用水声处理和探测技术，通过发射接收阵解析多个并发声学回波，将反向散射与海底、海面、水柱和多路径区别开来，一次探测过程中同时获取三种数据：与传统侧扫声呐相同的二维侧扫影像数据、侧扫正下方原盲区侧扫影像数据、超宽覆盖的条带测深数据。其有效覆盖宽度皆可达水深的 10 ~ 20 倍，开角高达 200°，最大量程 75m，水深测量精度与主流多波束基本一致，而且工作效率更高。

Kongsberg 公司的 PulSAR 能获取海底的高分辨率声学图像，系统组件包括一条强固型拖鱼、防溅水式甲板单元和一个小的拖缆盘，易于操作，可进行大面积调查作业来提供小目标物和框架结构的详细信息。该系统适用于调查和回收作业，水下探查和工程科研调查等。该系统作业频带为 550kHz ~ 1MHz，在这个带宽信号内，可选择 FM 和 CW 波型来优化调查任务的量程和分辨率。系统配置一个紧凑的不锈钢拖鱼和 100m 长的拖缆。拖缆可由手动绞缆盘出缆，作业时使用滑环连接甲板缆到甲板单元上。可选各种材质拖缆和铠装缆，缆长可至 300m。甲板单元设计可用于小船只，防水等级 IP66，可由蓄电池或电源供电，24VDC 或 110/230VAC 均可。系统有一个完整的 GNSS 系统，可提供 SBAS 差分校准的定位信息，也可通过串口选择一个外部的定位系统。

iSide 1400 侧扫声呐系统是我国中海达公司 iSide 系列侧扫声呐系统，具有全新换能器设计，先进的数字电路处理技术，并结合中海达专利算法，可提供出色的大量程、高分辨率水底图像。iSide 1400 可双频（100、400kHz）同时工作，CW、CHIRP 发射模式在线切换，波束宽度最小可达 0.2°，1.25cm 超高图像分辨率，内置纵横摇、艏向、压力、测深传感器，同时配备中海达 HiMAX SSS 中英文显控及导航采集软件。iSide 4900 是中海达自主研发的一款适用于浅水和深水水域测量的多用途声呐，内置纵横摇、艏向、压力和测深传感器，具备 400kHz 和 900kHz 双频同步发射接收以及 Chirp 调频信号处理技术，量程最大可达 200m，耐压可达 1000m，既可以实现大范围扫宽，也能保证高分辨率的成像。iSide 5000 多波束侧扫声呐兼具低速和高速两种作业模式，低速模式为单波束双频侧扫，高速模式为高频多波束侧扫（单侧 5 波束），可以在线切换。该系统采用先进的动态聚焦技术，在大量程处也能对目标高分辨率成像，有效实现高速、高分辨率、全覆盖扫测效率。内置姿态传感器及高度计，2000m 耐压深度，并配备了 HiMAX SSS 专业软件。

我国蓝创海洋公司的 Shark - S 系列侧扫声呐是适用于浅水和深水水域测量的多用途声呐，可选择双频或单频、不同频段侧扫声呐产品，其中双频侧扫声呐同步发射接收以及 Chrip 调频信号处理技术，既可以实现大范围扫宽，也能保证高分辨率的成像。拖鱼结构可靠耐用，可单人简单操作收放和施测，具有拖曳、船底安装及侧舷固定等使用方式。

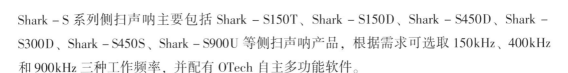

Shark-S 系列侧扫声呐主要包括 Shark-S150T、Shark-S150D、Shark-S450D、Shark-S300D、Shark-S450S、Shark-S900U 等侧扫声呐产品，根据需求可选取 150kHz、400kHz 和 900kHz 三种工作频率，并配有 OTech 自主多功能软件。

海卓同创公司也推出了多款侧扫声呐产品，包括双频侧扫声呐、单频侧扫声呐、多波束侧扫声呐和嵌入式侧扫声呐，已形成针对船载拖曳扫测、无人船固定安装、AUV/ROV 集成安装和高航速精细化扫测应用的多种水下目标和地貌扫测的产品组合方案，在水下工程检测、地貌测量、水下目标搜索、应急搜救、环保排查和水下安防等领域得到大量应用。该系列产品采用高带宽信号处理，提高了图像分辨率；突破了可变孔径动态聚焦技术，有效解决了传统侧扫声呐近场图像模糊问题；创新性的采用软、硬件结合的图像均衡技术，增强了图像对比度；并采用了全中文软件，便于应用。其中，SS3060 高清宽带双频侧扫声呐可双频同步工作，具备 300、600kHz 工作频率，最大斜距 230m（300kHz）、120m（600kHz），参数完全独立；低频大扫宽，高频高分辨，粗扫精测兼顾成像；拖鱼集成姿态和压力传感器，可实时监测设备状态；可拆卸尾翼设计，遇到渔网等缠绕时尾翼可脱落，防止拖鱼损失等。SS900 单频高清宽带侧扫声呐则是为各类快速部署、操作便捷、快速识别等应用需求而专门设计的便携款声呐产品。其工作频率为 900kHz，最大斜距 75m，已广泛应用于消防应急搜救、水上公安水上救援、水下小目标识别、污水暗管排查等各类典型场景。ES900 微小型嵌入式侧扫声呐是专为 AUV、ROV、无人船、水下滑翔机等无人航行器设计，集成简单且图像高清的侧扫声呐产品。其工作频率为 900kHz，最大斜距 75m，可完美保障载体原有流线形结构，已广泛应用于水下扫雷、管线扫测、目标搜救、暗管排除等应用场景。

典型的侧扫声呐设备技术指标见表 4-2。

三、侧扫声呐探测实施方案

侧扫探测之前，应全面了解工程需要，调查搜集工程海域的水域、海底地形及特征、海底障碍物情况、水流的流速和流向、风向和风速、水温层变化情况等。

（一）数据采集

1. 系统安装与调试

（1）仪器设备的性能应满足以下要求：①工作频率不低于 100kHz，水平波束角不大于 1°，最大单侧扫描量程不小于 200m；②应能分辨海底 1m³ 大小的物体；③具有航速校正和倾斜距校正等功能；④同时有模拟与数字记录；⑤定位误差不大于图上 ±1.5mm。

（2）系统安装。根据拖鱼（内有声学探头）安装位置的不同，拖鱼的悬挂方式有尾拖和舷挂侧拖两种。根据安装说明，在船上安装侧扫声呐系统。拖鱼距海底的高度控制在扫描量程的 10%~20%。当测区水深较浅或海底起伏较大时，拖鱼距海底的高度可适当增大。

表 4 – 2 主要的侧扫声呐设备技术指标

产品	Klein 4000	Klein 4900	EdgeTech 4200FS	EdgeTech 4205	PulSAR	iSide 1400	Shark – S450S	SS3060
脉冲类型	CW、Chirp	CW、Chirp	Chirp	全频谱 Chirp 技术	CW、FM	CW、LFM	CW、LFM	CW、Chirp
频率(kHz)	100,400	455,900	120,410	120,410,850,540,850 或 30,540,850	550 ~ 1000	100,400	450	300,600
单边最大量程(m)	600(100kHz),200(400kHz)	200(455kHz),75(900kHz)	500(120kHz),150(410kHz)	600(120kHz),200(410kHz),150(540kHz),90(850kHz)	150	450(100kHz),150(400kHz)	150	230 + *(300kHz)120 + *(600kHz)
水平波束宽度	1°(100kHz),0.3°(400kHz)	0.3°	0.64°(120kHz),0.3°(410kHz)	0.7°(120kHz),0.44°(230kHz),0.28°(410kHz),0.26°(540kHz),0.23°(850kHz)	0.4°	0.6°(100kHz),0.2°(400kHz)	0.3°	0.28°(300kHz),0.26°(600kHz)
横向分辨率(cm)	9.6(100kHz),2.4(400kHz)	2.4(455kHz),1.2(900kHz)	8(120kHz),2(410kHz)	8(120kHz),3(230kHz),2(410kHz),1.5(540kHz),1(850kHz)	1	1.25	1.25	2.5(300kHz),1.25(600kHz)
垂直波束宽度	50°	50°	50°	50°	50°	50°	50°	50°
作业水深(m)	2000	300	1000	2000	1000	1000	1000	300

* 表示本产品指标与测量环境有关。

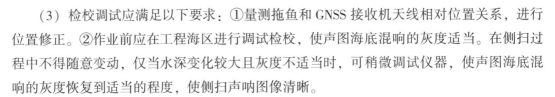

（3）检校调试应满足以下要求：①量测拖鱼和 GNSS 接收机天线相对位置关系，进行位置修正。②作业前应在工程海区进行调试检校，使声图海底混响的灰度适当。在侧扫过程中不得随意变动，仅当水深变化较大且灰度不适当时，可稍微调试仪器，使声图海底混响的灰度恢复到适当的程度，使侧扫声呐图像清晰。

2. 测线布置

（1）测线方向宜沿路由方向布置。

（2）测线间隔应符合式（4−1）要求。

$$L \leqslant 2nD \tag{4-1}$$

式中：L 为测线间距，m；D 为侧扫声呐量程，m；n 为系数，依据定位精度和现场环境而定，一般取 0.5~0.8。

（3）相邻测线扫描应保证 100% 的重复覆盖率。

3. 外业工作实施

设计时确定的测量船速、施放拖曳电缆长度、换能器离海底高度、仪器工作量程的范围、发射脉冲宽度、走纸速度、近端盲区宽度、远端最大斜距（或平距）、测线方向等，在扫海实施时不得随意变动。调查过程的航速不超过 5kn；拖鱼入水后，测量船不得停船或倒车，应尽可能保持直线航行，避免急转弯；在进入测区之前和出测区后应在测区外 500m 内保持测量船的航向和航速稳定。

当测区水深变化，换能器拖体离海底高度大于设计值时，应及时调整拖缆长度；小于设计值而影响远端扫海距离时，应及时微调机上有关旋钮进行补偿。

经常检查测量船的实际航速，并使之保持在计划航速以内。当换能器拖体离海底高度值变化时，可以改变航速，但不得大于计划值。

拖曳电缆长度大于测区水深时，换线转向应使用小舵角大旋回圈，根据旋回半径大小选择合适测线上线。上线时，应在测区外 1cm（图上）处保持航向稳定。

保持扫海航向稳定，不得使用大舵角修正航向；风流压角不得大于 3°。

加强值更瞭望，注意过往船舶、作业渔船和各种网具，防止丢失换能器拖体。

仪器操作使用人员应随时在声图记录纸上注记有关定位、使用状态、现场情况，以助声图判读。调查过程中详细记录调试过程，及时测量仪器与定位天线之间的相对位置，校对测线误差，做好值班记录，记录内容包括记录纸（磁带）卷号、测线号、定位点号、时间、显示量程、拖鱼频率、航速、航向、时间变化增益控制、电路调谐状况、拖缆入水长度及特殊地貌形态等；使用微机的侧扫声呐系统，根据调查要求，进行真实航速、水体移去及倾斜距离校正，以获得纵横比为 1∶1 的海底平面图像；使用磁带机的系统，应将未经校正的原始信息记录在磁带上，以获取更完整的资料。

扫海实施过程中应随时填写侧扫声呐使用状态表和扫海趟记录表。

对现场声呐图像记录初步判读发现可疑目标时，应根据需要在其周围布设不同方向的补充线进一步探测。

　　扫测结果有以下情况之一时应补测：①水深、波浪、水温跃层以及其他干扰使侧扫仪器不能反映真实海底地貌和目标；②仪器故障，不能获得反映海底声图图像；③作业时偏航距大于一定范围，不能满足全覆盖要求。

（二）影像数据处理及解译

　　侧扫声呐调查资料后处理系统软件一般采用专业软件进行数据处理，采用人机交互的方式进行屏幕数字化，并结合水深地形测量结果分析，圈定各种微地貌类型及障碍物的位置及范围，对障碍物及人工设施利用拖鱼高度、阴影高度和斜距改正等参数进行计算量测，同时参考水深地形测量、浅地层探测结果，依托 CAD 成图软件将以上分析结果绘制成图。Triton 数据处理软件界面如图 4－4 所示，相关处理流程如下。

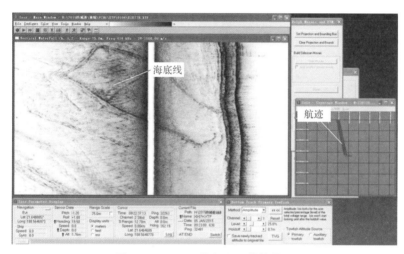

图 4－4　Triton 数据处理软件界面

　　（1）斜距校正。侧扫声呐图像上最早返回换能器的信号是近似垂直的，而来自远距离的信号则接近水平，两者之间的每一个数据点是横向的，存在距离和畸变，因此需要进行斜距校正。首先需要对侧扫声呐资料进行自动海底追踪，部分海底起伏较大，自动追踪效果不好，需要人工调节至合理海底。然后利用 Triton 自带的斜距校正功能去除水柱部分，如图 4－5 所示。

　　（2）导航平滑。一般来说，对于通过拖曳式得到的声呐数据，为了得到连贯一致的图像，需要进行导航数据的平滑。平滑处理算法可能诱导错误，因此最好的选择是设置平滑的点数量为 1，根据平滑效果调整参数。

　　（3）图像镶嵌。侧扫声呐本身在精度与覆盖范围间存在着矛盾，为解决上述矛盾并同时提供大范围的高精度图像，电子镶嵌应运而生，这需要使用一系列的相邻测线，并将每个记录与下一个相匹配，以产生测量区域的高分辨率大尺寸图像。

　　（4）图像解释。根据处理完成的图像，识别目标物。

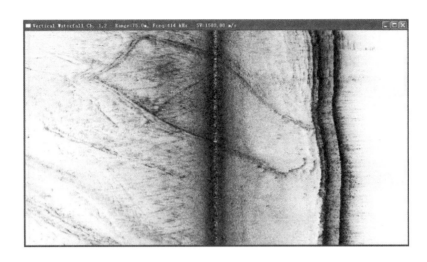

图 4 – 5　斜距校正后声呐图像

(三) 数据处理及图件绘制

(1) 声图像判读。通过人机交互方式在图上用线条圈出岩礁、沙波、石蛎养殖、沉船等物体轮廓，实际上是声图像解译的过程，是内业数据处理的一个重要内容。各类图像中的同一类图像都会随着多种因素的变化有所差异，因此，应对比各类图像的差异，从中找出各类图像的特征属性，作为判读声图像的重要依据。

分析声图像的相关特性和各自特征，其依据是图像形状、色调、大小、阴影和相关体等。其中，形状是指各类图形的外貌轮廓；色调是指衬度和图像深浅的灰度；大小是指各类图像在声图上的几何形状大小；阴影是指声波被遮挡的区域；相关体是指伴随某种图像同时出现的不定形状的图像。

海底侧扫声图像可分类为目标图像、地貌图像和水体图像等。

(a) 目标图像包括沉船、礁石、电缆、水下障碍物及水下建 (构) 筑物等。根据判读声图的不同需要，还可进一步分类。

(b) 地貌图像包括沙带、沙川、断岩、沟槽及各种混合形成的地貌图像。

(c) 水体图像包括水中散体条纹、温度跃层、尾流块状、水中气泡等图像。

当各种因素提供充分时，判读目标的成功率就会越高，根据海底电力电缆工程的具体要求，海底面状况侧扫目的主要在于确定测量区域的海底表面是否有基岩出露，是否有深沟存在，并对可能裸露的海底电力电缆进行声图像判读，确定其位置与走向，故海底电力电缆工程的侧扫以判读目标图像为主。

(2) 海底状况图绘制。外业采集的数据包括位置、拖鱼扫测宽度、后拖长度、拖鱼姿态校正角度及海底面地质信息等。软件处理时先设置中央子午线等坐标校正信息，经软件读取转换后得到每一段图谱的航迹、实际位置地形图，并自动拼图镶嵌成一整幅海底面地形地貌图，再通过人机交互方式在图上用线条圈出岩礁、沙波、石蛎养殖、沉船等物体轮廓，即可自动生成 CAD 格式的海底面状况基本位置图。如果路由区还进行了磁法探测，应在基本位置图中叠加由磁法探测完成的海底管线及磁性障碍物分布图，再结合现场测深、采样等资料进一步核实确认海底面状况，最终根据所需比例生成声呐扫测海底面状况图。

（3）编写扫测报告。扫测报告内容应包括外业实施、资料处理、成果资料准确度、资料分析与解释、海底地貌及障碍物类型和特征等。

（4）提交资料。侧扫声呐探测应提交资料包括工程海区微地貌图、海底面状况图、扫测报告等。

第二节　磁法探测

一、磁法探测原理

地球的基本磁场是一个位于地球中心并与地球自转轴斜交的磁偶极子的磁场，在整个地球表面，都有磁场分布。地球磁场是随时间和空间而变化的矢量场，以观测点为坐标系的原点，地磁场矢量有 7 个要素，分别是北向分量 X、东向分量 Y、垂向分量 Z、水平分量 H、磁偏角 D、磁倾角 I 及总强度 F，如图 4-6 所示。其中，地磁总场 F、磁偏角 D、磁倾角 I 称为"地磁三要素"。

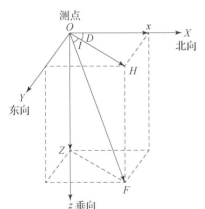

图 4-6　地磁要素

地球磁场的磁场强度、磁倾角、磁偏角随地区的不同而变化，但对于某一工程，研究的是局部小范围的磁场，因此可以把地磁场在该区域看作是均匀分布的，一般在无铁磁性物质的土层中，其磁场强度就是地磁场，即背景场。自然界各种物体都受地磁场的磁化作用，在其周围产生新的磁场，对铁磁性物质而言，由于其自身的磁化率非常高，它相对于其他物质而言所表现出的磁性要强得多，这种磁场相对于天然磁场分布而言，称之为磁异常。由于各种物体的磁性不同，那么它们产生的磁场强度也不同；物体空间分布的不同（包括埋深、倾向、大小等），使其在空间磁场的分布特征也不同。由于探测范围内磁场的分布特征由该区内的物体分布情况及空间位置来决定，通过用专门的仪器来测量、记录测区磁场分布，根据所测得的磁场分布特征就可以推断出地下各种磁性物体的形状、位置和产状。

磁法探测就是利用专业设备仪器通过观测和分析探测对象磁性差异所引起的磁异常，

进而研究探测对象的分布规律的一种物理勘探方法。磁法探测一直是海洋地球物理调查的一项传统内容，过去主要应用于圈定岩体、划分岩性区、推断构造形态和位置等海洋科学研究领域。在海底电力电缆勘测工程中，海洋磁法探测主要用于已有海底磁性管线的探测、人工障碍物探测等。

使用磁法探测应具备两个前提条件：①被探测对象与周围有磁性差异，而且这种差异可以被磁力仪探测出来；②干扰因素产生的干扰磁场小于被探测对象产生的磁场，或者具有明显特征，可以被分辨、消除。

障碍物磁法探测主要用于确定路由区海底已建电缆、管道和其他磁性物体的位置和分布。磁法探测的特点是能连续、快速地测量地磁场及其微小变化，可在较大磁梯度环境下正常工作，不受空气、水、泥等介质的影响，能准确检测出铁磁物质所引起的磁异常。

二、海洋磁力仪的发展和分类

海洋磁场探测一般采用饱和式磁力仪探测、质子磁力仪探测、光泵磁力仪探测等方法，这些方法均可达到很好的探测精度，能够对电缆故障点和敷设路由进行探测和定位。

海洋磁场探测最早可追溯到20世纪50年代，Vacquier等人采用磁通门磁力仪在大洋进行地磁场测量。随着传感器技术的发展，磁力测量系统由简单到复杂，灵敏度和精密度越来越高。根据测量原理不同，磁力测量系统主要分为感应线圈式磁力仪、磁通门磁力仪、核子旋进质子磁力仪、Overhauser效应质子磁力仪、光泵磁力仪、原子磁力仪、超导磁力仪等。

20世纪初，早期的海洋磁力测量主要采用感应式磁力仪进行磁偏角测量。20世纪40年代，磁通门磁力仪研制成功，极大地提高了磁测精度。磁通门磁力仪是矢量磁力仪，可以测量三分量，但是相比量子磁力仪而言，其测量精度不能满足高精度磁测的需求。

随着量子磁力测量技术的发展和成熟，20世纪70年代开始，海洋磁力测量大量采用质子磁力仪和光泵磁力仪。质子磁力仪只能点测，噪声水平约为0.1nT/Hz（0.1Hz）；Overhauser效应质子磁力仪可以连续测量，其噪声水平约为0.01nT/Hz（0.1~1.0Hz）；光泵磁力仪也可以连续测量，其噪声水平约为0.001nT/Hz（0.1Hz）。近些年来，超导量子干涉磁力仪和原子磁力仪的研发也十分活跃。超导量子干涉磁力仪是一种矢量磁力仪，它的优势是灵敏度高。在液氦温度下（4K）用低温超导体制成的LTCSQUIID，其灵敏度可达1fT/Hz，测量频带宽。原子磁力仪完全利用光学方法测量磁场，灵敏度达到0.54fT/Hz，空间分辨率达到毫米级。

现代海洋磁力仪按工作原理可以分为质子旋进式、欧弗豪塞（Overhauser）式和光泵式等三种不同类型。

（1）质子旋进式磁力仪。质子旋进式磁力仪是利用质子旋进频率和地磁场的关系来测量磁场的。$T = 23.4874 f$，其中，f 是质子旋进频率；T 是地磁场，单位为 nT。只要测量出质子旋进频率 f，就可以得到地磁场 T 的大小。质子旋进式磁力仪是发展较早的一种磁力仪，其灵敏度可达 0.1nT，一般无死区，有进向误差，采样率较低，但现在也已经可以达到 3Hz，价格最为低廉，适合于对灵敏度要求不高的工程和科研地球物理调查。

（2）欧弗豪塞（Overhauser）磁力仪。Overhauser 磁力仪是在质子旋进式磁力仪基础上发展而来的一种磁力仪，尽管仍基于质子自旋共振原理，但 Overhauser 磁力仪在多方面与标准质子旋进式磁力仪相比有很大改进。Overhauser 磁力仪带宽更大，耗电更少，灵敏度比标准质子磁力仪高一个数量级。Overhauser 磁力仪的灵敏度可达 0.01nT，无死区，无进向误差，采样率可达 4Hz，耗电很低，操作简单，价格便宜，适合于大多数工程和科研地球物理调查。但在磁场梯度很大的情况下，质子旋进信号可能急剧下降从而导致仪器读数错误。

（3）光泵磁力仪。光泵磁力仪建立在塞曼效应基础之上，是利用拉莫尔频率与环境磁场间精确的比例关系来测量磁场的。$T = k \times f$，其中，f 为拉莫尔频率；k 为比例系数；T 为地磁场，单位为 nT。只要测量拉莫尔频率 f，就可以得到地磁场 T 的大小。光泵磁力仪灵敏度可达 0.01nT 或更高，梯度容忍度远大于质子旋进式磁力仪，采样率可达 10Hz 或更高。但由于工作原理的限制，光泵磁力仪一般有死区和进向误差，主要应用于对灵敏度要求较高的海洋磁力梯度调查等领域。

三、磁法探测主要设备简介

磁法探测技术中采用的磁力仪生产厂家主要有美国 Geometrics 公司、加拿大 Marine Magneics 公司、加拿大 GEM System 公司、法国 Geomag SARL 公司和中国船舶集团有限公司。

美国 Geometrics 公司于 20 世纪 70 年代生产的 G-801 磁力仪和目前生产的 G-887 磁力仪属于质子旋进式磁力仪。加拿大 Marine Magnetics 公司生产的 SeaSPY 磁力仪和法国 Geomag SARL 公司生产的 SMM-Ⅱ 海洋磁力仪属于 Overhauser 型磁力仪。中国船舶集团有限公司第七一五研究所研制的 RS-YGB6A 型磁力仪和 Geometrics 公司生产的 G-880、G-882 磁力仪都是光泵式海洋磁力仪。

目前我国应用于海底缆线探测的主流磁力仪是 SeaSPY 磁力仪和 G-882 磁力仪两种。

（1）SeaSPY 磁力仪。SeaSPY 磁力仪根据质子自旋共旋理论设计，通过内部富含质子的液体产生的 Overhauser 效应测量磁场强度。SeaSPY 磁力仪的独特之处在于它的全向性，它所产生的信号量完全独立于地磁场方向，在全球的任何一个地方，无论此处地球的磁场强度如何，SeaSPY 磁力仪均可持续提供超强的信号和精确的数据。又因其传感器拥有磁力传感中最高的绝对精度，达到 0.2nT，且重复精度优于 0.01nT，因此一般也用来作为磁力梯度仪的理想配置。SeaSPY 磁力仪具有体积小，便于携带，操作方便等特点，尤其适用于管线路由及井场测量等海洋地质工程调查，能够探测埋于海底以下的管线，可以探测几厘米直径的管线。该系统包括 1 个数字磁力拖鱼、1 个数字发射接收系统、1 套凯夫拉高强度拖缆，以及 GNSS 导航输入接口等。SeaSPY 磁力仪是全数字化的，所有测量过程均在拖鱼内完成，并被数字化，拖缆仅传输数字信号。可联合侧扫声呐进行同步扫测，有单机磁力探测式、双机磁力梯度探测式和多机磁力梯度探测式硬件类型可选，能够满足在全球范围内进行海洋磁力勘测要求。SeaSPY2 磁力仪性能参数见表 4 - 3。

表 4 - 3 SeaSPY2 磁力仪性能参数

名称	指标	单位	主要技术参数
磁力仪	量程	nT	18000 ~ 120000
	绝对精度	nT	0.2
	传感器灵敏度	nT	0.01
	计数器灵敏度	nT	0.001
	分辨率	nT	0.001
	采样频率	Hz	0.1 ~ 4
	盲区	—	
	航向误差	—	
	温度漂移	—	
拖鱼	长度，直径	cm	长度 119，直径 7.6
	质量	kg	12（空气中），4（水中）
拖缆	断裂强度	kg	≥2500
	外径	cm	1
	弯曲度	cm	16.5
	质量	g/m	125（空气中），44（水中）

（2）G - 882SX 海洋铯光泵磁力仪。其将具有极高分辨率性能的铯光泵技术组合到低成本、小型化的系统中，适合在浅水或深水中做专业磁力调查。在所有应用场景中，都具有对总场测量的高灵敏度和高采样率。铯光泵传感器与 CM - 201 拉莫（Larmor）计数器结合，加上坚固耐用的壳体，适于小型或大型船使用。G - 882SX 磁力仪是现有的性能价格比较高的全功能海洋磁力仪。其探测方式可以根据磁力仪探头的安装方式分为单机磁力探测式，双机磁力梯度探测式或多机磁力梯度探测式，能够满足在全球范围内进行海洋磁力勘测要求。G - 882SX 海洋铯光泵磁力仪技术指标见表 4 - 4。

表 4 - 4　G - 882SX 海洋铯光泵磁力仪技术指标

指标	主要技术参数
工作原理	自激振荡分离波束铯蒸气光泵（无放射性）
量程	20000 ~ 100000nT
工作区域	地磁场矢量与传感器长、短轴夹角均大于 6°。自动进行南、北半球转换
CM - 221 计数器灵敏度	< 0.004nT/$\sqrt{Hz}$ rms，典型值为当采样率为 0.1s 时，0.02nT 峰—峰值；采样率为 1s 时，0.002nT，最高采样率为 10 次/s
指向误差	±1nT（在 360°旋转和翻滚范围内）
绝对精度	<3nT（在整个量程范围内）
输出	RS - 232 接口，9600bit/s
传感器拖鱼	直径7cm，带尾翼长 1.37m（尾翼宽 28cm）；重 18kg，包括传感器和电子部件，一个主配重。附加配重环每个 6.4 kg，可配 5 个
拖缆	Kevlar 增强型多芯拖缆，断裂强度 3600lb（1lb = 453.6g），外径 12mm。60m 电缆带机械终端重 7.7kg
工作温度	- 35 ~ 50℃

G - 882SX 海洋铯光泵磁力仪灵敏度高，但受测线方向和调查地区的纬度影响；Sea-SPY 磁力仪更为小巧，绝对精度略低，但不存在调查盲区，因此，调查过程中可根据实际调查区域和目标管线特征来选择合适的磁力仪。

为了提高探测精度，探测小型金属目标体，包括未爆军械，如炸弹、弹头、军需等，美国 Geometrics 公司、加拿大 Marine Magneics 公司及中国船舶集团有限公司等均研发了由两个或多个磁力仪探头按照一定的几何形状组成的海洋磁力梯度仪。按照磁力仪探头的安装方式，可以分为横向、垂直、纵向和三维梯度仪等，从而分别获得测量点的横向、垂直、纵向和三维方向上的磁力异常信息，然后通过共模预制的方式消除周围环境干扰，从而起到增加灵敏度的同时提高探测范围的效果。这种模式可以有效降低船干扰和抵抗地磁日变的影响，使用简单、高效。

海上作业时，为准确对管道、电缆及泥下障碍物进行探测与定位，将磁探仪输出和GNSS、测深仪及拖体入水深度等信息集成到同一系统中，由 GNSS 时间同步。海上作业前，对海洋磁探仪进行再调试和检测，并记录其静态噪声。

四、磁法探测实施方案

磁法探测主要用于确定路由区海底已建电缆、管道和其他磁性物体的位置和分布。

（一）仪器噪声试验

在使用磁力仪进行高精度磁测时，必须测定仪器的噪声水平，执行标准为《海洋磁力测量技术规范》（DZ/T 0357—2020）。

（1）设备校准。在野外工作前，按照技术规范，要对仪器进行噪声、可达到的观测精度和一致性测定。用单台仪器在上述平稳的磁场作日变，连续观测百余次，若读数间隔为 5~10s 时，按 7 点滑动取平均值；若读数间隔为 0.5~1min 时，按 5 点滑动求平均值，计算公式见式（4-2）、式（4-3）。

7 点滑动： $$\overline{X}_i = \frac{1}{7}(X_{i-3} + X_{i-2} + X_{i-1} + X_i + X_{i+1} + X_{i+2} + X_{i+3}) \tag{4-2}$$

5 点滑动： $$\overline{X}_i = \frac{1}{5}(X_{i-2} + X_{i-1} + X_i + X_{i+1} + X_{i+2}) \tag{4-3}$$

（2）仪器设备性能校验。选择一条测线，测点数不少于 50 个，其中少数点要处于较强的异常场上（约为均方误差的 5 倍以上），使参加野外生产的多台仪器作往返观测。计算仪器自身均方误差和总观测均方误差，要求总观测均方误差不大于设计均方误差值的 2/3。用多台仪器进行重复观测，计算总均方误差 ε 的公式见式（4-4）。

$$\varepsilon = \pm \sqrt{\frac{\sum\limits_{i=1}^{n} V_i^2}{m - n}} \tag{4-4}$$

式中：V_i 为某次观测值（包括参与计算平均值的所有数值）与该点各次观测值平均数之差；n 为检查点数，$i = 1, 2, \cdots, n$；m 为总观测次数，等于各检查点上全部观测次数之和。

（3）测定磁力仪主机的一致性。为校验主机的一致性，可使用同一探头，用不同主机轮换作日变观测，使每台主机读数 20~30 次，将整个测量段的日变曲线绘出，察看曲线变化趋势是否有脱节现象。若为圆滑曲线，即表明主机的一致性良好。

（二）探测技术要求

（1）选用的磁力仪灵敏度应优于 0.05nT，测量动态范围应不小于 20000~100000nT。

（2）磁法用于探测海底已建电缆、管道等线性磁性物体时，测线应与根据历史资料确定的探测目标的延伸方向垂直，每个目标的测线数不少于 3 条，间距不大于 200m，测线长度不小于 500m；相邻测线的走航探测方向应相反。

（3）磁法用于探测海底非线状磁性物体时，测线应在探测目标周围呈网格布置，每个目标的测线数不少于 4 条，间距和测线长度根据探测目标的大小等确定。

（4）磁法探测主测线与检测线交点的测量差值的均方差应不大于 2nT。

（5）海洋磁力仪采用船只拖曳式安装，为了尽可能减小船磁影响，一般拖体距船只 30m 以上，拖鱼定位依据推算方法获取，如图 4-7 所示。

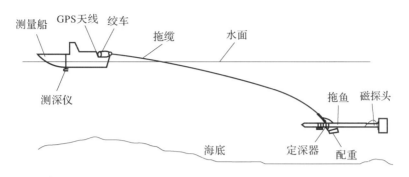

图 4 - 7　磁力仪拖曳式安装

（三）探测作业实施

（1）探测开始前，在作业海区附近调试设备，确定最佳工作参数。

（2）磁力仪探头入水后，调查船应保持稳定的低航速和航向，避免停车或倒车；探头离海底的高度应在 10m 以内，海底起伏较大的海域，探头距海底的高度可适当增大。

（3）采用超短基线水下声学定位系统进行探头位置定位，在近岸浅水区域也可采用人工计算进行探头位置改正。

（4）保证探测记录的完整性，漏测或记录无法正确判读时，应进行补测。

（5）模拟记录标注，内容包括项目名称、调查日期与时间、仪器型号、仪器参数、测线号、测线起止点号和测量者等。

（6）班报记录内容包括项目名称、调查海区、测量者、仪器名称和型号、日期、时间、测线号、点号、航速、航向、仪器作业参数和数字记录文件名等。

（7）对现场记录分析发现可疑目标时，应根据需要布设补充测线。

（四）探测数据分析与处理

磁法探测过程中的关键步骤是数据处理和解释，一般包括磁测资料的预处理和预分析、磁异常的定性和定量解释、成果图示等。对实测资料进行的处理包括坐标校正、坐标转换、正常场改正、有效信号筛选、平面滤波等。其中，坐标校正的目的是得到磁异常处对应的坐标，这是数据处理的关键步骤，其结果直接影响定位精度。

海底电力电缆或海底光缆调查不同于陆地上的一般地下管线调查。地下管线调查一般测量的是磁场的水平分量（H_x）和（或）垂直分量（H_z），得到的是标准对称异常，然后根据它们的极值点、零值点、极值点（半极值点）之间的距离等特征（点）来判断管线的位置和埋深。但是光泵磁力仪在海底电力电缆或光缆调查时测量得到的是磁场总强度 T，而后以总磁异常 ΔT 成图，因此磁异常曲线不一定是对称异常，如图 4 - 8 所示。

（1）对于那些关于 y 轴对称的异常曲线，极值点在航迹线上的投影点就是海底电力电缆或光缆在海平面的投影点 ［见图 4 - 8（a）］。

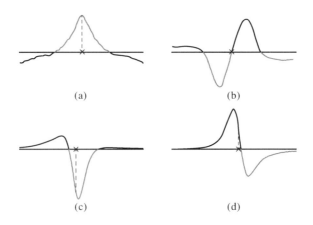

图 4 - 8　电缆磁异常波形

(a) 曲线 1；(b) 曲线 2；(c) 曲线 3；(d) 曲线 4

（2）对于那些关于原点对称的异常曲线，曲线的拐点在航迹线上的投影点就是海底电力电缆或光缆在海平面的投影点 [见图 4 - 8（b）]。

（3）对于那些非对称的异常曲线，则根据其与上述两种对称曲线的接近程度来确定海底电力电缆或光缆的定位点。如与 y 轴对称的曲线较接近，则其定位点较接近极值点 [见图 4 - 8（c）]；如与原点对称的曲线较接近，则其定位点较接近拐点 [见图 4 - 8（d）]。

（4）所有定位点的连线方向就是所测海底电力电缆或光缆的走向。

对某海底电力电缆探测数据进行分析后，发现存在明显磁异常的测线有 25 条，占总测线数的 76%。其中，磁异常绝对值最大为 118nT，最小为 2nT。存在磁异常的测线的磁异常曲线如图 4 - 9 所示。从图中可以看出，测线局部存在明显且有规律的磁异常，说明在此点处有铁磁性物体存在。

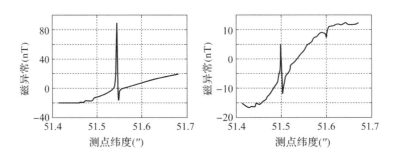

图 4 - 9　有明显磁异常点的部分测线磁异常曲线

根据分析结果，将存在明显且有规律的磁异常点相连，连线方向就是海底电力电缆的走向。部分探测海区的磁异常等值线及测线分布如图 4 - 10 所示，从图中可以看出海底电力电缆的大体走向。由于测量实施过程中难免存在定位误差，或海底电力电缆受到海水及海底泥沙多年的冲击，使得海底电力电缆产生位移，经拟合后的电缆的走向并不一定是严格的一条直线。

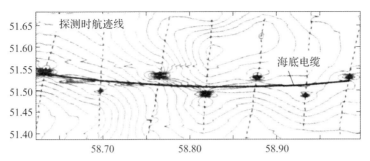

图 4-10 探测区域磁异常等值线及海底电力电缆位置

当磁背景场复杂时，所探测目标的磁异常难以分辨；在遇到强磁场干扰时，有可能掩盖掉海底电力电缆的磁异常信号。因此，建议首先在磁力测量之前应进行海区调查，收集所测海区的水深资料，了解海底地形和地质、海底基岩情况；其次进行扫海测量，掌握海区内沉船、管线、电缆的分布情况。这样，在进行数据处理分析时，就可以较好地排除磁背景场干扰。

海洋磁力测量检测也有其局限性，包括以下几方面。

（1）海洋磁力测量检测能力与探头距海底电力电缆的距离有关，距离越远检测可靠性越差。依据实践分析，超过 10m 就很难检测出海底电力电缆等磁异常信号，而拖体的下沉能力有限，一般加了配重最大在 10m 左右，这就意味着对水深大于 20m 的海区，海洋磁力测量方法探测效果不能保证，除非配合 ROV 进行探测。

（2）海洋磁力仪采用拖曳方式安装，一般距船舶需要 30m 以上，其拖体位置是靠推算得到，而水下流向不定，因此其推算定位精度上相对不高。

（3）海洋磁力测量是通过检测磁异常来确定目标位置的，如果场区的背景场较干净，则效果较好；如果场区建设工程较多，背景场复杂，就很难鉴别磁异常是因电缆信号所引发或是其他信号所引发。

（4）所有磁力资料处理需要专业技术人员进行资料后处理，在现场很难判断准确，而且用断面探测方式，其记录资料是离散的，没有连续跟踪海底掩埋电缆的能力，资料连续性较差。

（5）用海洋磁力测量探测电缆管线，测线需要按路由方向的断面线布设，作业效率较低。

（6）对于渔网较多的沿岸岛礁海区，设备的自身安全是必须考量的。

（7）其电缆埋深的测量是依据磁异常强度推算的方式得到，因此埋深测量精度的误差较大。

相对而言，海底输油、输水管线等大体积管线的海洋磁力探测效果较好。以图 4-11 为例，在观测平面内海底管道上方约 20m 的范围内磁场会出现较大的正异常，实验区管线目标的磁异常强度可到达 329.8nT 的量级，判断目标位置就会相对容易一些。

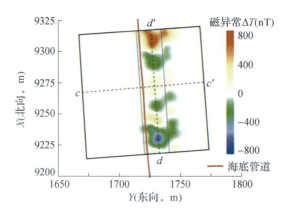

图 4 – 11　大体积管线磁异常

五、海底电力电缆磁法探测

海底电力电缆的铁磁性材料和电缆中的电流会产生磁场，叠加在海底地磁背景场上，产生磁场异常，海底电力电缆产生的磁异常一般在 0.5 ~ 150nT 之间。目前广泛使用的铯光泵海洋磁力仪，采样率为 1Hz 时磁测灵敏度达到了 0.005nT，因此能够反映海底微小的磁异常变化。

海底电力电缆的外层是用钢丝铠装的，钢虽是强磁性物质，但它的体积很小，因而产生的磁力异常值较弱。从一个物体在空中产生磁场的原理可知，物体在空中产生磁场是球状分布的；也就是说，在空中某点的磁场强度正比于靠近该物体的体积和物体的性质，而与距该物体的距离的 3 次方成反比。由于海底电力电缆的直径很小，它产生的磁力异常值很弱，故要探测到海底电力电缆的磁力异常最关键的一条是磁力仪的"鱼"（即磁力仪的探头）要尽量靠近它，即解决磁力仪的"鱼"与海底电力电缆的距离问题。

采用图 4 – 12 的方法，在离"鱼"10m 处加一重物——铅锤（8 ~ 12kg），系铅锤的尼龙绳为 6m，要求在探测过程中，船尽量放最慢速度航行，铅锤斜拖于海底。"鱼"由于空腔中有空气不会沉底，设想"鱼"能保持在离海底 4 ~ 8m 处，这样灵敏度较高、噪声较低。在鱼跨过海底电力电缆时，能较理想地探测出海底电力电缆产生的磁力异常曲线。

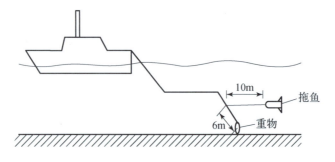

图 4 – 12　海底电力电缆路由调查过程中磁力仪探头的施放

测线的布设与已知电缆的走向垂直，一般布设测线 3 ~ 5 条。探测过程中调查船的速度较慢，确保磁力仪探头接近海底。当磁力仪探头越过电缆上方时将产生图 4 – 13 所示的磁异常，异常的幅值与电缆的种类和磁力仪探头的深度有关，一般可达几十到上百纳特斯拉。通过此方法可以对电缆进行精确定位。

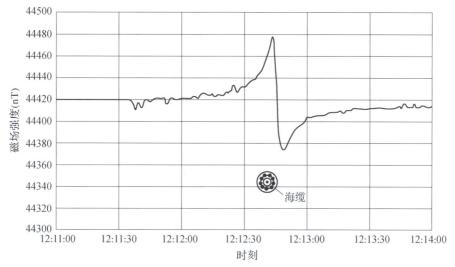

图 4 – 13　电缆路由调查中 SeaSPY 磁力仪探测到的电缆磁异常

理论上把多条垂向测线上检测到的磁异常点连接在一起，就可以得到整条路由线路的平面位置图，也可以通过资料后处理的方法得到整条电缆路由线路的平面剖面图，如图 4 – 14 所示。

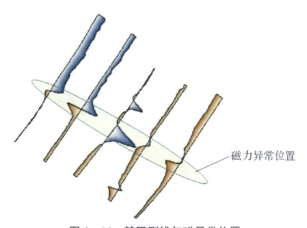

图 4 – 14　某区测线与磁异常位置

第五章
海底地层勘探与试验

海底电力电缆通常埋设在海床以下 1～3m 范围，地层的岩性和岩土体物理力学参数决定了电缆的埋设工法以及埋设深度，软底质一般要求埋设 3m，硬底质一般 1m 左右。基岩海床无法采用埋设犁作业，通常表面铺设，但电缆受到自然及人为因素影响和破坏的概率较高，需考虑其他保护措施或水下岩石切割埋设；埋设犁若在高含水率、低承载力的软土区施工时，因土层承载力不足可能导致埋设犁下沉或倾覆，从而引起电缆过度埋设，增加回收难度或破坏正在铺设的电缆。因此，需要通过地层勘探与试验，准确查明电缆路由区域的地层岩性、岩土体物理力学性质等，为海底电力电缆工程的设计和施工提供了重要的基础数据和科学依据。

第一节　勘探作业环境

海洋工程的勘探作业环境比较复杂，自然条件恶劣，危险源多，风险大，而海底电力电缆工程的长度往往可达数十千米至数百千米，不同作业区域和环境中的勘探作业更具有各自的特殊性。结合已有海底电力电缆工程的勘测经验，勘探作业按海域范围、作业环境可划分为登陆段（海陆过渡带、潮滩、岩滩）和海域段（近岸段、浅海段、深海段）。

一、登陆段

海底电力电缆路由登陆段或登陆点，一般为海陆过渡段区域，地形地貌复杂多变，人类活动影响剧烈。该段勘探的主要目的是摸清电缆登陆是否可行，登陆点是否存在安全风险与隐患，需要充分收集资料对其进行准确的评估。调查范围包括登陆点岸线附近的陆域、潮间带及水深小于 5m 的近岸海域，以预选路由为中心线的勘测走廊带宽度一般为500m，自岸向海方向至水深 5m 处，自岸向陆方向延伸100m。应对路由登陆点附近岸滩进行地形、地物测量，对重要地物进行拍照采样，收集该区域主要用海活动和主要人工地貌类型；详细描述底质类型及其分布，分析岸滩冲淤动态。对地形复杂、调查困难区域，

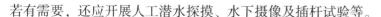

若有需要，还应开展人工潜水探摸、水下摄像及插杆试验等。

海岸线向海一侧，在平均高潮水位与平均低潮水位之间，时而被水淹没，时而露出底质，受潮汐的影响大，施工船因受吃水的影响，难以进场到位。

对于砂砾质、淤泥质海滩（潮间带、潮滩），主要为由潮汐作用塑造的低平海岸，潮间带宽而平缓，钻探船或固定式平台等难以精确到位，一般只能用轻型浮排、浮箱型勘测平台。在低潮位附近地带，也可待涨潮时用小型钻探船冲进，搁浅钻探，待下次涨潮时退出；高潮位地带可用桁架式勘探平台。

对于基岩海岸，为大陆山地丘陵的延伸，属侵蚀海岸。一般海岸线附近为陡崖、海蚀崖、海蚀洞、海蚀柱、海蚀沟等海蚀地貌发育，海滩起伏大，漂浮式或固定式勘探平台无法进场，一般只能选用桁架式勘探平台。但桁架式的固定是一个难点，需充分利用地形地物、海蚀沟洞、节理裂隙，在低潮位时可采用风钻钻出钢管固定孔点。

二、海域段

海域段（近岸段、浅海段、深海段）多位于海洋低潮位以下，勘探施工易受到水深、海流、波浪、涌浪、潮流、潮汐及海底地形、底质类型等多种因素的影响，具体影响情况如下。

（1）水深。水深是影响海域勘测施工难易程度的主要因素，过深或过浅都不利于勘测工作开展。基于国内现有的勘探平台和设备，一般情况下，水深在 3～30m 时，较适宜海上勘探的开展，勘探作业一般可采用漂浮式或固定式勘探平台；水深大于30m时，对勘探平台和设备的要求较高，勘探时需充分考虑水流冲击作用的影响及隔水套管较长带来的自身重量的影响。

（2）海流。水流的流量、流速、流向等要素在不同状况下对海上勘探作业影响很大。如海域受风浪及海域地形影响而产生的回旋流，可能会导致勘探平台发生倾覆。

（3）波浪和涌浪。波浪与风力、潮汐水流流向有关，涌浪与区域海洋天气有关。不同勘测作业、勘测过程中的不同作业步骤对浪高有不同要求。正常情况下，海域勘探宜在5～6级风力以下时进行。

（4）潮汐。潮汐水流对勘探平台的定位工作、隔水套管的稳定等影响很大，海上勘探时要充分考虑潮差和潮流的影响。海水在月球和太阳引力作用下发生的周期性运动，包括海面周期性的垂直涨落（称为潮汐）和周期性的水平流动（称为潮流）。潮汐类型按周期分，我国海域有半日潮、全日潮和混合潮等三种，其潮差分布的总趋势是东海西部和黄海东部沿岸潮差最大，渤海及黄海西岸次之，南海最小。

（5）底质类型。底质的软硬直接影响到作业平台的稳定性和勘测的质量。对于淤泥质土底质，采用桩腿自升式固定勘探平台时，桩腿往往需进入海床面以下较大深度才能提供足够的承载力，易发生插桩稳定性问题。对于硬土（硬黏性土、碎石土）和基岩底质，其位置多为水深流急或流向紊乱，悬浮物无法沉淀，勘探难点在于如何采用适宜的锚泊系统稳定勘探平台，如何稳定隔水套管，且水深流急时尚存在隔水套管的强度问题。

（6）水下地形。平缓的海床地形较斜坡地形有利。

三、不同环境的海底电力电缆工程勘探方案

海底电力电缆工程登陆段、海域段的海洋作业环境复杂多变，海底底质差异显著，地形地貌类型复杂多样。表5-1对当前主要海底电力电缆路由环境的岩土勘探方法等进行了简要总结，供确定勘探方案时参考。

表5-1 不同环境的海底电力电缆勘探方案

路由环境	勘探内容重点	勘探平台	技术手段	评价主要内容	路由适宜性比选
登陆段	地貌环境、人工地貌与建筑障碍物，开发利用情况	小型两栖工作平台，或者乘潮调查取样	RTK、访问调研、摄影拍照、钻探与原位测试等	是否存在电缆裸露、悬跨，以及导致电缆损坏可能性	是否地形平坦、是否为软质环境，与其他用海活动是否存在冲突，或者冲突最少
海域段	地形地貌特征、地层稳定性、障碍物特征等	船舶搭载仪器设备	多波束测深、侧扫声呐、浅地层剖面探测、磁法勘探等综合物探手段，结合工程地质钻探与原位测试	地形地貌是否复杂，是否存在不可绕避的障碍物，地层结构与承载力是否满足要求	是否地形平滑，是否地基稳定，是否存在障碍物，与其他用海活动是否存在冲突，是否存在电缆路由交叉现象等情况

第二节　浅地层剖面探测

浅地层剖面探测是一种基于水声学原理的连续走航式探测海底浅层结构、海底沉积特征的地球物理方法，具有与多波束探测和侧扫声呐相类似的工作原理，但其浅层剖面系统的发射频率较低，产生声波的电脉冲能量较大，发射声波具有较强的穿透力，能够有效地穿透海底几米甚至几十米的地层。浅地层剖面探测技术与单道地震探测技术相类似，但分辨率要高得多，有的系统在中、浅水探测的分辨率甚至可以达到十余厘米。

路由勘测与其他海洋工程勘测的主要区别有：①区域跨度大。路由勘测区域为条带状，路由越长，条带越明显，跨度就越大。②比较注重表层的浅地层结构。路由勘测主要针对电缆建设，大部分需要埋设的电缆深度一般在5m以内，因此路由勘测更关注表层的浅层结构。因为路由勘测比较注重表层的浅地层结构，所以浅地层剖面探测技术在路由勘测工程中得到了广泛的应用。通过浅地层剖面勘测，可获得海底面以下10m深度内的声学

地层剖面记录，掌握海底地层结构、地层分层特征以及古河道、滑坡、断层、浅层气等不良地质现象。

一、浅地层剖面探测原理

浅地层剖面的基本原理是声学原理。声波是物质运动的一种形式，声波在海底传播，遇到反射界面（界面两侧的介质性质存在差异）时发生反射，产生反射波的条件是界面两边介质的波阻抗不相等。换句话说，决定声波反射条件的因素为波阻抗差（反射系数 R_{PP}）。波阻抗为声波在介质中传播的速度 v 和介质密度 ρ 的乘积。

在浅地层剖面调查中，近似认为声波是垂直入射的，此时

$$R_{PP} = \frac{\rho_2 v_2 - \rho_1 v_1}{\rho_2 v_2 + \rho_1 v_1} \tag{5-1}$$

由式（5-1）可知，要得到强反射，必须有大的密度差和大的声速差，如相邻两层有一定的密度和声速差，其两层的相邻界面就会有较强的声强，在剖面仪终端显示器上会反映灰度较强的剖面界面线。当声波传播到界面上时，一部分声信号会通过，另一部分声信号则会反射回来；而且在每一个界面上都会发生此现象。应用到地学中，即声波波阻抗反射界面代表着不同地层的密度和声学差异而形成的地层反射界面。ρv 称为声阻率，简单地说，海底相邻两层存在一定声阻率量差，就能在剖面仪显示器上反映两相邻的界面线，并能分别显示两层沉积物的性质图像特性差异（见图 5-1）。利用这个原理，人们发明了声学地层剖面系统。

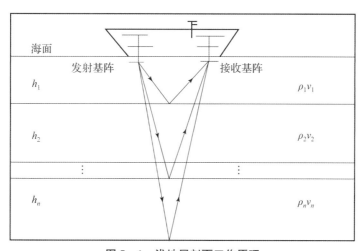

图 5-1　浅地层剖面工作原理

浅地层剖面仪探测时通过换能器（震源）将控制信号转换为不同频率的声波脉冲向海底发射，该声波在海水和沉积层传播过程中遇到波阻抗界面时发生反射，反射回换能器被转换为模拟或数字信号后记录下来，并输出为能够反映地层声学信息的剖面记录（见图 5-2）。

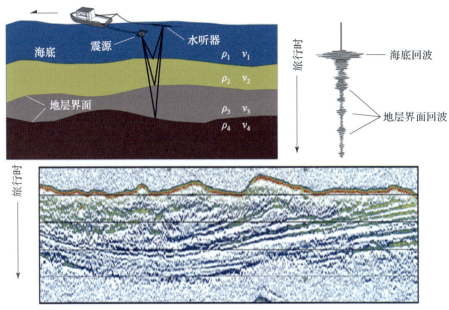

图 5 - 2　浅地层剖面探测原理

由于不同的岩土层存在着密度差异和速度差异，这种差异在声学反射剖面上表现为波阻抗界面，差异越大，波阻抗界面就越明显（振幅越强）。由不同物质组成的相同地质年代的岩土层，由于彼此间存在着密度和速度的差异，会形成多个反射界面，而不同年代的岩土层，也可能由于物质组成相同、密度差异不大而不存在明显的声学反射界面。因此，声学地层反射界面与地质界面或地层层面之间存在着不完全对应关系。但在大多数情况下，不同年代的岩土层存在着不同的物理特征，声学反射特征也有差异，因而依据声学反射剖面划分的反射界面往往与地层界面是吻合的。这种反射界面一般能够代表不同地质时代、不同沉积环境和物质构成的真实地层界面。

在依据反射界面进行浅地层剖面实际解译过程中，应该首先与测区内地质钻探资料进行层位对比，并充分利用邻区资料和周边地质环境条件，结合记录中的沉积结构、层位标高、堆积、侵蚀、界面的整合或不整合接触、层理结构、相位变化等特征来分析研究声学记录中地层沉积特征以及其他地质信息。这样，一般而言能够得到与实际情况较为相符的结论。

二、浅地层剖面仪的组成

浅地层剖面仪主要由发射系统和接收系统两大部分组成。其中，发射系统包括发射机和发射换能器；接收系统由接收机、接收换能器和用于记录和处理数据使用的计算机组成。此外，还有电源、电缆、接线盒等其他配套设备。

（1）声源。声源即发射换能器，在地震勘探中称为震源，是产生声波的装置，实现电能或化学能向声能的转化，可根据海底的地层结构和探测目的的不同选择不同的发射功

率。根据声波产生的原理不同，声源可分为以下三类。

1）压电陶瓷式声源。其是根据某些矿物晶体（锆钛酸铝、陶瓷、石英等）具有压电效应而研制的，主要分为固定频率和线性调频声脉冲（Chirp）两种电磁脉冲式。其发声原理是电磁效应，即脉冲电流通过处于磁场中的线圈时，将使作为线圈负荷的金属板产生相对位移，从而引起周围介质产生振荡而发出声波。

2）电火花声源。其发生原理为高压放电，即利用高压电在水中放电，导致电极周围水体在极短时间里分解成气体，产生脉冲振动。该种仪器穿透深度较大，但是分辨率较差。

3）声参量阵式声源。利用差频原理，即在高压下同时向水底发射两个频率接近的高频声波信号（F_1，F_2）作为主频，当声波作用于水体时，会产生一系列二次频率如 F_1，F_2，$(F_1 + F_2)$，$(F_1 - F_2)$，$2F_1$，$2F_2$ 等。其中，F_1 高频可用于探测水深，而 F_1，F_2 的频率非常接近，因此 $(F_1 - F_2)$ 频率很低，具有很强的穿透性，可以用来探测海底浅地层剖面。该种仪器具有换能器体积小、重量轻、波束角小、指向性好、分辨率高等特点，适合于浮泥、淤泥、沉积层等浅部地层的详细分层及目标探测，但缺点是穿透能力较差。

（2）水听器。水听器即接收换能器，是将介质的质点振动（位移、加速度的变化）转化成电信号并输出的系统，是将机械能（声能）转化为电能的装置。水听器由密封在油管里的多个按照一定顺序排列起来的检波器组成，其性质与检波器的本身指标、排列间隔和数量有关。

（3）记录和显示系统。该系统是记录声波反射波的返回时间和强度并将其在计算机屏幕上显示出来的设备。随着计算机技术的发展，该系统也越来越智能化、人性化，不但能够将记录显示在操作员面前，更能进行完全存储，使得记录资料更全面。

浅地层剖面仪根据安装方式可分为固定安装和便携安装。

固定安装是指将换能器（发射和接收单元）安装于作业船的底部，并通过控制电缆和数据电缆同甲板单元相连接，一般来说多适用于深水浅剖。

便携安装是指在外业采集作业之前，将浅地层剖面仪安装于测量船上，在外业采集之后，再从测量船上拆卸。因此便携式安装的浅地层测量更为普遍，尤其是在近海海域。便携式安装一般采用两种方式：船边舷挂式和船尾后拖式。

船边舷挂式一般是将换能器用架子或者支杆固定于船舷，如德国 Innomar 公司的 SES - 2000，适用于近海岸；船尾后拖式是指将换能器拖于船尾，作用过程中用钢缆拖于船尾，钢缆可通过绞车控制，方便控制拖体的入水深度，以达到更好的测量效果。拖曳型系统的工作接近海底，所需的发射能量、载体的噪声和声阵受船体摇摆的影响相对较小。

浅地层剖面仪应符合下列要求：①声源一般采用电声或线性调频声脉冲，声源级 10 ~ 100dB，声源频谱为 250Hz ~ 15kHz；②发射机具有足够的发射功率，接收机具有足够的频带宽和时变增益调节功能，能同时进行模拟记录剖面输出和数字采集处理与存储。

浅地层剖面探测的发展离不开浅地层剖面仪的开发、研制。目前，浅地层剖面探测的重要性越来越为人们所认识。同时，浅地层剖面仪的设备也呈现了多元化发展的趋势，现选取代表性的浅地层剖面探测设备类型及其技术规格进行介绍，见表 5 - 2。

表 5 - 2　代表性浅地层剖面仪器及其主要参数

生产公司	所在国家	仪器产品	频率（kHz）	脉冲长度（ms）	发射频率（Hz）	最大发射功率（kW）	分辨率（cm）	最大穿透深度（m）
Kongsberg	挪威	TopasPS18	0.5 ~ 6	—	—	32	20	200（黏土）
		TopasPS40	1 ~ 10	—	—	32	10	60（黏土）
EdgeTech	美国	3200XS	0.5 ~ 12	5 ~ 40	—	2	19	250（软泥）
SyQwest	美国	StrataBox™3510	3.5、10	—	10	8	15	—
Benthos	美国	CAP6600	2 ~ 7	—	12	64	6 ~ 8	60（黏土）
Applied Acoustics	英国	AAE2200	0.2 ~ 3	0.3 ~ 3	6	2200	20	500（黏土）
Innomar	德国	SES - 2000 deep	2 ~ 7	0.25 ~ 3.7	30	80	15	150（黏土）
GEO - Resources	荷兰	GEO - Spark	1 ~ 2.5	0.4	2	1	20	300（黏土）
IKB	加拿大	SEISTEC™ profiler	0.7 ~ 12	0.18 ~ 0.1	—	500	22	20（砂）
中国科学院声学研究所东海站	中国	GeoScope（GS - 100）	85 ~ 115	0.05 ~ 1	最大 20ping/s	小于 150	2.5	小于 40（取决于底质类型）
		GeoScope（GS - 200）	180 ~ 220	0.05 ~ 1	最大 10ping/s	小于 60	1.25	小于 25（取决于底质类型）

三、浅地层剖面探测的主要影响因素

浅地层剖面探测结果受多种因素制约，如仪器本身的技术性能指标、海底底质特征、探测过程中的噪声及其压制、其他各种干扰，以及解译者的实际水平和经验等，其中绝大多数是可以改良甚至是避免的。因此在实际探测过程中，应根据具体情况，综合实际因素施测，以达到最优的探测效果。

（1）海底底质。海底地质构造状况，尤其是海底底质类型特性决定仪器所能勘测的深度范围。海底底质是砂、岩石、珊瑚礁和贝壳等硬质海底，严重制约声波穿透深度，限制仪器勘探的深度。如浅地层剖面探测深度砂质海底小于 30m，泥质海底可达 100 多米，两者存在巨大的差异。

（2）噪声。处于系统带宽范围内的外界声源信号都可能串入造成干扰信号图像，包括低频船只机械噪声和环境噪声等。噪声在浅地层剖面记录上可能都会或多或少地显示出来，降低勘测数据质量，甚至对判读、解译结果产生重大的影响。因此，正确地识别，甚至消除噪声的影响是十分重要的。

（3）船只摆动。为获得具有良好效果的浅地层剖面探测数据资料，调查船走航过程中应尽量保持匀速、慢速、稳定行驶，否则船速和航向不稳定造成船只摇摆，使拖鱼不能保持平稳状态，造成图像效果不佳。同时，涌浪也可使船只摇摆，致使拖鱼不稳定。

其他影响因素还包括海气界面，海气界面能将发射声能几乎全部反射，几乎无发射声波触及目标。如果采用船尾拖曳换能器，船的尾流对地层反射信号也能产生干扰，施测过程中应该使换能器尽量避开船的尾流区，通常采取使换能器入水深度加深，或者加长拖缆的方法。另外，海水深度、潮汐作用及海底起伏均对浅地层剖面探测有着直接的影响。

四、浅地层剖面探测数据采集与处理

在选择设备时，需要对整个测区的地质背景有一定的了解，不同的区域构造、沉积地层等信息，对浅地层剖面仪的能量大小、发射频率等都有不同的适用性，选择合适的仪器设备进行浅地层剖面勘探可以达到最好的探测效果。

1. 测线布设

电缆路由工程包括地形地貌、已有电缆和管线、水文气象等多个专业的调查，因此勘测方案设计过程会考虑各个专业的调查，在设计过程中需要考虑的主要内容包括测线的布设。

测线布设的主要原则是探测得到的地层剖面资料能够覆盖、反映整个测区的海底地层结构，包括海底面深度、覆盖层的分布、基岩面埋深、灾害性地质构造等。浅地层剖面探测测线布设一般情况下根据实际需要和海底浅部地形地貌的复杂程度确定。近岸段、浅海段主测线应平行预选路由布设，总数一般不少于 3 条，其中一条测线应沿预选路由布设，其他测线布设在预选路由两侧，测线间距不宜大于 200m。测点间距可根据实际情况确定，但应保证设计所要求的精度。在现场采集过程中，可以根据所采集得到的数据资料判断是否需要进行加密探测，以获取更为精确的浅部地层构造信息，进而满足电缆路由设计要求。在探测障碍物时，主测线宜垂直目标障碍物的延伸方向，检测线宜垂直于主测线，初步分析发现目标障碍物时，应布设补充测线做进一步探测。

2. 数据采集

浅地层剖面仪工作前应将仪器与显示器、电源、换能器探头（震源）和导航设备相连，现场开始工作前应对定位系统进行安装姿态校正，并进行设备调试，确定最佳工作参数。工作时换能器探头不断发射声脉冲并接收海底地层反射的回波，导航定位计算机实时给出每一个回波接收时探头所在位置的坐标并与回波信号一起记录在计算机磁盘。另外，操作员还可以选定一个时间间隔在剖面图上打标，标明坐标、时间等信息以方便后续处理。

浅地层剖面法应采用走航式连续探测方式，勘探船应沿测线延伸方向提前上线、推迟下线，有拖体情况下，延伸线长度不应少于 2 倍拖缆长度。工作航速应保持在 2 ~ 4kn 之间匀速直线行驶，施测过程中不应停车或倒车，勘探船航向与航速应保持稳定，航迹与设计测线偏离间距不应大于 10m。对存在疑似障碍物的海域宜采用浅地层剖面探测法加密测线进行探测，同时宜采用侧扫声呐法、多波束法和海洋磁法进行三个以上不同技术的探测以查明障碍物规模、埋置状况和物性。并且，应调节记录时长，使目标层反射波位于观测时窗中部，水深变化较大时，应及时调整记录仪的量程和延时；根据测得的水深和水下地质情况适时调节时变增益，在接近目标管线和发现可疑管线时应适当减速，以达到最佳勘探效果。

野外工作结束前，应检查野外记录是否齐全、采集数据是否存盘及备份，全部合格后再关闭电源；野外工作结束后，需要将换能器从水中捞起，并用清水冲洗干净。班报记录内容应包括项目名称、调查海区、测量者、仪器名称和型号、日期、时间、测线号、点号、航速、航向、仪器作业参数、记录纸卷号和数字记录文件名等。

3. 数据处理

浅地层剖面仪资料处理使用的是专业软件，在数据处理前，应保证数据处理软件和解译软件为有效软件。浅地层剖面探测数据处理前应先充分结合工作范围内的地质、设计和测量等资料，应遵循从已知到未知、先易后难、由点到面、点面结合的原则。

为了得到高精度的浅地层剖面探测结果，首先要有高精度的导航定位系统。在野外工作中，导航定位设备总是实时地把定位数据传输到浅地层剖面记录仪上，因此在浅地层剖面记录过程中，同时记录了 GNSS 接收机的定位数据。在实际海上作业中，GNSS 接收机的位置与各种调查仪器的位置并不是一致的，因此要通过坐标的偏移实现测线的准确定位。坐标系统参数设置正确后，再进行坐标的偏移改正设置，这里主要是设置有关浅地层剖面仪传感器与 GNSS 接收机之间相互位置关系的参数。这一步是非常重要的，只有进行偏移改正，所确定的坐标才能真正地反映海底地层声波反射界面的位置。

浅地层剖面调查中干扰波是比较强的，干扰波的产生也是比较复杂的，常见的干扰波主要有机械干扰、环境噪声、直达波、海底多次波、侧反射波及绕射波等，排除干扰波的影响是资料处理的重要一步，有利于对地质体正确地识别与解译。各种干扰波的识别方法如下。

（1）机械干扰。机械干扰主要是船体及螺旋桨、来往船只等产生的干扰，这类干扰主要以线性的低频相干噪声为主，在记录上常常表现为均匀的"雪花状"，掩盖了地层回波形成的真实同相轴，降低了地层剖面的质量。可以通过改造调查船或控制船速等来减弱其影响，一般来说，使用马力较小的木壳船效果较好。此外，在野外工作中还经常会出现机械振动及仪器接地不良引起的电干扰波，在记录上表现为特殊的条带，也会影响地层剖面的质量。在调查过程中遇到这种情况要及时进行仪器检修，消除电干扰，避免造成更严重的机械损毁事故。

（2）环境噪声。海上的风、流、浪等产生的噪声称为环境噪声，这是一种随机噪声，在频率域为白噪声，即有无限大频宽。对于这种随机噪声，在采集时严格控制，在后期处理中可采用中值滤波、预测滤波等数字处理方法削弱影响。

（3）直达波。作业时换能器与水听器间距不大，由于声源存在旁瓣效应，它发出的信号会有一部分不经界面反射而直接到达水听器，形成直达波记录，在剖面上表现为细而均匀的与零线平行的一条或多条条纹。当水深较浅时，直达波记录与海底地层界线会相混淆，造成地层错误判读或海底无法识别。这种情况下，为准确判读海底和地层浅表层反射，必须要进行精确的同步测深。在海上工作时，可以通过时变增益控制以及改变换能器与水听器间距（如将换能器与水听器分置于船舷两侧）等办法消除或减弱直达波干扰；在室内资料处理时可采用低通滤波进行压制。

（4）多次波。多次波是在浅水区域遇到的最严重的干扰问题。多次波的产生与水深条件、能量选择、海底地层性质及密实程度等有关。在反射形态上，多次波与一次波有相同的整体形态，一般其强度逐渐变弱，但有时时变增益调节不当可使二次反射强度大于一次反射强度，而三次或更多次反射则一定会变弱。可以通过数字后处理技术对浅剖数据的多次波进行处理，达到减弱或压制多次波的作用。如采用预测反褶积的方法，根据从同一反射界面一次波的到达时间预测多次波，进而达到消除多次波的目的。当海底或地层界面反射信号较弱时，可以使用时变滤波的办法来压制多次波。

（5）侧反射波。侧反射波的出现主要是由于水下陡坎、岸坡等地貌的存在而产生的，尤其是当系统换能器指向性较差时更为严重。侧反射波出现在反射记录上时，很容易被解释为下部地层的反射信号。这种类似海底反射的侧反射波也可以通过反射波强弱变化来加以区分，因为若反射来自下部地层，则频带中会有相当一部分能量被沉积物吸收，有明显的衰减，而侧反射因为来自目标物表面，所以强度较大，形成的是成片的黑色区域。

（6）绕射波。因为测量船相对于目标物总是一晃而过，所以剖面上的反射特征总是呈现为一条反射同相轴顶点信号强而两侧渐弱的曲线（抛物线状），称为绕射波。绕射波在海底浅部地层地质结构调查中由于掩盖了地层界面反射波而被看作是一种干扰，但在海底管线探测工作时它却是识别海底管线的重要标志。

4. 数据解译

电缆路由区的浅地层解译，主要是通过对所获得声学地层剖面记录图像进行判读解译、分析，划分出各声学反射界面。在依据反射界面进行浅地层剖面实际解译过程中，首先要与测区内地质钻探资料进行层位对比分析，并充分利用周边地质环境条件，结合已有的地质资料来分析研究声学记录中地层沉积特征以及其他地质信息，这样可以得到与实际情况较为相符的结论。

得到数据处理成果后，应结合水下地形地貌、地质和其他资料，对物探资料进行综合分析和解释，确定水下障碍物的物性、位置、形状、大小和分布范围；确定各地层界面的标高和埋藏深度，推断各单元地层土质类型及工程地质特征，划分可能存在的灾害地质类型，并对灾害地质的类型、分布范围进行圈定，分析评价其类型、特征以及其对工程的影响。

浅地层剖面的地质解释工作是一项复杂的系统工作，需要掌握一定的地球物理和地质知识，甚至一些数字和计算机知识，这些知识的综合运用将对提高剖面资料的解释工作起到很大的帮助。

（1）追踪海底。在剖面上准确地识别出海底是解译资料关键性的一步，在后续剖面解译中一切工作都是基于海底的，包括第一沉积层的厚度、下伏地层埋深、断层埋深、浅层气埋深等都是以海底为起点计算出来的。在解译资料时，海底追踪错误就意味着后续所有的资料都是错误的。

海底追踪最有效的办法是对照着同步测深数据来进行，即解译出的海底深度必须要与测得的同步水深相符，否则追踪的海底就是错误的。当水深较浅时，由于检波器接收到的直达波与海底反射波时差较小，互相混淆，海底反射波被直达波所掩盖，使得海底追踪非常困难，这种情况下可使用低通滤波法压制直达波，同时要与同步测深数据反复对比，确保准确地识别出海底。

（2）地层分界面及其解释。根据地质钻孔柱状图，可以先将钻孔揭露的地层划分出主要的大层，根据各大层的厚度，从钻孔中心位置向外沿着主测线进行剖面大层的划分，然后按照离中心钻孔位置由近及远的次序进行其他测线剖面的划分。

大层界面是不同沉积物类型的界面或沉积间断面，能够反映地下地质构造的主要特征，反映地层的起伏情况，一般具有以下特征：大层反射界面特征明显，反射连续、清晰且比较稳定，可在较大范围内区域性追踪，控制全区地层；大层层组内反射结构、反射形态、能量、频率等基本相似，除局部特殊地质体外无大的变化，与相邻层组有显著差异；各大层相同层组的反射界面追踪在测线相交处应能闭合。

一般来说，剖面上主要大层的分界面与钻孔柱状图是能够相对应的，但是也存在很多界面剖面图与钻孔柱状图并不能对应：有的分界面在浅地层剖面图上很清晰，但地质钻孔揭露的岩性却无明显的分界；有的钻孔揭露的岩性分界面非常明显，但是剖面图上却识别不出明显的反射波同相轴。这是因为浅地层剖面上记录的是声波在传播过程中遇到的声阻抗界面，而声阻抗界面与真正的地层岩性界面并不是一一对应的。更何况，有时候地层厚度较薄时声波反射波还会发生干涉，导致剖面上的反射波同相轴实际上是几个地层界面反射波相互叠加形成的复合波的记录。因此，浅地层剖面上的详细分层就不能够仅仅依赖于地质钻孔资料了，而要根据剖面上反射波同相轴的对比分析进行划分。反射波同相轴的对比分析主要包括波的相位对比和波组对比。

1）相位对比。相位对比分为强相位对比和多相位对比两种。当反射界面连续性好，岩性稳定，波的特征明显，可以在较大范围内连续追踪时，可选择最强最稳定的相位进行波的对比追踪，即强相位对比。但需注意，强相位对比时在各剖面上所对比的相位应一致，否则会因相位对比错误而导致层位深度不一，造成地质解释上的困难。在断裂发育的地区，或地质结构较复杂的地区、岩性变化较明显的地区等，波形将会产生变化，也就是说波形不稳定甚至出现强相位转化现象，就要对比波的两个或两个以上的相位，即多相位对比。必要时甚至对比整个波组的所有相位，以避免对比解释上的错误。

2）波组对比。所谓波组是指比较靠近的若干个反射界面产生的反射波的组合，一般是由某一标准波及邻近的几个反射波组成，能连续追踪，具有较稳定的波形特征，各波的出现次序和时间间隔都有一定的规律性。由两个或两个以上波组所组成的反射波系列称为波系。利用这些组合关系进行波的对比可以更全面地考虑层组间的关系，更准确地识别和追踪各个反射波、确定断层尖灭等地质现象。

（3）特殊地质现象解释。浅地层剖面调查中的特殊地质现象主要是指海底浅部断层、浅层气、埋藏古河道和古洼地，以及古潜山等。在特殊地质现象解释时，可以根据浅地层剖面图上的异常进行识别。不仅要说明地层中存在哪些特殊地质现象，还要详细解释该地质现象的位置、分布范围及其相应的地质特征等。

1）浅部断层。在浅地层剖面图上，断层识别的标志包括连续性好的反射波组发生系统地错断、反射同相轴数目突然增减或消失、波阻间隔突然变化、反射波同相轴形状突变，以及标准反射波同相轴发生分叉、合并、扭曲、强相位转换等，此外断面反射波的存在也是识别断层的重要标志，如图 5-3 所示。通过剖面上反射波同相轴的对比解释确定断层面的位置、断层升降盘的埋深及断层落距、由断层面的视倾角换算为真倾角等。还要参阅区域的地质发展史，确定出比较准确的断层发育的地质年代及其活动性。

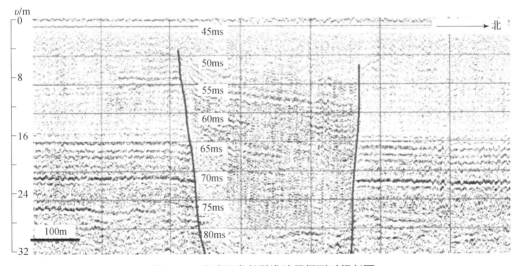

图 5-3　跨千里岩断裂浅地层探测时间剖面

2）浅层气。在浅地层剖面记录上，浅层气具有非常明显的特征。气聚带的存在，可使水平连续的层状反射波组突然中断，形成气带边界的"假断层"现象，有的呈丘状、团块状气囊，致使海底形成气底劈，产生自然喷发口，造成海底沉积松散，地形崎岖不平，在相应的水柱中出现雾状气罩、柱气道；含气沉积物层间反射杂乱，同相轴时隐时现，或完全消失，或反射模糊，伴有空白带。这些都是由于含气层使声波传播速度降低，反射波能量快速衰减造成的，如图 5－4 所示。

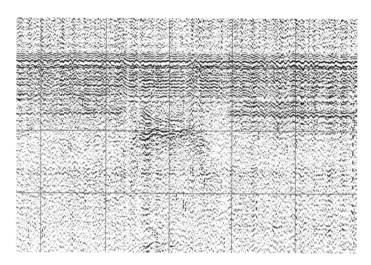

图 5－4　浅地层剖面揭示的浅层气高压气囊

3）海底滑坡。在声学剖面上，海底滑坡表现为海底的强相位突然变得不规则或断开，滑体多具不对称丘状外形、滑坡后壁处近代沉积物突然中止，声波反射不连续，内部弱振幅，杂乱或无反射结构，后壁常表现为陡坎，如图 5－5 所示。

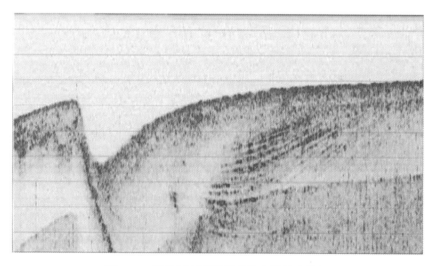

图 5－5　浅地层剖面揭示的海底滑坡或崩塌

4）埋藏古河道和古洼地。古河道和古洼地的层间反射结构以强振幅、变频率的杂乱反射为主，同相轴短，常有严重扭曲，不连续，有丘状突起或槽形凹陷的结构形态。此外，同相轴有分叉或者归并现象，通常形成小型的眼球状结构；在河道顶部普遍有同相轴突然中断，为明显的上超顶削。上覆为中振幅、中频率、连续至较连续的水平反射层，呈海侵夷平面，区域上与古河道沉积呈不整合或假整合接触。某些较大的埋藏古河道有迭瓦状反射结构，表现为小型、相互平行或不规则的倾斜同相轴，向河床缓岸一侧依次迭置，这种细层在相邻测线上的平面组合，有利于分析河流的空间流向。还有一种上超充填型反射结构，在河床中的反射同相轴接近水平；在河床中心，同相轴向下略有弯曲。沉积层向河床缓岸的漫滩阶地逐层上超，向陡岸下超截切，反映了河流一边侧向侵蚀，另一边堆积的沉积特点，如图 5-6 所示。

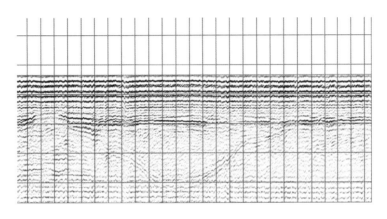

图 5-6　浅地层剖面揭示的埋藏古河道

5. 绘制成果图

根据调查任务的要求并按照相关规范进行浅地层剖面调查成果图的绘制，主要包括地层剖面图、地层等厚度图、浅部地质特征图等。

第三节　底质采样

一、目的和特点

底质采样的主要目的是了解电缆路由区底质的平面和垂直分布特征及其物理力学性质，为电缆路由工程设计、施工、保护提供基础的工程地质资料。底质采样分为表层采样和柱状采样两种形式，路由勘测中以柱状采样为主。表层采样可使用蚌式采样器或箱式采样器，柱状采样可使用重力采样器、重力活塞采样器或振动采样器，实际工作中主要采用蚌式采样器和重力采样器。

二、一般技术要求

（1）采样站位一般沿路由中心线进行布设。站位间距，在近岸段（水深20m以浅）一般为500～1000m；在浅海段（水深20～1000m）一般为2～10km；深海段一般不设采样站位。应根据工程地球物理勘测初步结果对站位布设做适当调整，在地形坡度较陡、底质变化复杂或灾害地质分布区应加密采样站位。

（2）柱状样采样间距应根据要求和土质条件确定，一般为1～1.5m，直径应不小于65mm。黏性土柱状样长度应大于2m；砂性土柱状样长度应大于0.5m；表层底质采样质量应不少于1kg。

（3）柱状样采集长度达不到要求时，应再次采样；连续3次未采到样品时，可改为蚌式采样器或箱式采样器采样。

（4）用蚌式采样器或箱式采样器采样3次以上仍未采到样品时，应分析其原因，确认是底质因素造成时，可不再采样。

（5）取样时应2次定位，作业船到站和取样器到达海底时各测定1次。

三、采样作业

取样作业的主要影响因素有海流、船只漂移和取样器触底的判别等。

（1）海流对取样作业的影响。海流对作业的影响主要发生在取样器触底之后，在海流水平作用力的影响下，连接取样器的钢缆变为弧形，从而对取样器产生一个水平方向的拉力，当海流作用影响较大时，钢缆有可能将取样器拖倒。

减小海流对取样器影响的办法有：①实际作业时，尽量选择海流较小的时段进行，船只应逆流慢速进入采样站位范围；②在取样器触底后，继续施放钢缆，减小钢缆弧形状态下对取样器产生的作用力；③尽可能加快施放速度，使得钢缆的弧形变形减小。

（2）船只漂移取样作业的影响。取样作业时，船只一般都处于漂泊状态，不宜抛锚，因此船只在海风和表层海流作用下将产生漂移。这种漂移对取样作业的影响与海水深度有关，当海水较浅时，较小的漂移距离也会造成取样器钢缆较大的倾斜角，从而使在提取取样器时的阻力加大，还可能将取样器拉弯。因此，应尽可能采用有动力定位能力的船只，作业时及时调整船只的位置和朝向；对于不具备动力定位的船只，应尽可能缩短取样作业的时间。

（3）取样器触底的判别。底质取样时，判别取样器是否触底是整个作业的关键，目前，解决取样器触底判别的有效方法是采用可视系统或Pinger技术。

四、样品编录和处理

（1）样品编录。样品编录内容应包括工程名称、采样站号、日期、位置、水深、采样次数、贯入深度、土样长度、扰动程度等。

（2）岩性描述。岩性描述以观察、手触方法为主。岩性描述内容包括颜色、气味、光泽反应、摇振反应、干强度、土的分类名称、粒度组成、土的状态及扰动程度、土层结构与构造、生物含量等。用相机拍摄岩芯照片。

（3）样品包装。样品包装应符合下列要求：①柱状样宜分段切割（一般分割间隔取30~50cm），分别编号，标明上下方向和深度，用胶带和蜡密封，竖直放置在专用的土样箱中；②表层样或扰动的柱状样，应用牢固的塑料袋进行包装封口，标明站号和采样深度，放置在专用的土样箱中；③用作地质、生物、化学等试验的样品，应根据其特殊要求进行采样、包装和存放。

（4）样品存放。所有样品应存放在防晒、防冻、防压的环境中，条件许可时宜存放在有温湿度控制的实验室内。

五、主要设备

底质采样通常采用的采样方式有重力柱状采样、活塞重力柱状采样、振动柱状采样、蚌式采样和箱式采样。采样设备及样品质量等级见表5-3。

表5-3　采样设备及样品质量等级

采样器		样品质量等级（土的扰动程度）
表层采样器	蚌式采样器	Ⅳ（完全扰动土）
	箱式采样器	Ⅰ（不扰动土）、Ⅱ（轻微扰动土）
柱状采样器	重力采样器	Ⅰ（不扰动土）、Ⅱ（轻微扰动土）
	振动采样器	Ⅱ（轻微扰动土）、Ⅲ（显著扰动土）

注　1. 不扰动土指原位应力状态业已改变，但土的结构、密度、含水率基本没变，能满足岩土工程室内试验的各项要求。

2. 轻微扰动土指所取的原状样土的结构等已有轻微变化，但基本能满足岩土工程室内试验的各项要求。

3. 显著扰动土指所取的原状样土的结构等，已有明显变化，除个别项目外已不能满足岩土工程各项室内试验的要求。

4. 完全扰动土指所取土样已完全改变原有土的结构和密度，只可做对土的结构、密度等没有要求的岩土试验。

（1）蚌式采样器。蚌式采样器又称抓斗采样器，是海底表层采样最常用的方法。它由两片类似蚌壳的钢质抓斗组成，当抓斗碰触海底时，就会启动触发装置；当抓斗上提时，抓斗片就会插入海底并合拢到一起，将进入内部的底质样品取出。

（2）箱式采样器。箱式采样器主要由一个箱壁薄面和开口面积为20cm×30cm或更大、高60~90cm的不锈钢箱体，以及一个可转动的铲刀、释放系统、加重中心体等部件组成。当仪器施放到海底时，箱体依靠自重切入沉积物中，同时挂钩释放，在慢速提升时拉紧铲刀上的钢丝绳，使铲轴转动，铲刀切割沉积物并封住箱口，样品即可提到船上。其优点是所采集的数十厘米的柱状样基本上保持原始结构，便于对沉积物的物理力学以及沉积物构造的研究。在砂质沉积物中，箱式采样器也能采集到一定数量的样品。由于采集的样品数量多，因此能满足各种项目多次重复分析的需要。同时，在样品剖面中还可以取得深度相同的样品，使分析对比的数据更为准确可靠。其不足之处在于仪器比较笨重且操作不便，尤其是在大风浪的情况下，取样器上的铲刀容易脱钩关闭而采不到样品。

（3）重力柱状采样器。重力柱状采样器主要由样管、配重铅块及尾翼组成，其中样管底部含有花瓣、刀口，内有衬管。在距离海底一定高度时自由释放样管，在重力的作用下贯入海底，随后由绞车钢缆将其拉出，样品保留在衬管中被取到船上来。重力柱状采样器适用于细软的海底底质，不适用于硬黏土和砂质土的海底底质。活塞重力柱状采样是对上述重力柱状采样方法的改进，其在重力柱状采样器中衬管的顶部加入一个活塞装置，当样管贯入土层时样品顶部会形成真空区，当样管从海底拔出时，真空区的存在将减少对样品吸力的影响，从而保证样品的长度，减少样品的扰动。

（4）振动柱状采样器。当重力柱状采样方式不适用或要求有更深的取样深度时，可采用振动柱状采样。振动柱状采样器较适用于砂质土的海底底质。

振动柱状采样器主要由高大的支架和底座组成，样管、衬管、刀口和花瓣同重力取样器基本一致。样管的顶端装有电动马达，通过振动，使采样管贯入海底。因需要电源驱动振动马达，其工作水深往往浅于1000m。

振动采样器获取的土样可为土质分类提供有用信息，但因土样扰动较大，不适宜做土力学参数的测试。使用振动采样器时，要求勘测船能保证电力供应，并有足够大的甲板空间可以停放振动采样设备。

第四节 工程地质钻探

一、目的和特点

目前，对海底电力电缆路由进行工程地质钻探方面，《海底电缆管道路由勘察规范》（GB/T 17502—2009）中有一定的规定，如海底管道路由勘察应进行工程地质钻探，海底电力电缆路由勘察一般不需要进行工程地质钻探。其中，对海底管道路由勘察的规定为：沿路由中线布置钻孔，钻孔间距，在近岸段一般为100～500m；在浅海段一般为2～10km；应根据工程要求和地球物理勘测解释结果对站位布设进行适当调整等。

但实际看来，一些重大战略性的海底输电工程，如南方电网与海南电网联网工程，其投资大、涉及面广，在安全性、经济性等方面要求很高，也对海洋环境、海底地形地貌和工程地质条件要求比较高，现实中该海底电力电缆路由勘测进行了工程地质钻探，即沿路由中线布置钻孔，在近岸段和浅海段的钻孔间距执行了管道路由钻探的要求，在深海段根据实际需要布设。钻孔深度根据电缆铺设方式确定，直埋时钻孔深度一般为5m左右，开挖沟槽一般钻至开挖深度以下3m左右、岩石切割一般钻至岩石切割深度即可。

工程地质钻探的主要目的是为了揭露并划分地层，鉴定和描述岩土的成因、岩性、岩相、厚度，了解地质构造及不良地质现象的分布、界限及形态等，并通过钻孔原位测试，结合采取各类原状或扰动样品进行土工试验，以了解岩土体的物理力学性质，为电缆路由的工程地质评价、工程设计和施工提供必需的基础地质数据和资料。

海洋钻探与陆地钻探在钻探方法、原理及适用范围上类似，但其作业环境与陆地相比有很大不同。由于海洋钻探在钻机与井口之间隔着一层深度不等的海水，因此增大了海上钻探的复杂性，必须有一套适应海上条件的钻探装置，以便把钻探设备等支撑在海面上，并提供工作场地。需设置一套从海底井口到海上钻探装置之间的特殊隔水通道以循环泥浆、引导钻具及套管。海洋钻探主要的优缺点如下。

（1）优点：适用范围广，几乎能穿透各种岩土介质，勘探深度大；能直接观察岩芯，取样范围广，获得信息多。

（2）缺点：钻探作业受海洋环境，如水深、风速、波浪、潮汐、洋流等自然因素的影响较大，一般多在电缆路由的浅海段、近岸段和登陆段使用。此外，钻探用于划分交互、交夹类地层时，其精度也相对稍差。

二、一般技术要求

（1）根据作业环境和钻探要求，选择合适的钻探平台及钻探设备，并根据水文气象和海底底质等情况，选择合适的锚型、锚缆和系缆长度。

（2）钻探孔位一般沿路由中心线进行布设。钻孔间距，在近岸段（水深20m以浅）一般为100~500m；在浅海段（水深20~1000m）一般为2~10km；应根据工程要求和地球物理勘测解释结果，对孔位布设进行优化调整。

（3）钻孔深度一般不超过10m。钻进设计孔深内遇基岩时，应钻至基岩内3~5m。若有特殊需要，可按设计深度进行钻探。

（4）钻进深度、岩土层面深度的测量误差应控制在±20cm以内。

三、钻探平台选择

目前我国常用的海上钻探平台按其结构型式，主要可分为漂浮式和固定式两种，其中漂浮式平台包括船式平台及浮排式、浮箱式平台等，固定式平台包括自升式平台、整体导管架平台、桁架式平台等。

由于海底电力电缆路由登陆段和近岸段、浅海段的水深、海况等自然条件差异较大，选择钻探平台时，需充分考虑作业环境、水深、浪高、海水流速及安全性等因素的影响。

（1）路由登陆段。路由登陆段以海陆过渡带、潮滩、沙滩为主，多为潮间带，场地涨潮时被淹没，退潮露滩或水深较浅，常用的施工船舶一般无法到达施工孔位，此时可采用浮排式、浮箱式平台搁浅作业。该类轻型平台的优点是浅水区移动方便，退潮后平台可直接落地施工，钻探平稳、方便；缺点在于抵御风浪能力相对较弱，安全系数低，受潮水涨落影响，对施工时间影响大。

此外，潮间带钻探也可采用桁架式钻探平台，通过将多组独立桁架式平台经桁架式栈道连接成一整体，人和设备通过栈道进入平台进行勘测施工，施工平台通过栈道再延伸搭建至下一孔位。

（2）路由近岸段、浅海段。近岸段、浅海段路由均具有一定水深，工程地质钻探多采用漂浮式平台，主要为钻探船，以自航式为主；船舶类型可选用工程船、货船、多用途船舶等；船上安装的钻探平台又可分为单船悬挑式及双船拼装式。采用钻探船的优点是船舶移动方便，通过锚泊定位能抵御一定的浪、风、流、涌对钻探施工的影响；缺点在于难抵御较大风浪、潮流的影响，取土难以达到理想的质量要求，若采用双船拼装时，应急撤离状况差，存在一定安全隐患。一般情况下，船主舱适当用重物压舱，使钻探船体保持一定的吃水深度和船体稳定。

除漂浮式平台外，固定式平台如自升式平台、整体导管架式平台等也可用于近岸段、浅海段路由的地质钻探。采用固定式平台的优点是在作业状态下，平台升出海面，不受风浪、潮流影响，钻探作业的安全性、质量及工作效率高；缺点在于平台移位时，受海况条件影响大，移动速度慢，当海底质为深厚软土或地形起伏较大时，平台不能有效稳固支撑，必要时还需配备特制的桩靴或基座等。由于固定式平台普遍要配备拖轮或浮吊船等专用辅助船舶，一般情况下其使用成本要高于漂浮式平台。

海底电力电缆路由工程地质钻探时，钻探平台的选择可参考表 5-4。

表 5-4　海上钻探平台选择参数

钻探平台类型		浪高（m）	流速（m/s）	水深（m）	安全距离（m）	
漂浮式钻探平台	50~100t	<0.8	<2.0	1.5~5.0	全载时吃水线距钻探平台面距离	>1.0
	100~300t	<1.0	<3.0	2.0~20.0		>1.0
	300~500t	<2.0	<4.0	10.0~30.0		>1.2
	500~1000t	<3.0		10.0~50.0		>1.5
固定式钻探平台	桁架式	<1.0		<3.0	钻探平台底面与海面距离	>1.0
	自升式	<3.0	<5.0	按平台设计适用水深确定		>3.0
	整体导管架式	<2.0	<4.0			

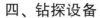

四、钻探设备

海洋钻探设备的选型需根据使用的钻探方法、钻孔深度、施工海域的海况参数及地质条件等因素综合考虑。由于海上施工时钻探易受水流及风浪等影响，而且要求采用静压法取原状土样，故所选钻机能力应保留较大的力量储备，以适应恶劣海况环境的特殊性。

根据不同的工作要求，目前用于海上钻探的设备类型，除海底取样钻机、声波钻机外，多是传统机械传动回转钻进设备，如立轴型、转盘型、动力头型三种钻机。用于海上的回转钻进方法多为立轴型、动力头型钻机，转盘型因其使用钻杆直径较大，钻塔较重，在海上油气勘探中使用较多，而海上工程地质钻探则相对使用较少。

目前国内海上工程勘探常用的钻机型号见表5-5。

表5-5　海上工程钻探常用钻机汇总

立轴型		转盘型		动力头型	
型号	钻深能力（m）	型号	钻深能力（m）	型号	钻深能力（m）
XY-1	100	SPJ-300	300~350	HGD-200	80~200
GXY-1B	150	ZJ-20	1500~2000	HGD-300A	80~350
XY-2	300	ZJ-30	2000~3000	HGD-600	400~600
XY-4	1000	SPS-400	300~400	HD-500	500
XY-8	2500	HY-C300	300	HD-300	300

钻探的作业水深、作业条件及费用成本是海底电力电缆岩土工程勘测中采用何种钻探设备的首要考虑因素。传统机械传动钻机一般情况下能满足陆域和正常海况条件下海域的工程钻探需要，但遇波浪较大、流速较急等不利海况时，钻机会随着钻探船的摆动或上下浮动而晃动，可能会造成工作效率低、采样质量不稳定、原位测试数据失真等问题。

为解决传统钻机的上述问题，近年来在港珠澳大桥等海洋工程勘测中已开始使用带波浪补偿器的海洋钻机。该海洋钻机主要由动力站（动力机和液压泵）、液压控制系统（控制台）、动力头、液压卷扬组、液压泥浆泵、波浪补偿平衡器、钻塔以及液压油管等部件组成。在钻进过程中，波浪补偿装置和钻具之间调节为平衡状态后，当波浪影响钻探船上下浮动时，波浪补偿器能够在张紧器内自由滑动，动力头、孔底的钻具与孔底之间则保持相对的静止，达到了波浪补偿的目的，避免了孔底土层的扰动，具有较强的抗浪性能。

五、钻探作业

海域钻探作业的工艺与陆地钻探大体相同，主要区别在于需下设单层或多层隔水导向套管，以隔离海水对钻孔的影响，同时起一定的导向及泥浆循环引流作用。此外，采用漂浮式钻探平台时，由于平台随潮流会发生一定程度的摆动，钻探过程中海水位随涨潮、落潮也会产生上下变化，钻探过程中的准确孔深需充分考虑水位变化的影响。

海上现场钻探作业一般按以下基本程序进行：

（1）深度测量。待钻探平台完成精确定位作业后，安装好测深仪；在钻探作业开始前，打开测深仪，测量水深，确定作业平台面至海床面的距离。

（2）下设套管。发动钻机，利用钻机卷扬下设隔水导向套管，必要时应下设多层套管，其深度一般宜下放至海床面以下 3～5m，并采用钢丝绳固定住套管，确保套管稳定、不晃动、不漏浆。采用漂浮式钻探平台时，宜优先选用配有波浪补偿装置的隔水套管。

（3）钻进取芯。一般采用回转钻进方法，回转钻机带动钻杆柱转动，钻头或岩芯管切削岩土，实现进尺。回转钻进的转速应根据钻具类型、孔径、地层等选择，土层宜控制在 65～200r/min，岩层宜控制在 300～600r/min。钻进冲洗液应根据海域地层类别配制，宜选择低固相或无固相冲洗液；钻进过程中应根据孔深、地层等变化，及时调整冲洗液的性能指标。钻进取芯每回次进尺不宜超过 2.0m。完成一个回次的钻进工作后提钻，采用泥浆泵压出柱状岩芯，将芯样按上下顺序从左到右摆放在岩芯箱中，并用岩芯牌分开标注每一回次的岩芯。

（4）清孔。为保证取样质量，防止因钻孔中的碎土沉渣沉淀在孔底而导致取样器废土段过多，在采取原状土样前，应进行清孔作业。将接有岩芯管的钻杆下放至预定深度，打开泥浆泵，冲洗液开始循环；调试好的冲洗液通过钻杆内部循环至钻孔底部，携带地层碎屑从钻杆和孔壁的间隙返回平台浆池；当清孔至设计深度时，提升钻杆至钻探平台，完成一个回次的扫孔作业。

（5）取样。钻杆下端安装取土器，将钻杆下放至预定钻孔深度，开始取样作业；静压或锤击至设计深度后，提升钻杆和取土器至钻探平台，完成一个回次的取样。

（6）终孔。当作业至设计深度时，钻探作业终孔，取出所有钻杆和套管，对岩芯箱的土样进行拍照、归档，等待钻探平台移位。

六、采样要求与方法

（1）岩芯采取率。岩芯采取率指所取岩芯的总长度与本回次进尺的百分比。对砂性土层不低于 50%，黏性土层不应低于 75%。

（2）采样间距。采样间距应根据工程要求和土质条件确定，一般宜每隔 1～1.5m 采一个样品。

（3）样品尺寸、质量等级。岩土样试样尺寸和取土质量应满足岩土体物理力学性质试验的要求。对于土样，样品长度宜控制在 20～50cm；对于岩样，样品长度不宜小于 10cm。

（4）采样方法。软黏性土一般采用薄壁取土器静力连续静压取样，硬黏性土宜采用回转单动或三动三重管取样，砂土可尝试使用原状取砂器，砾砂、碎石土、软岩等宜采用三动三重管取样，硬质基岩可采用普通单管或双管。

（5）岩土试样的包装、保管应符合下列要求。

1）Ⅰ级、Ⅱ级岩土试样应在现场妥善密封，标明深度、上下、编号后，直立安放装箱，不得倒置。

2）岩土试样采取之后至开启试验之间的储存时间，不宜超过两周。

七、钻探编录及成果报告

（1）一般要求。钻探编录包括钻进班报及地质编录。记录应真实、及时，按钻进回次逐次记录。

（2）钻进班报。钻进班报内容包括工程名称、作业海区、钻孔编号、钻孔坐标位置、机台高度、钻探日期、钻机类型、钻具配置、钻进方式、开孔水深、终孔水深、回次钻杆长度、回次进尺、回次孔深、回次取样长度、回次取芯率、采样方式、采样器类型、采样编号、备注（天气、海况、设备故障、跳钻、井涌、塌孔、井底落物）等。

（3）地质编录。地质编录应符合下列要求：

①地质编录的主要内容应包括工程名称、作业海区、钻孔编号、钻孔坐标、开孔水深、回次孔深、取样长度、岩性描述及划分地层等。②岩性描述以观察、手触方法为主。必要时采用现有的标准化、定量化的方法，如采用标准色板比色，以颜色代码表示岩土颜色；用袖珍贯入仪贯入指标表示黏性土的状态，用岩石质量指标值表示岩芯的完整性。用照相机拍摄岩芯照片。③根据岩性描述的工程性质，初步划分工程地质层。

（4）工程地质钻探报告。报告主要内容包括钻探目的、任务、钻孔坐标、孔口标高、水深、施工时间、钻进与取芯方法、钻进中的异常情况、钻孔质量验收签单、钻孔工程地质柱状图、地质剖面图、岩芯照片等，其他需要提交的资料还有钻探班组报表、钻孔编录表等。

第五节　原位测试

原位测试是指在土体原始所处的位置，在基本保持土体的天然结构、天然含水量及天然应力状态下，测定土体的工程性质指标。与常规钻探取土手段相比，原位测试主要具有以下几个优点：①无需取样，可在真实的应力状态下测定土的参数，避免了钻探取样时的应力解除，以及样品运输过程中的碰撞、室内试验制样时的扰动等问题，尤其是对于不易采取原状土样的砂性土，原位测试是获得土体力学参数的重要手段；②部分原位测试技术方法可连续进行，可以直观、完整地得到土层剖面及其工程性质指标；③原位测试一般具有快速、经济的特点。但各种原位测试也有其适用条件，有些理论往往建立在统计经验的关系上，若使用不当也会影响其效果。在海洋环境下，影响原位测试成果准确性的因素较

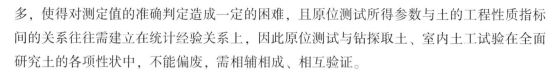

多，使得对测定值的准确判定造成一定的困难，且原位测试所得参数与土的工程性质指标间的关系往往需建立在统计经验关系上，因此原位测试与钻探取土、室内土工试验在全面研究土的各项性状中，不能偏废，需相辅相成、相互验证。

在电力电缆路由勘测中，常用的原位测试手段包括静力触探试验和标准贯入试验等，其中静力触探试验是目前路由勘测中最常用的原位测试方法。

一、静力触探试验

静力触探试验（cone penetration test，CPT）是利用机械或液压装置，将一定规格的圆锥形探头，按一定速率匀速压入土中，利用探头内的力传感器，通过电子量测器将探头受到的贯入阻力（锥尖阻力、侧壁摩阻力）记录下来，由于贯入阻力的大小与土层的性质有关，因此通过贯入阻力的变化情况，可以达到了解土层工程性质的目的。在海洋工程勘测中，还经常使用孔压静力触探试验（piezocone penetration test，CPTU），即在标准静探探头中安装透水滤器及量测孔隙水压力的传感元件，以测试探头贯入过程中的孔隙水压力，以及探头停止贯入时超孔隙水压力随时间的消散过程。

（一）设备组成及规格

静力触探设备主要由三部分组成：①贯入系统（包括反力装置），其基本功能是可控制等速压贯入；②传动系统，目前国内外使用的传动系统主要有液压和机械两种；③量测系统，包括探头、电缆和电阻应变仪或电位差计自动记录仪等。

用于海底电力电缆勘测的静力触探系统主要采用以下两种：海床式（seabed）静力触探系统、平台式（platform）静力触探系统。其中，海床式静力触探系统的最大优点是受潮汐、波浪、暗流、旋涡等水流的影响较小，使用方便，因此多用于深海段、浅海段、近岸段路由的勘测，而平台式静力触探系统则可用于登陆段、近岸段路由勘测。此外，还有一种井下式（downhole）静力触探系统，可以借助钻探系统在任一深度进行静探测试，但由于需配备特定具有波浪补偿功能的钻井船和专门的 PCPT 系统，对船只和设备要求较高，一般在国内路由勘测中较少使用。

（1）海床式静力触探系统。海床式静力触探系统的结构可分为水上部分和水下部分。水上部分主要由计算机、液压绞车、水上控制箱和稳压器组成，液压绞车上配有铠装电缆；水下部分主要是信号台框架，内有电源密封舱、电控密封舱、探杆探头系统（包括探杆、探头、绞盘和其上的各种传感器等，是数据采集系统）和其他辅助设备（倾角传感器、高度计和压力传感器等）；水上和水下部分通过铠装电缆进行数据和操作命令的传输。

海床式静力触探系统用水下部分的自重为 CPT 探头向土层中的压进提供平衡反力，分为轻型和重型两种，其中轻型海床式静探系统的质量一般在 1~2t，贯入深度一般在 5~15m；重型海床式静探系统的质量一般在 5~28t，贯入力在 4~20t，作业水深从几百米到 3000m，甚至 4000m，贯入深度一般可达 20m，在正常固结的软黏土中可贯入 30~60m。

目前，海床式静力触探系统主要产自于欧美地区，如荷兰范登堡公司生产的海床静力触探设备 ROSON、荷兰 Geomil Equipment B. V. 公司开发的海床静力触探系统 MANTA－200。近年来，国内武汉磐索地勘科技有限公司、武汉吉欧信海洋科技股份有限公司等也陆续研制了类似的设备。

海床式静力触探系统的使用，一般是在船舶上配合合适的吊车、A 型吊架和钻井支架来吊装。工作时，工作母船首先将平台载到试验水域，定点后工作船抛锚定位；然后用船上的吊装设备将水下工作平台吊入海底，设备通过自身的框架支撑系统稳定坐在海床上。水下工作平台通过液压管道和电缆，与工作船保持联系。通过电缆和液压管道，工程师可在船上遥控操作水下平台，进行静力触探试验。试验结果（探头感应到的各类信号）通过电缆立刻传到在工作船上的数据处理装置中，进行计算处理和记录储存，并同步在显示屏上显示出试验的初步结果。海床式静力触探操作如图 5－7 所示。

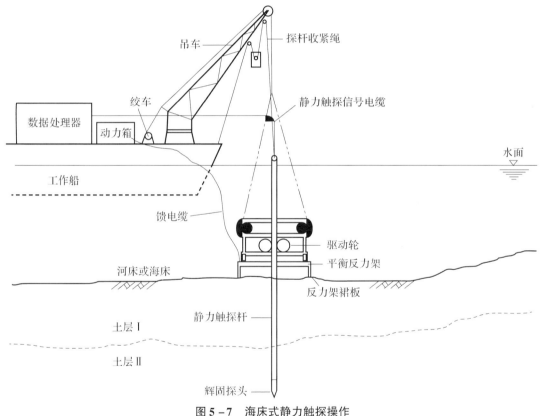

图 5－7　海床式静力触探操作

海床式静力触探系统的另一种操作模式是把设备安装在遥控水下机器人及其设备上，以便在复杂的海床环境下作业。

（2）平台式静力触探系统。平台式静力触探系统是将陆地上使用的常规静力触探系统置于稳固的平台上，如自升式平台、整体导管架平台或搁浅的漂浮式平台等，试验时需要的反力主要由平台自重与嵌固力或底吸力提供。

静探作业时，探杆从平台穿过海水层，再贯入海底土体。由于平台与海底相对静止，其作业模式与陆地基本相同。

综上所述，平台式和海床式两种静力触探系统的比较见表5-6。

表5-6　两种海域静力触探系统的比较

类型	优点	缺点
平台式	贯入系统设备要求不高，技术门槛低；作业平台稳定性好	依托平台作业，适用水深一般不超过25m；受天气、海况影响较大，施工效率低；施工成本较高；需配合钻机作业，有扰动
海床式	不受潮汐、波浪、暗流、旋涡等水流的影响；一次性贯入，无扰动，数据精准；作业效率高，施工成本较低	受设备极限的限制，遇较硬地层时难以穿透；贯入深度较大时，孔斜问题较突出

（3）探头。静力触探的探头按结构和功能，可分为单桥、双桥和多功能探头（如可测试孔压、地温、波速、浅层气等），目前在电缆勘测中使用较多的是双桥探头和孔压探头。参照《水运工程岩土勘察规范》（JTS 133—2013），我国双桥探头的主要规格见表5-7。

表5-7　双桥探头主要规格

型号		锥头直径 （mm）	锥头截面积 （cm²）	有效侧壁长度 （mm）	摩擦筒表面积 （cm²）	锥角 （°）
双桥 探头	Ⅱ-1	35.7	10	179	200	60
	Ⅱ-2	43.7	15	219	300	60

参照国内外相关标准，孔压探头的主要规格见表5-8。

表5-8　孔压探头主要规格

型号	锥头直径 （mm）	锥头截面积 （cm²）	有效侧壁长度 （mm）	摩擦筒表面积 （cm²）	锥角 （°）
孔压探头	35.7	10	133.7	150	60
	43.7	15	218.5	300	60
	50.4	20	189.5	300	60

探头的形状和尺寸对测试结果有所影响，因此在工程勘测时，应根据测试目的和场地条件等选择合适的探头。对于双桥探头，国内广泛使用锥头截面积为15cm²的Ⅱ-2型探

头。但对于孔压探头，由于目前国内使用经验等相对偏少，一般情况下宜优先选用符合国际标准的探头，即锥头截面积 $10cm^2$、摩擦筒表面积 $150cm^2$、探头锥角 $60°$ 的探头。

孔压静探探头内透水滤器的位置有位于锥尖、锥面、锥头之后（紧接或远离锥头）等。透水滤器安装在不同位置，探头测得的孔隙水压力不同，孔隙水压力的消散条件和消散速率也不同。目前，国际上普遍采用将透水滤器安装在锥肩位置的孔压探头进行测试分析，这是由于：①该位置透水单元不易损坏；②易于饱和；③受孔压元件压缩的影响小；④孔压消散受贯入过程影响小；⑤量测的孔压能直接用于修正锥尖阻力。

（二）适用范围、优缺点与使用目的

静力触探试验主要适用于软土、一般黏性土、粉土、砂土及含少量碎石的土层等。

静力触探用于海上工程勘测时，具备以下优点：①在海底实际环境中进行测试，可获得最为真实的土体性质。由于测试数据精度高，再现性好，具有勘探与测试双重功能。②测试速度快、效率高，尤其是在水深较大时，优势尤为明显。③孔压探头增加了孔隙水压力测试功能，大大提高判别土类、划分土层和获取土体工程性质指标的能力。④测试参数多，其成果可用于估算土体的大部分工程性质指标，应用面广。但其缺点在于，与常规钻探等手段相比，在海洋环境中，对作业平台和设备的要求更高。

海底电力电缆工程勘测中使用静力触探试验的主要目的包括：①根据贯入阻力、孔压曲线的形态特征或数值变化度划分土层、土类定名；②估算地基土层的物理力学参数；③评定地基土的承载力；④判定饱和砂性土的地震液化特性。

（三）测试方法

海上静力触探试验的基本测试方法包括测试前的准备工作、测试过程等，与陆上静力触探试验大致相同，作业时可参照国内外相关 CPT、CPTU 标准的要求执行，在此不再一一赘述。由于海洋作业环境复杂、多变，以及使用设备、仪器的区别，以下重点介绍对静力触探测试作业及测试成果有较大影响的重要因素或问题。

（1）孔压探头的饱和。静力触探采用孔压探头时，确保探头完全饱和非常必要。如果探头孔压量测系统通道未被饱和，测量孔压时会有一部分孔隙水压力在传递过程中消耗在压缩空气上，空气压缩后又有一部分水量补充进入系统内，使所测的孔隙压力在数值上比真值低一些，而且在时间上会产生较大的滞后，探头不饱和程度越高，这种"消峰滞后"的效应越明显。非饱和孔压探头测得的锥尖阻力 q_c 和孔隙压力 U 随贯入深度 H 变化的典型静探曲线如图 5-8 所示。

由于非饱和探头测得的超孔压值及其消散曲线与实际差别较大，在工程勘测中无法应用，因而在 CPTU 测试中，一定保证测试前孔压探头要被充分饱和，而且在测试过程中要保持其饱和度。目前海上静力触探时，多使用孔压探头真空饱和仪对探头的孔隙水压力传导舱进行真空除气，并以导压硅油填充饱和；抽真空的时间与透水滤器的微孔直径、容器容量、真空泵的能力等有关，一般宜在12h以上。

（2）探杆的保护。采用固定式勘探平台时，由于作业平台面与海床面之间有数米到数十米的悬空段，探杆缺乏径向约束力，探杆贯入时不可避免发生形变与弯曲，易造成探杆折断等事故。针对这一问题，一方面需选择刚度、韧性较好的探杆，另一方面在平台与海底直至硬土层面增设单层或多层套管是保护探杆、提高贯入深度的通用做法。

（3）因设备下沉造成的表层土体扰动。海底表层一般为浮淤，承载力小，海床式静力触探设备以及平台式静力触探系统使用的保护套管等在自重压力作用下会发生下沉，进而造成表层土体扰动，影响测试结果及土性的评定。

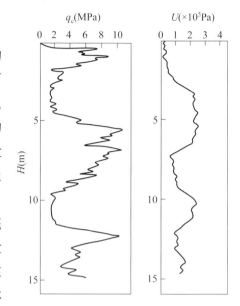

图5-8 非饱和孔压探头
测得的静探曲线（孔压明显滞后）

对于海床式静力触探设备，可以通过加大底座和海床接触面积来减少设备下沉。此外，软土海域浅部软土层的静探试验成果应与钻探取土、底质调查等结果予以综合分析。

（4）探头归零点位置。静探探头在测试开始前，为消除零荷载误差，应进行归零处理；测试结束后，需记录相同深度的测试数据，并进行前后对比，以验证探头的可靠性。

海上静探测试时，归零点一般有海面、海床面或钻孔底部三种，其中海床式和平台静探的归零点通常选择在海面或海床面。从实际情况来看，海床面归零效果要明显好于海面上归零，这是由于海面上的温度与海床面、钻孔底部的水温往往存在一定差异，水深较大时尤为明显，而温度变化会引起探头传感器上的应变片发生电阻变化，进而产生零位漂移或自动记录曲线发生非正常扭曲。

此外，CPTU探头贯入过程中，不应按一般CPT测试的方法提升探头调零。如果提升探头调零，在饱和土中就会形成负水压力，使探头中的液体流出。尽管随负压的消失，水又再次进入探头，但也会伴随一些气体进入，探头饱和度就降低了，将严重影响测试结果。

（5）静探贯入速率。海上静探测试时，宜配备有实施标准贯入速率的调节、控制装置，探杆应匀速贯入，贯入速率控制在（1.2±0.3）m/min 范围内。

与锥尖阻力和侧摩阻力相比，孔隙水压力受贯入速率的影响更灵敏，因此在CPTU试验中，探杆贯入速度尤其要严格控制。

（6）接杆停顿。由于大部分静探探杆的长度为1m，因此在探杆贯入过程中每次行程一般也是1m，不能连续贯入，这就导致了贯入过程中的停顿，停顿时间一般为15~90s，

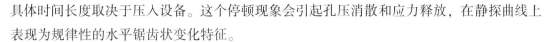

具体时间长度取决于压入设备。这个停顿现象会引起孔压消散和应力释放，在静探曲线上表现为规律性的水平锯齿状变化特征。

为避免对后续数据分析、统计等造成不利影响，对于此类数据异常，应进行适当修正。修正时应综合考虑上、下地层的特性及探头锥尖、侧壁和孔压传感器的相对位置等因素。

（7）静探孔的偏斜。当探杆发生倾斜弯曲时，测试结果就不能如实反映土层深度、厚度等参数，成果精度降低，甚至得出错误结论。为防止此现象发生，孔压静探等多功能探头往往装有测斜仪，以通过修正来消除探孔偏斜的影响。

静探孔在以下几种情况下容易出现触探偏斜：①开孔时就发生明显偏斜；②在成层土中贯入，土层软硬相差较大；③硬层中含有大颗粒土时。由于海底电力电缆勘测时的静探孔深通常较浅，因此只要确保海床式静探基座的水平或平台式静探系统保护套管的垂直，一般情况下就不会出现重大偏斜的情况。

（四）静探孔的布置

海底电力电缆勘测时，静力触探孔可根据工程需要，与钻孔配合布置。在钻孔等试验孔旁进行触探时，离原有孔的距离应大于原有孔径的 20～25 倍，且不小于 2m，以防土层扰动。

参照《电力工程电缆勘测技术规程》（DL/T 5570—2020）规定，海底电力电缆施工图阶段勘探点宜沿路由中心线布置，不同水深路由段勘探点间距可按表 5-9 中的规定确定。海床静力触探孔深度应达到电缆设计埋深以下 3～5m，或达到设定的最大贯入能力。

表 5-9　海底电力电缆勘探点间距　　　　　　　　　　　　　单位：m

勘探方法	水深小于5m的水域	水深5～20m的水域	水深20～100m水域	水深100m以深水域
海床静力触探	100～200	100～300	300～500	1000～2000

若需进行软黏土的孔压消散试验，消散点的布置一般应符合以下要求：在测试场区内应有两个以上的孔，对各个层位进行超孔压消散试验，具体数目视工程要求及土质情况而定；在同一孔中，对于厚度大（大于 3m）的土层，视需要可进行 2 个或 3 个深度的孔压静力触探超孔压消散试验。孔压消散试验观测时间的长短，可根据不同情形，采用下列某一标准确定：①直至超孔隙水压力完全消散，达到稳定的静水压力为止；②至超孔隙水压力消散 50% 为止，即采用的消散时间为 t_{50}；③对各土层根据经验采用一定的持续时间。

（五）试验原始数据整理

（1）原始数据校正。静力触探原始数据的校正包括深度修正、归零修正、孔压修正等。

1）深度修正。当记录的深度与实际贯入的深度有出入时（特别是海床 CPT 系统），可根据采集仪所标注的数值和深度误差出现的深度范围，按等距修正法予以调整。当记录有锥头倾斜度时，其贯入深度可按式（5–2）进行深度修正。

$$z = \int_0^l C_{\text{inc}} \mathrm{d}l \tag{5-2}$$

式中：z 为贯入深度，m；l 为触探杆贯入长度，m；C_{inc} 为触探杆的倾斜修正系数，无量纲。

倾斜修正系数的计算公式见式（5–3）、式（5–4）。

对于非定向的倾斜仪：

$$C_{\text{inc}} = \cos\alpha \tag{5-3}$$

式中：α 为触探杆轴向与铅垂线的夹角，（°）。

对于定向的倾斜仪：

$$C_{\text{inc}} = (1 + \tan^2\alpha + \tan^2\beta)^{-\frac{1}{2}} \tag{5-4}$$

式中：α、β 分别为触探杆在相互垂直的两个方向上的偏斜角，（°）。

2）归零修正。如果试验前和试验后归零值的误差超过了规定的误差值，应对各传感器的输出加以修正。当零漂值在该深度测试值的 10% 以内时，可将此零漂值依归零检查的深度间隔，按线性内插法对测试值予以平差。当零漂值大于该深度测试值的 10% 时，宜在相邻两次归零检查的时间间隔内，按贯入行程所占时间段落依比例进行线性平差。

各深度的测试值按式（5–5）修正。

$$x'_d = x_d - \Delta x_d \tag{5-5}$$

式中，x'_d 为某深度 d 读数的修正值；x_d 为深度 d 的测试值（读数）；Δx_d 为深度 d 的零漂修正量（平差值），分正、负。

3）孔压修正。使用 CPTU 探头在水下贯入土中时，由于锥头及摩擦筒上、下端面受水压力面积的不同，量测得的锥尖阻力或侧壁摩阻力并不代表实际的真锥尖阻力和真侧壁摩阻力，这时可以用孔压值对锥尖阻力和侧壁摩阻力进行修正以便得到真值。

锥尖阻力可按式（5–6）进行孔压修正。

$$q_t = q_c + (1-\alpha)u_2 \tag{5-6}$$

式中：q_c 为实测锥尖阻力，MPa；q_t 为孔压修正后的总锥尖阻力，MPa；u_2 为锥头肩部实测孔隙水压力，MPa；α 为有效面积比，即探头顶柱横截面面积 A_a 与锥底横截面面积 A_c 之比，一般为 0.8。

（2）其余静力触探参数。用读数方式取得孔压静探原始数据后，除锥尖阻力 q_t 外，其余的静力触探参数可按式（5–7）～式（5–10）计算。

$$Q_{\text{tn}} = \left[(q_t - \sigma_{v0})/p_a \right] \times (p_a/\sigma'_{v0})^n \tag{5-7}$$

$$B_q = \Delta u/(q_t - \sigma_{v0}) \tag{5-8}$$

$$R_f = (f_s/q_t) \times 100\% \tag{5-9}$$

$$F_r(\%) = f_s/(q_t - \sigma_{v0}) \times 100\% \qquad (5-10)$$

式中：Q_{tn} 为归一化锥尖阻力，无量纲；σ_{v0} 为土上覆总应力，kPa；p_a 为标准大气压，kPa，取 100kPa；σ'_{v0} 为土有效上覆应力，kPa；B_q 为孔压参数比，无量纲；Δu 为触探超静孔隙水压力，kPa；R_f 为摩阻比，%；f_s 为侧壁摩阻力，kPa；F_r 为归一化摩阻比，无量纲。

（3）静力触探试验曲线。静力触探测试数据通常以连续的图表形式表示。对于双桥探头，应绘制锥尖阻力 q_c 与贯入深度 h 的关系曲线、侧壁摩阻力 f_s 与贯入深度 h 的关系曲线、摩阻比 R_f 与贯入深度 h 的关系曲线。对于孔压探头，还应绘制孔压 u_2 与贯入深度 h 的关系曲线；带测斜功能的探头，宜绘制不同深度处水平偏移距离与贯入深度的关系曲线。同时需要以下校正的图表：真锥尖阻力 q_t 与贯入深度 h 的关系曲线、修正摩阻比 R_f 与贯入深度 h 的关系曲线、孔压参数比 B_q 与贯入深度 h 的关系曲线。

（六）试验成果的应用

根据目前国内外的研究与经验，静力触探试验成果在电力电缆工程勘测的应用主要有以下几个方面。

（1）土层划分。静探贯入阻力是土强度及变形性质的综合反映，而锥尖阻力 q_c 又是诸参数最为常用的一个。不同土层可能有相同的锥尖阻力 q_c，而孔压值 u_2 和侧摩阻力 f_s 可大不相同。因而在划分土层时，要求以锥尖阻力 q_c 为主，结合孔压值 u_2、孔压参数比 B_q 及摩阻比 R_f 等参数予以划分，以同一分层内的触探参数基本相近为原则。

（2）土的工程分类。CPT、CPTU 主要是根据各种阻力大小和曲线形状来进行地层划分，国内外已对使用 CPT、CPTU 进行土的工程分类进行了大量的研究，但在土分类方法和名称上存在很多差异。国内土分类方法和名称主要根据《土的工程分类标准》（GB/T 50145—2007）、《岩土工程勘察规范（2009 年版）》（GB 50021—2001）进行划分，其划分标准主要基于颗粒级配、塑性指数两个指标；而国外采用的土类名称和分类方法主要是根据美国试验与材料学会的统一土质分类方法，大多不能直接用于国内工程。

（3）估算黏性土的不排水抗剪强度 C_u。地基土的不排水抗剪强度 C_u 是电缆保护方案制订的主要依据之一，设计时可用以评估渔船拖网承板和船舶锚具等穿入海床的深度，以确定电缆的安全埋置深度。

静探探头以标准的速度贯入时，对于饱和黏性土，其贯入过程相当于不排水条件，因此对量测黏性土的不排水抗剪强度 C_u 是较可行的办法。基于 CPT、CPTU 资料，可采用净锥尖阻力、有效锥尖阻力和超静孔隙水压力，分别估算 C_u。

（4）评价砂土的相对密实度 D_r。砂土的相对密实度 D_r 是评价砂土工程性质的重要指标，一般采用标定槽试验进行统计分析，建立 D_r 与锥尖阻力之间的经验或半理论—半经验关系式。

我国《铁路工程地质原位测试规程》（TB 10018—2018）提出，石英质砂类土的相对

密实度 D_r，依据单桥静力触探锥尖阻力 p_s 可按表 5－10 判定。

表 5－10　石英质砂类土的相对密实度 D_r

密实程度	p_s（MPa）	D_r
密实	$p_s \geq 14$	$D_r \geq 0.67$
中密	$14 > p_s > 6.5$	$0.67 > D_r > 0.40$
稍密	$6.5 \geq p_s \geq 2$	$0.40 \geq D_r \geq 0.33$
松散	$p_s < 2$	$D_r < 0.33$

（5）评定地基土承载力。我国《铁路工程地质原位测试规程》（TB 10018—2018）总结了一些实用的经验公式，可作为电缆工程勘测时参考。

（6）地基液化判别。采用 CPT、CPTU 试验成果对饱和砂土、粉土进行液化判别时，可分别采用国内规范判别法和国外 Seed 简化判别法。

二、标准贯入试验

标准贯入试验（standard penetration test，SPT）是工程地质钻探过程中，用质量为 63.5kg 的重锤按照规定的落距（76cm）自由下落，将标准规格的贯入器先打入土中 15cm，然后记录再打入 30cm 的锤击数 N，以判定土层的性质。

（一）设备组成及规格

标准贯入试验设备由标准贯入器、管靴、钻杆及穿心锤（即落锤）组成，其设备规格见表 5－11。

表 5－11　标准贯入试验设备规格

组成部分	技术要求	标准
穿心锤（落锤）	落锤质量（kg）	63.5 ± 0.5
	落距（mm）	76 ± 2
贯入器	长度（mm）	500
	外径（mm）	51 ± 1
	内径（mm）	35 ± 1
管靴	长度（mm）	76 ± 1
	刃口角度（°）	$18 \sim 20$
	刃口单刃厚度（mm）	1.6
钻杆（相对弯曲 <1%）	直径（mm）	4.2

（二）适用范围、优缺点与使用目的

标准贯入试验主要适用于砂土、粉土和一般黏性土，尤其是对不易通过钻探取得原状土样的砂土、粉土具有重要意义，也可用于残积土和全风化、土状强风化岩石等；当土中含有粒径较大的碎石、姜结石或硬质胶结层时，其使用往往受到限制。

标准贯入试验的优点：设备与操作简单，土层适应性广，通过贯入器采取扰动土样，可以进行直接观察、鉴别，利用扰动土样还可进行颗粒分析等室内土工试验。标准贯入试验用于海上作业的缺点在于，成果准确性易受潮汐、潮流等海况条件引起勘探平台晃动的影响，离散性大，一般只能粗略评定土的工程性质。

在路由勘测中，使用标准贯入试验的主要目的包括采取扰动土样，鉴别和描述土类，按颗粒分析结果定名，还可用于判定残积层与全、强风化岩层的分界线等；根据标准贯入击数，利用地区经验，或通过与其他原位测试手段、室内土工试验成果进行对比，对黏性土的状态、砂土和粉土的密实度、土的力学参数等做出初步判别与评价；判定饱和砂土、粉土的地震液化可能性及地基液化等级等。

（三）试验成果的应用

标准贯入试验成果的应用，多年来国内外已总结出较多经验，但由于标贯击数往往具有较大的离散性，其成果应用可靠性尤其是用于确定土体力学参数时的可靠性不足，在以往实际应用中，经常出现较大偏差的问题。目前国内各行业的勘测或地基等规范修订时，利用标贯击数确定强度和变形参数的对应表或者经验关系等多已被删除，仅在部分专业工具书籍或文献中还有提及。因此，对于标准贯入试验成果的应用，一般情况下可用作其他原位测试或土工试验成果的对比参考使用。

实际应用时，对于标准贯入击数 N 应按具体的岩土工程问题，参照有关标准考虑是否作杆长修正或其他修正。

1. 判别砂性土的密实度和相对密度

《岩土工程勘察规范（2009 年版）》（GB 50021—2001）、《铁路工程地质原位测试规程》（TB 10018—2018）等给出了用标准贯入击数实测值 N 或分层统计平均值 $\overline{N}$，来判别砂土的密实度、相对密度 D_r 的经验对应关系，见表 5 - 12。

表 5 - 12　标准贯入击数与砂土密实度、相对密度的经验关系

N（$\overline{N}$）	$N \leqslant 10$	$10 < N \leqslant 15$	$15 < N \leqslant 30$	$N > 30$
相对密度 D_r	$D_r < 0.33$	$0.33 < D_r \leqslant 0.40$	$0.40 < D_r < 0.67$	$D_r \geqslant 0.67$
密实度	松散	稍密	中密	密实

注　表中标准贯入击数宜采用分层统计平均值 $\overline{N}$。

《建筑地基检测技术规范》（JGJ 340—2015）给出了用标准贯入击数实测标准值 N_k，

来判别粉土的密实度的经验对应关系，见表 5 – 13。

表 5 – 13　标准贯入击数与粉土密实度的经验关系

N_k	$N_k \leqslant 5$	$5 < N_k \leqslant 10$	$10 < N_k \leqslant 15$	$N_k > 15$
密实度	松散	稍密	中密	密实

2. 判别黏性土的稠度状态

《建筑地基检测技术规范》（JGJ 340—2015）给出了用标准贯入击数修正标准值 N'_k，来判别黏性土稠度状态的经验对应关系，见表 5 – 14。

表 5 – 14　标准贯入击数与黏性土稠度状态的经验关系

N'_k	$N'_k \leqslant 2$	$2 < N'_k \leqslant 4$	$4 < N'_k \leqslant 8$	$8 < N'_k \leqslant 14$	$14 < N'_k \leqslant 25$	$N'_k > 25$
液性指数 I_L	$I_L > 1$	$1 \geqslant I_L > 0.75$	$0.75 \geqslant I_L > 0.5$	$0.5 \geqslant I_L > 0.25$	$0.25 \geqslant I_L > 0$	$I_L \leqslant 0$
稠度状态	流塑	软塑	软可塑	硬可塑	硬塑	坚硬

3. 估算砂土的内摩擦角

《工程地质手册》（第五版）总结归纳了国内外采用标准贯入击数 N 估算砂土内摩擦角 φ 的一些经验公式和对应关系。

4. 估算地基土承载力

《建筑地基检测技术规范》（JGJ 340—2015）给出了用标准贯入修正击数 N'，初步判定砂土、粉土及黏性土地基承载力特征值 f_{ak} 的经验对应关系，见表 5 – 15 ~ 表 5 – 17。

表 5 – 15　标准贯入修正击数 N' 与砂土承载力特征值 f_{ak} 的经验关系

N'	10	20	30	50
中砂、粗砂 f_{ak}（kPa）	180	250	340	500
粉砂、细砂 f_{ak}（kPa）	140	180	250	340

表 5 – 16　标准贯入修正击数 N' 与粉土承载力特征值 f_{ak} 的经验关系

N'	3	4	5	6	7	8	9	10	11	12	13	14	15
f_{ak}（kPa）	105	125	145	165	185	205	225	245	265	285	305	325	345

表 5 – 17　标准贯入修正击数 N' 与黏性土承载力特征值 f_{ak} 的经验关系

N'	3	5	7	9	11	13	15	17	19	21
f_{ak}（kPa）	90	110	150	180	220	260	310	360	410	450

5. 判别饱和砂土、粉土的地震液化

《海底电缆管道路由勘察规范》（GB/T 17502—2009）规定，当路由区有饱和砂土或粉土分布时，应判别液化的可能性，地震烈度为Ⅵ度时，一般可不考虑砂土液化；地震烈度大于Ⅵ度时，按《建筑抗震设计标准（2024 年版）》（GB/T 50011—2010）进行判别。

第六节　土工试验

土工试验可以分为船上土工试验和室内试验两部分。

一、船上土工试验

船上土工试验主要测试内容为微型十字板剪切、微型贯入、泥温、热阻系数、电阻率等，如船上有试验条件可进行天然密度、天然含水率、无侧限压缩等项目。船上土工试验中微型贯入试验、微型十字板试验是海底电力电缆工程有别于其他工程的地方。

（一）微型贯入试验、微型十字板试验

微型贯入仪由一个小的金属圆杆和圆柱形探头（测头）组成（见图 5 – 9），试验时将其慢慢压入黏土质样品中，直至达到一个标准的贯入深度，通过一个可直接读出抗剪强度值的经过标定的弹簧将贯入的阻力记录下来。

微型十字板剪切仪由一个圆杆和带放射状叶片的金属圆盘（测头）构成（见图 5 – 10），这些叶片从一个平面上向外凸起。试验时，将圆盘压向土样中，直至叶片完全进入土中。然后通过一个转矩弹簧的旋转对圆盘施加转矩，直到压入叶片之间的土从土样中剪断为止，转矩弹簧的旋转经过校正可直接标示出土的抗剪强度。

图 5 – 9　微型贯入仪试验

图 5 – 10　微型十字板剪切试验

样品取上后，首先进行肉眼鉴定和描述，然后在截取的岩芯样段两端或箱式原状样的中间部位进行微型十字板剪切和微型贯入等试验。

微型十字板剪切和微型贯入试验适用于均质饱和软黏土，测试应避开试样中的硬质包含物、虫孔和裂隙部位，试验时应根据土质的软硬程度，选取不同型号的测头和不同测力范围的仪器。

1. 微型贯入仪试验测试要求

（1）贯入时应避开试样中的硬质包含物、虫孔和裂隙部位。

（2）贯入点与试样边缘间的距离和平行试验贯入点间的距离应不小于 3 倍测头直径。

（3）贯入过程中应保持测头与土样平面垂直，且应以 1mm/s 的速度匀速贯入，直至测头上刻划线与土面接触为止，试验停止，记录试验读数。

（4）每个样品平行试验次数应不少于 3 次，剔除偏差较大的值后，取其平均值，作为测试结果。

（5）每次试验后应清除测头上的泥土，以保证试验结果的准确性。

（6）记录试验仪器的型号、探头规格、样品编号、试验深度、试验结果、试验人员等内容。

2. 微型十字板剪切试验测试要求

（1）用切土刀修平被测土样表面，将剪力板垂直插入被测土样至剪力板翼片的高度，即垂入深度与剪力板高度一致。

（2）将指针拨至零点，以 6°/s 的速度匀速旋转剪力仪的扭筒，直至样品被剪断，试验结束。若样品剪切强度超过仪器量程，试验结束。

（3）每个样品平行试验次数应不少于 3 次，取其平均值作为测试结果。

（4）记录试验仪器的型号、十字板头规格、样品编号、试验深度和试验结果、试验人员等内容。

（二）海洋土电阻率试验

海底土的电阻率是由土粒的矿物成分以及孔隙水的离子成分、活动性决定的，电阻率大小主要与海底土质特征（包括土的成分，结构构造）、含水量、含盐量、泥温等有关。海底土的电阻率是海底表层沉积物腐蚀性大小的重要指标，高的电阻率会延缓腐蚀作用的进行。土的电阻率一般随着土的含水量增加和化学成分的增加而减低。砂质土的电阻率较高，大于 $100\Omega \cdot m$，腐蚀性较小；而黏性土的电阻率较低，小于 $10\Omega \cdot m$，被认为腐蚀性较大。

海底土的电阻率不仅可以指示腐蚀速率，还可以判别沿路由海底土电阻率的变化，海底管道等长距离埋设金属结构物，由于土的电阻率不同容易形成宏电池，从而导致海底腐蚀加剧发生。通常海底土电阻率小的地方形成阳极，而海底土电阻率大的地方形成阴极。

一般室内土壤电阻率测试采用温纳四极法，遵循《岩土工程勘察规范（2009 年版）》（GB 50021—2001）中第 12.1.3 条以及《Standard Test Method for Field Measurement of Soil Resistivity Using the Wenner four–Electrode Method》（ASTM G 57–20）的要求。

（三）土热阻系数试验

海底电力电缆敷设成本高，维修不方便，合理确定其载流量对保证电力系统长期稳定运行具有重要意义。海底电力电缆通过周围土壤散热，因此土壤导热性能的好坏对电力电缆的载流量影响较大。随着热阻系数的增大，载流量明显减小，即随着热阻系数的增大，土壤的导热性变差，从而不利于电力电缆热量的耗散，因此载流量减小。载流量与土壤热阻系数近似呈二次函数关系。

热导率（导热系数）是材料的一种特性，它表示当某种材料中存在某一温度梯度 DT（K/m）时，流过这一材料的热通量 f（W/m^2），符号用 I 表示，单位用 W/（m·K）表示。热通量的计算公式为：热通量 = 导热系数 × 温差。

一般而言，有许多方法来测量导热系数，但每种方法都只适用于有限的几种材料，这取决于材料的热性能和温度，可以将这些方法分为"稳态"和"非稳态"技术。"稳态"技术适合于测量处于热平衡状态的材料，这使得信号分析过程很容易（"稳态"意味着信号是稳定不变的）。缺点是，它通常需要很长的时间才能达到所要求的热平衡。"非稳态"测量技术可以在升温过程中对材料进行测量，优点是测量相对迅速。传统稳态法通常要求小心制备样品，要求试样质地均匀、干燥（含湿会影响测定精度）、平直、表面光滑；且传统稳态法测量时间也相对长很多。非稳态技术的优点就是快速，不需要小心制备样品。因此，这样的传感器既适合快速室内实验也可以用于野外原位测试。

本书所介绍的热阻系数测量基于非稳态探针技术方法（non – steady – state probe，NSSP）。NSSP 有一根代表热源的加热线，以及可以测量这个热源温度的温度传感器，测试时热探针被插入研究介质中。NSSP 的原理依赖于线源的一个独特特性：一段过渡时间后，温度的变化量 ΔT 只与加热器的功率 Q，以及介质的热导率（导热系数）λ 有关。

$$\Delta T = \frac{Q(\ln t + B)}{4\pi\lambda} \qquad (5-11)$$

式中：ΔT 为温度变化量，K；Q 为加热器功率，W/m；λ 为介质的导热系数，W/（m·K）；t 为时间，s；B 为一常数。

假设开始加热的时间为初始点，即 $t=0$，该探针加热时间为300s，待温度稳定后，记录高于100s且间隔为150s的两个时间点 t_1 和 t_2。ΔT 为时间 t_1 和 t_2 之间的温度差，则导热系数 λ 为：$\lambda = Q\ln(t_2/t_1)/(4\pi\Delta T)$。

（四）海洋土氧化还原电位测试

氧化还原电位作为介质（包括土壤、天然水、培养基等）环境条件的一个综合性指标，已沿用很久，表征介质氧化性或还原性的相对程度。海底沉积物的氧化还原特征是海洋沉积环境变化程度的集中体现，对海洋底栖生物活动、涉海工程地质环境尤其是海底管道的腐蚀过程影响很大。

依据《海洋调查规范》（GB/T 12763—2007）、《海洋监测规范 第 5 部分：沉积物分析》（GB 17378.5—2007）和《岩土工程勘察规范（2009 年版）》（GB 50021—2001），测定氧化还原电位的常用方法是铂电极直接测定法。该方法基于铂电极本身难以腐蚀、溶解，可作为一种电子传导体。当铂电极与介质（土壤、水）接触时，土壤或水中的可溶性氧化剂或还原剂将从铂电极上接受电子或给予电子，直至在铂电极上建立起一个平衡电位，即该体系的氧化还原电位。由于单个电极电位是无法测得的，故需与另一个电极电位固定的参比电极（饱和甘汞电极）构成电池，用电位计测量电池电动势，然后计算出铂电极上建立的平衡电位，即氧化还原电位 E_h 值。具体操作方法为：将极化电压调节到 600mV 或 750mV，以银—氯化银电极作为辅助电极，铂电极接到电源的正端，阳极极化（极化时间 10s 以上自由选择），接着切断极化电源（去极化时间在 20s 以上自由选择），去极化时监测铂电极的电位（对甘汞电极）。内电极电位 E（mV）和去极化时间的对数 $\log t$ 之间存在直线关系。以相同的方法进行阴极极化和随后的去极化监测。阳极去极化曲线与阴极去极化曲线延长线的交点相当于平衡电位。

二、室内试验

（1）试验内容包括天然密度、天然含水率、比重、界限含水率、颗粒分析、固结试验和抗剪强度试验等，见表 5 – 18。

表 5 – 18　海洋沉积物的物理力学性质测试项目

	测试项目	测试方法	测定与计算参数
物理性质	天然密度	环刀法	天然密度、干密度
	天然含水率	烘干法	水/土的质量比
	比重	比重瓶法	土粒相对水的比率
	界限含水率	液塑限联合测定法	液塑限、液塑性指数
	颗粒分析	综合法	砂、砾和小于 200 目的颗粒组分
力学性质	固结试验	常规固结法	孔隙比—压力曲线
	直接剪切试验	快剪试验法	应力—应变曲线 抗剪强度—压力曲线
	三轴压缩试验	三轴不固结不排水试验方法（UU）	应力—应变曲线 不固结不排水剪切强度曲线

（2）按《土工试验方法标准》（GB/T 50123—2019）的要求开展试验，根据工程要求也可参照国内或国际其他相关标准。

第六章
海底不良地质作用类型及其对
海底电力电缆的影响

　　海底不良地质作用是指在结构、构造或因序次上对海底电力电缆敷设、维护等造成损害或潜在危害的地质作用（现象），主要类型有海底滑坡、浅部活动断层、凹坑、冲刷槽、沙波、潮流沙脊、浅层气、裸露或浅埋基岩、陡坡或陡坎、埋藏古河道和古洼地等（见表6-1）。海底不良地质作用严重制约着海底电力电缆工程的建设，且海底电力电缆长时间处于海底的特殊环境中，更易受到不良地质作用的损害，因此海底电力电缆工程路由勘测中，必须查明路由区域各种不良地质作用，并对电缆的铺设及安全防护产生的影响进行分析和评价。

表6-1　常见海底电力电缆不良地质作用类型、特征、危害

分类	特征	识别方法	危害
凹坑、冲刷槽	范围较大、深度较深的负地形，通常成片、成群分布。常具有明显的活动性特征	多波束、侧扫声呐综合分析	造成电缆变形，甚至折断
埋藏古河道、古洼地	明显的U形地层结构，反射特征差异明显。在浅地层剖面上常表现为地层反射结构不一	浅地层剖面探测、土工试验	易造成电缆裸露、悬空，甚至折断
浅部活动断层、浅层气	地层中出现明显的地层断裂结构，地层明显错断，或有气体状地层出现	浅地层剖面探测、侧扫声呐、静力触探	易造成电缆错位、折断
海底滑坡	地层中出现堆积物与槽脊结构	多波束、侧扫声呐综合分析	造成电缆折断危险
裸露或浅埋基岩、侵蚀残留地质体	强度高，基岩面或残留地质体起伏不平，且与周围土性差异大	浅地层剖面探测、侧扫声呐综合分析	长时间摩擦容易造成电缆的破损

分类	特征	识别方法	危害
陡坡和陡坎	地形变化较大、性质很不稳定	多波束、浅地层剖面探测综合分析	容易引起滑坡或崩塌，从而导致电缆暴露在海底表面，或者直接剪断电缆
沙波、潮流沙脊	水动力环境较强区域的丘状堆积体	多波束、浅地层剖面探测综合分析	电缆裸露海底或悬空，甚至断裂

海底不良地质作用的勘测方法以浅、表层地球物理方法为主，工程地质钻探为辅，采用的手段有测深、侧扫声呐、浅地层剖面、浅钻及静力触探等。单波束和多波束主要是对海底的水深状况、海底地形的探测，主要探测灾害地质的海底地形形态；侧扫声呐是对海底地质地貌以及海底表面障碍物的勘测，侧重于海底灾害地质的地貌表现；浅地层剖面数据能够反映海底浅表层的地层变化情况和各种地质现象；工程地质钻探通过获取表层沉积物分析区域地质情况。各种调查手段相结合方可查明各种不良地质的具体位置、规模、性质、产状，并评价它们对路由电缆铺设稳定性的影响程度，为工程建设以及海底电力电缆铺设、维护提供切实可靠的数据和资料。

第一节　海底凹坑与滑坡

一、特征与识别

1. 海底凹坑

海底凹坑是一种侵蚀型灾害地质类型。海底流体向海底快速冲刷或缓慢渗漏的过程通常会剥蚀海底沉积物，形成大小不等和形态各异的凹坑，一般规模较小，直径数米至数十米不等，多呈近圆形或椭圆形，数个凹坑交汇可形成宽度达百米以上、形态不规则的洼地。凹坑是一种残留地貌，其分布的地质环境多种多样，如油气聚集区、河口区、下覆结晶基底区域、富含流动地下水区域等。凹坑在侧扫声呐声学图谱上表现为反射强度弱，灰度浅等特征（见图 6-1~图 6-3），通常在较硬底质沉积物区发育，凹坑内沉积物一般较粗。

部分海底流体通过运移通道渗出海底，剥落海底表面松散沉积物形成的凹坑，可指示海底天然气水合物等资源和潜在地质灾害，其活动还会增大滑坡等海底地质灾害的可能性，对海底电力电缆铺设造成安全隐患。

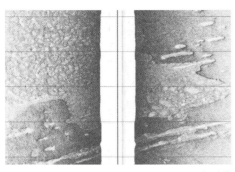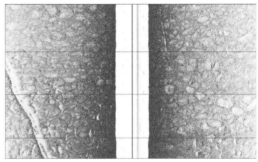

图 6 - 1　小型浅凹坑侧扫声呐声学图谱

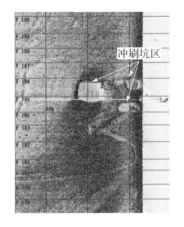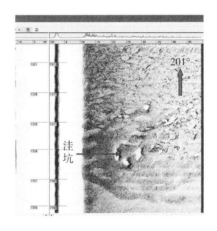

图 6 - 2　冲刷坑侧扫声呐声学图谱　　　　图 6 - 3　凹坑侧扫声呐声学图谱

2. 海底滑坡

海底滑坡是海底土体或岩体等斜坡沉积物在内动力作用（地震、断裂、火山等）或外动力作用（波浪、洋流、天然气水合物分解等）诱发因素共同作用下，整个土体或岩体向下滑动的一种外力地质过程。它主要分布在大陆架外缘、三角洲前缘陡坡处、上陆坡区、海岸附近陡坡地段及大型冲刷海槽的两侧。崩塌是滑坡的一种极端类型，二者在一定条件下可互相诱发和互相转化，对海洋工程环境造成巨大影响，严重危害海底电力电缆。

典型的滑塌体往往表现为丘状或楔状外形、弱振幅（局部中~强振幅，见图 6 - 4），甚至透明反射、连续性差的地震反射特征，局部有张性断层、逆冲断层以及挤压褶皱等构造发育。与之相比，限制型滑塌体最明显的特点是在顺坡滑动方向突然终止。海底滑坡受滑移块体和碎屑流影响，其海底地形和内部构造明显不同于其他区域。

地球物理资料（多波束和反射地震、侧扫声呐等）是目前识别海底滑坡最为重要的手段。海底滑坡在剖面图谱上主要表现为杂乱或透明的地震相，并且在不同部位（头部、过渡带和趾部）表现为拉张或挤压的构造特征。随着高精度地球物理资料在海洋中的普及，越来越多的海底滑坡被识别出来。

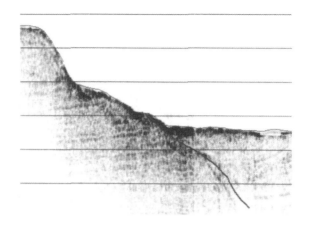

图 6 - 4 海底滑坡（浅地层剖面影像）

二、对海底电力电缆的影响分析

（1）海底凹坑通常成片、成群分布，常具有明显的活动性特征。凹坑的存在对海底电力电缆敷设是一个很大的障碍，单个的负地形及其伴随的坑壁对电缆的施工会产生一定的影响，主要表现在电缆埋设深度的突变，其次，由于凹坑的不稳定性，还可造成电缆运营期的折断等危险。

（2）在众多地质灾害中，海底滑坡的危害性十分严重，其伴随形成浊流和碎屑流，将沉积物运移数百千米，能造成电缆被切断等灾害性事件。如1926年北美洲大巴哈马群岛沿岸由于地震在大陆坡水深900～3500m地段发生滑坡，布设在斜坡上横穿大西洋的6股海缆全部被切断。日本1972年7月由于暴雨形成的洪流携带大量泥沙入海，迅速堆积在大陆架上，沉积形成过载负荷，结果发生大规模海底滑坡，使敷设在离小原田海岸6.5km、水深850m陆架上的海底电力电缆被切断。

此外，海底滑坡的活动性类型及其发展趋势也应引起重视。海底电力电缆的铺设应避开可能发生滑坡和地震的地段，降低施工期间的风险。如果部分区段仍不可避免地穿越了海底滑坡区域时，建议设计和施工方做好相应的应对措施，提高海底电力电缆的结构和强度，以此来避免或最大程度减小海底滑坡对电缆安全可能产生的不良影响，预留足够的电缆余量，以保证电缆的安全。

第二节 裸露基岩与侵蚀残留地质体

采用多波速水下地形测量、侧扫声呐微地貌探测、地层剖面探测等手段，充分查明海底裸露基岩、浅埋基岩与侵蚀残留地质体的分布情况，是路由勘测中的一个重要内容。

一、特征与识别

1. 裸露和浅埋基岩

裸露和浅埋基岩常见于基岩海岸区及岛礁附近，往往表现为基岩面不规则、起伏较大，局部发育有出露基岩或礁石等。据调查，我国约有 5000km 基岩海岸，约占大陆总海岸线的 30%。由于基岩面起伏大，与周围的岩性不均一，侧扫声呐记录显示此类型声波发射强，并伴有明显的声学阴影，其特征如图 6－5 所示。

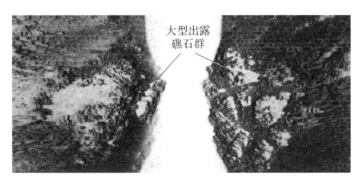

图 6－5　侧扫声呐图显示的大型出露礁石群

浅地层剖面反射特征以中至低频强振幅，同相轴中至低连续性为主，反射形态主要表现为随机的高低起伏。图像上基岩面的凸起表现为圆锥状，内部的反射模糊杂乱，无层次，绕射波发育，上覆少量沉积物或直接出露海底，如图 6－6 所示。

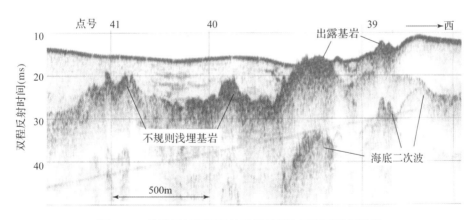

图 6－6　浅地层剖面显示的出露基岩和不规则浅埋基岩

2. 侵蚀残留地质体

侵蚀残留地质体常发育于海底侵蚀区，如黄河三角洲、南海北部等地区。侵蚀作用的发展演化与区域海平面的升降变化有关，在低海平面时期，以河流冲积为最典型的侵蚀残留地貌；至高海平面时，又遭到海底水动力作用的连续推移、搬运、堆积、改造。

侵蚀残留体沉积与周边海底沉积物比较而言，往往在以下三个方面有显著差异：

（1）残留体沉积物粒度较周边沉积物粗，如周边为黏土，残留体为砂或者砾石等沉积物，这种情况在许多工程勘测报告中，往往称之为砂斑。

（2）残留体为外力作用带来的碎屑物，在海流或波浪作用下聚集而成。碎屑物成分可以为垃圾、工程废弃物和遗留物等无明显高度的团块状物质，在人类活动密集区或航道等区域常见，国外文献中称之为 Debris。

（3）残留体与周边沉积物在成分上没有差别，但其物理力学性质却与周边沉积物有显著区别，如黄河三角洲周边普遍发育的硬黏土，其硬度之大可以与铁板砂媲美。

海底侵蚀残留地质体在侧扫声呐声学图谱上，表现为反射强度与周边海底存在较大差异，且四周或某侧发育冲刷痕，呈斑状展布，如图 6 – 7 所示。

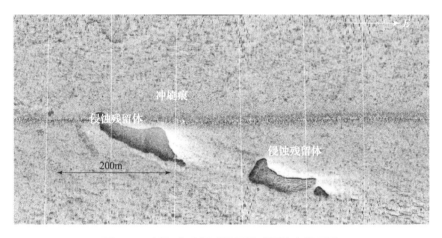

图 6 – 7 侧扫声呐得到的侵蚀残留体声学图谱

二、对海底电力电缆的影响分析

裸露基岩、潜伏于海底面下的基岩与侵蚀残留地质体等属于典型的限制性灾害地质因素，本身不具有活动性和灾害性，但由于基岩面或残留地质体起伏不平，且与周围土性差异大，仍对海底电力电缆具有较大危害，存在灾害性隐患。

若电缆在此类海底面进行敷设，一方面，对于设计需要埋设的区域，需清除裸露基岩、硬质残留地质体，或在其上进行开挖，作业难度大，作业成本高；另一方面，裸露基岩、侵蚀残留地质体对电缆的摩擦影响比较大，尤其是基岩面起伏较不规则时，长时间摩擦容易造成电缆的破损，对电缆日后的安全和维护都极其不利。因此，这种地貌形态的海底或海岸较不利于电缆建设及其运营安全，路由勘测时应提高测线密度与勘测精度，路由和登陆点设计时则应优先予以避开。

第三节　潮流冲刷槽及陡坡

一、特征与识别

1. 冲刷槽

冲刷槽是一种负地形，它的空间几何形态从纵向上看，由深槽、深潭和深槽之间的浅段组成，横向上有主槽、边坡和浅滩等地貌单元。冲刷槽在沿岸及大陆架区分布较广泛，深度一般为 10～30m，特别是岛屿之间的潮汐通道槽规模更大，如东海舟山群岛之间的冲刷槽，其深度可超过 50m。冲刷槽是不稳定的水槽，周期性的潮流强弱变化，使冲刷槽的形态和深度发生变化，并在横向上也有迁移。

冲刷槽在侧扫声呐声学图谱上呈线形分布，而在浅地层剖面声学或单道地震图谱上呈"U"字形或"V"字形，底部为凹形冲刷面。通过沟内是否有充填物判断是否进行冲刷，出露于海底的地层多呈水平、斜交或交错层理。通过对侧扫声呐的处理和解释，确定海底管道出露情况，确定海底障碍物的位置、形状、大小和分布范围等，了解冲刷地貌等海底微地貌特征（见图 6-8）。通过对浅地层剖面或者单道地震数据的处理和解释，了解冲刷地貌的地层特征。

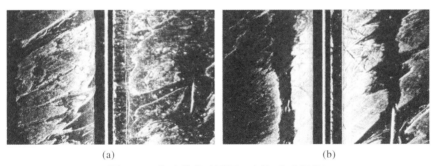

(a)　　　　　　　　　　　　　　(b)

图 6-8　海底片状冲刷区（侧扫声呐图像）

（a）海底片状冲刷区 1；（b）海底片状冲刷区 2

冲刷槽的边坡稳定性也是影响海底管线安全的重要因素，如浙江象山檀头山地区海底电力电缆路由勘测中所发现的冲刷槽，根据该区域浅地层剖面图所示，在东侧冲刷槽底部浅地层剖面可辨识轻微的滑坡构造（见图 6-9）。

冲刷地形使海底起伏加大，地形复杂，而冲刷脊和丘状突起的组成物质的强度较大，都给海底电力电缆的施工和维护造成困难，铺设海底电力电缆需要足够的富余度。如琼州海峡所发现的冲刷槽，根据侧扫声呐图像显示，冲刷槽、冲刷脊大致呈东西向延伸，大型冲刷槽的深度一般在 20～30m 之间，小型的一般在 4～6m 之间；丘状突起呈半椭球状，长轴大致东西走向，与流向一致。

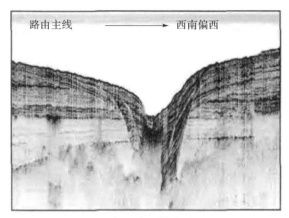

图 6 – 9　东侧冲刷槽浅地层剖面

2. 陡坡和陡坎

陡坡和陡坎的发育受控于沿岸地形地貌，多发育在地形变化比较大的地方，其坡度一般可大于 10°（见图 6 – 10）。同时，海底陡坎和陡坡也是潜在滑坡危险的地形因素，如河北南堡—曹妃甸海域内的陡坡基本与海岸线平行分布，陡坡的上部古沙坝常裸露，下部多被顺坡滑落的后期沉积物所掩埋（见图 6 – 11）。

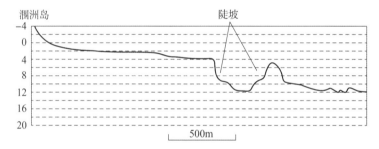

图 6 – 10　陡坡附近地形剖面

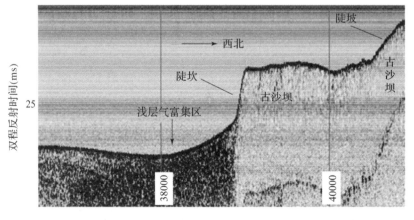

图 6 – 11　浅地层剖面上揭示陡坡、陡坎

178

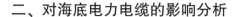

二、对海底电力电缆的影响分析

冲刷槽是不稳定的水槽，周期性的潮流强弱变化使冲刷槽的形态和深度发生变化，并且在横向上也有迁移。槽壁和槽底的地形起伏多变，这些冲刷地形使海底起伏加大，地形复杂，潮流把槽底物质带走，坡面沉积物产生滑塌，可能使海底电力电缆下的沉积物被掏空，导致海底电力电缆变形或者折断。此外，冲刷脊丘状突起的组成物质的强度较大，都给海底电力电缆的施工和维护造成困难，铺设海底电力电缆需要足够的富余度。冲刷地区的持续冲刷，势必影响该处电缆的埋深。因此，为了确保电缆路由的安全性和使用寿命，对于冲刷幅度较大的区域建议采取防冲刷措施，电缆设计应该绕开受海底冲刷作用强烈的海底，并采用埋设的施工方式，以确保海底电力电缆能在较长时间内的安全性。但潮流冲刷浅槽的冲刷和边坡的沉积动态都比较稳定，边坡的坡度和高度不会发生大的变化时，未来发生滑坡的可能性不大。

陡坡、陡坎除了地形变化较大外，其工程地质性质很不稳定，容易诱发滑坡或崩塌，从而导致电缆暴露在海底表面，或者直接剪断电缆。

第四节　海底沙波与砂斑

一、特征与识别

1. 海底沙波

海底沙波是由于海底的沙堆积体在波浪作用下形成的有韵律的地貌形态，是海底边界层潮流剪应力与海底砂砾沉积物相互作用形成的丘状堆积体，多分布在水深较小、海底宽而平缓、较强潮流和底砂（砾）分布的海域，是一种水流作用塑造的灾害地质类型。其轴线方向基本上垂直于主水流方向，与现代水动力条件相一致。理想情况下，沙丘两沙丘角应该对称分布，且对称轴方向为水流方向。但海底沙丘受到底流、供沙量以及海底地形要素的影响，沙丘角往往不对称发育。当供沙量减少，水流增强时，两沙丘角逐渐朝水流方向移动，迎水面和背水面都增宽，沙丘演变为沙脊；当供沙量增加，水流减弱时，两沙丘角逐渐伸直、延长、迎水面和背水面都变窄，沙丘逐渐演变成沙波。海底沙波形成以后，大多呈不对称发育，迎水面长而平，背水面短而陡，可以根据沙波的形态特征来判断海流的主要流向。

根据沙波的成因，可以把海底沙波分为两类：残留沙波和现代沙波。残留沙波是在末次盛冰期时，南海北部岸线下降到现今海平面 180m 的位置，在滨岸水下部分由于风浪和潮流的综合作用，较强水动力形成大规模的海底沙波和沙脊，冰后期海平面上升，沙波很快被掩埋在现代海平面以下的现在海底深度。残留沙波与现代水动力条件无关，可以稳定存在，只是由于海底起伏不平会对海底管线的铺设造成障碍。现代沙波形成于现代水动力环境中，并随着现代水动力环境的变化而改变。现代沙波具有活动性，有很大的破坏能力，当底流速度大于砂的起动速度时，沙波可以快速移动，移动的沙波造成海底掏蚀或堆积，从而造成海底管线的悬空或掩埋，危及海底工程的安全。

常见的水下沙质地形有潮流沙脊和波流沙波两大类型，前者是顺主水流方向前进的沉积沙体，后者是垂直主水流方向前进的砂质形态（见图 6 - 12）。

海底沙波在我国大陆架海域普遍存在，从近岸浅水区到大陆坡的中、下部均有分布。海底沙波种类较多，大小不一，很多沙波相互叠置，交错分布，在大型的沙波上往往发育有群生的小型沙波。沙波的分类方法有多种，一般是按照波长和波高进

图 6 - 12　海底沙波图像

行分类，大体上可分为沙纹、小沙波、沙波、沙丘和沙脊等。

沙波在侧扫声呐声图上显示为较明显的亮、暗带相间出现，亮带表示波峰，暗带表示波谷。海底线呈波状变化，脊线呈韵律条带状；脊线两侧回波强弱变化明显，且脊部回波强，槽部回波弱（见图 6 - 13、图 6 - 14）。

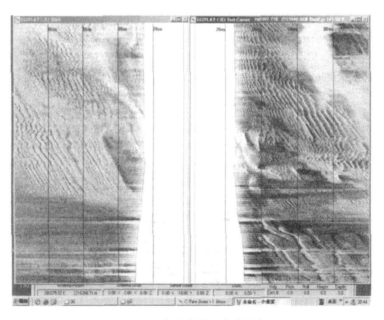

图 6 - 13　海底沙波（声呐影像）

图 6 - 14 海底沙波的侧扫声呐影像

利用浅地层剖面可以判断海底沙波内部结构，海底反射波呈连续锯齿状起伏，砂质结构的海底对其下形成反射屏蔽（见图 6 - 15）。

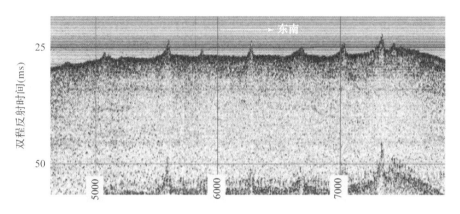

图 6 - 15 河北南堡—曹妃甸海域的活动沙波（浅地层剖面图像）

2. 砂斑

砂斑又称为侵蚀劣地，是海底表层发育的灾害地质类型，是在海流或波浪作用下，由于海底沉积物类型不同，或者物理力学性质差异而形成的沟槽与侵蚀平台相间分布的一种地貌形态。其表面呈不规则支离破碎状，表现为侵蚀残留体与周边冲刷槽成片连续分布的特征，主要在海底沉积物粒度较粗、以砂为主的海底区域发育。砂斑灾害地质类型在侧扫声呐声学图谱上表现为颜色深灰或浅黑的强反射不规则展布特征（见图 6 - 16、图 6 - 17），主要由于海底遭受不均匀冲刷而成。

砂斑是海底底质异常的直接反映，主要由局部底质突变引起。这些物质可以是贝壳、海底附着生物、珊瑚形成的胶结物或岩石，具有连片发育或呈零星分布的特征，一般在声呐图谱上呈强背散射的亮斑特征 ［见图 6 - 18 （a）］，浅地层剖面 ［见图 6 - 18 （b）］ 可见表层层状反射由海向陆逐渐变薄，直至尖灭。砂斑与层状沉积尖灭剖面段相对应，其物质成分可能为硬底质的残留沙或基岩与生物碎屑的混合物。

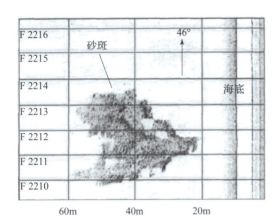

图6-16 砂斑（侧扫声呐图像）一　　　　　图6-17 砂斑（侧扫声呐图像）二

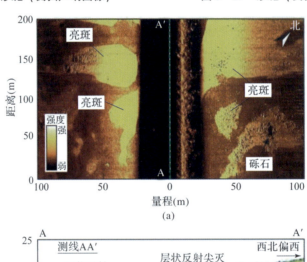

(a)

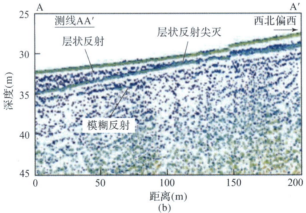

(b)

图6-18 海底砂斑图像

（a）侧扫声呐剖面；（b）浅地层剖面

二、对海底电力电缆的影响分析

海底沙波与砂斑均为海底地形与底质的突变，对海底电力电缆工程的影响集中表现在两个方面：

（1）在不活动的情况下由于地形起伏不平给海底电力电缆敷设造成障碍，其起伏的坡度一方面通过影响埋设犁的牵引力、电缆残余张力等威胁电缆安全，另一方面也影响埋设深度，尤其在波长与埋设犁尺寸相近的区域，波谷处容易发生电缆悬跨。

（2）海流的作用下随着时间的推移，沙波的运动变化会造成海底沙的掏蚀或堆积，其结果往往使埋设于沙波地带的海底电力电缆埋设厚度不够或裸露海底，甚至造成海底电力电缆失去支撑而破裂，导致海底电力电缆失去保护。

第五节　易活动性埋藏地质体

海底电力电缆长年敷设在海床表面或埋设在海床浅层，因此与存在于海面和海洋中层的海浪、洋流相比，海底地质活动对海底电力电缆的影响更大。除前述的海底活动沙坡、陡坡等不良地质作用外，对电缆工程有一定影响的海底易活动性埋藏地质体还包括海底埋藏古河道、浅层高压气等。

一、埋藏古河道

（一）特征与识别

1. 古河道成因与特征

埋藏古河道是一种埋藏在海底浅部地层中的灾害地质，广泛分布在大陆架区。其成因是在距今 15000～20000 年的玉木冰期，相当于晚第四纪更新世末，全球气候变冷，海平面下降，陆架多次裸露成陆，其上发育不少河流，在距今 10000 年左右的全新世初期发生大规模海侵，海平面抬升，在波浪、潮流等水动力作用下，原河流被全新世海相沉积物不断充填、覆盖，形成了埋藏于浅部地层中的异常埋藏体。

古河道最重要的特征是它伴生的河床相沉积，底部通常为卵石或粗砂层，向上过渡为砂层或粉砂层；在垂直剖面上，其颗粒大小的顺序是底部粗，上部细；在纵剖面上，则上游比下游粗。根据内部充填物性质和动力条件，进一步对埋藏古河道类型进行划分：根据充填差异划分为发散充填和前积充填；依据埋藏古河道声学地层结构区别，划分为杂乱反射、前积反射、发散反射或上超反射等类型，如图 6-19 所示。其中，发散充填和前积充填表明河道横向摆动的幅度较大，物源充足，河流下切作用小，对海上工程的危害相对较小；而杂乱或复合充填则反映出多变的水动力环境，充填物差异性很大，对工程的危害较大。

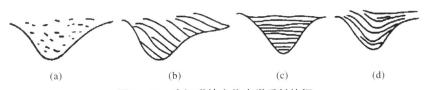

　　　（a）　　　　　　　　（b）　　　　　　　　（c）　　　　　　　　（d）

图 6-19　古河道填充物声学反射特征

（a）杂乱型反射；（b）前积型反射；（c）上超型反射；（d）发散型反射

根据海洋工程地质调查，我国南海大陆架、东海大陆架、黄河三角洲近岸海底、辽东湾浅海等均分布有数量可观的埋藏古河道。我国长江口外就发现有 4 条主要埋藏古河道，呈扇形排列，始于水深 40m 左右的海底，向外延伸到水深 100m 左右的古三角洲外缘，最长可达 400km。珠江口外也发育有纵横交错的网状水系，主要的古河道有 5 条。这些古河道均有其独特的沉积环境、独有的形态与特征。由于其形态、边界、内部结构及物理力学性质的不均一性，可能会造成诸如地基不均匀沉降、顺层滑坡、砂性土液化等危害。

2. 古河道识别

海底电力电缆勘测中，多采用浅地层剖面探测、高分辨率单道地震等来探查古河道的存在，高分辨率多道地震勘探使用相对较少。下面以浅地层剖面、高分辨率单道地震为例，介绍埋藏古河道的识别方法。

使用浅地层剖面、单道地震探测时，当测线横切或斜切古河道走向时，探测古河道的形态特征最为突出，据此可清楚地辨别出古河道的宽窄、深浅、充填物的沉积结构等。埋藏古河道在横断面上的声反射特征主要有以下几方面。

（1）在声反射剖面中，埋藏古河道的河床横断面边界轮廓能够产生强声反射，反射振幅较强，边界轮廓线明显，具有明显的河谷横断面形态特征，多呈不对称的 U 形或 V 形，具有中强振幅、波状起伏的反射底界。河道形状有的呈对称下凹形，有的呈不对称 U 形下凹的几何外形，横向上河谷形态明显，如图 6 - 20 所示。

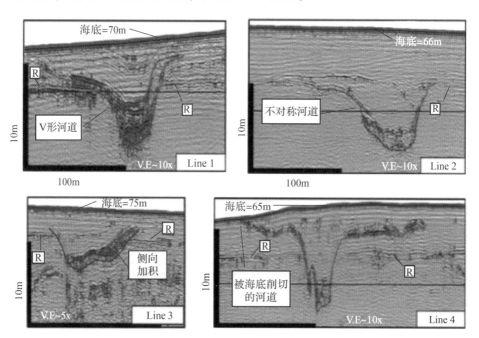

图 6 - 20 古河道在浅地层剖面上的典型记录

（2）古河道内沉积物与其周围地层沉积物的声学反射结构特征有明显区别，两者呈不整合接触。古河道通常对下伏沉积层有不同程度下切侵蚀，构成区域性的不整合接触，如

图 6 – 21 所示。

（3）埋藏古河道上覆地层往往为中振幅、中频率、连续～较连续的水平反射层，区域上与古河道沉积地层呈不整合接触。图 6 – 21 中显示的古河道内具有倾斜层理的堆积物之上有清晰的水平地层，这是海侵地层，与下伏的古河道堆积体呈明显的不整合接触。

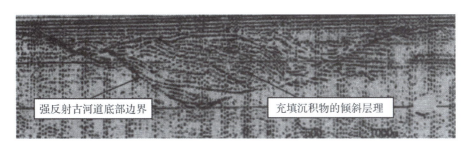

图 6 – 21 古河道底床形态声学反射特征

（4）古河道内充填的砂砾沉积物的声学反射结构特征以强振幅、变频率的杂乱反射为主，同相轴短，有变频率杂乱反射、平行或亚平行低角度层间反射、波状或交错状层间反射等，常有严重扭曲，不连续，且有丘状突起或槽形凹陷的结构形态，如图 6 – 22 所示。此外，同相轴有分叉或者归并现象，通常形成小型的眼球状结构，在河道顶部，普遍有同相轴突然中断，为明显的上超顶削。上覆为中振幅、中频率、连续～较连续的水平反射层，呈海侵夷平面，区域上与古河道沉积呈不整合或假整合接触。

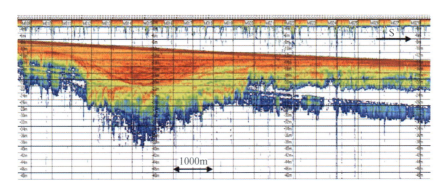

图 6 – 22 浅地层剖面反映的古河道充填物

（5）有的古河道河段断面复杂，虽然在声学剖面中古河道断面边界轮廓呈强反射，显示清晰，但往往在一个大河谷中有两个或者多个河槽地形发育，如图 6 – 23 所示。图 6 – 24 揭露的是双层古河道，上、下两层古河道充填沉积层之间有一个明显的强反射面，发育大型低角度斜层理，同时也带有交错层理及波状层理，这说明上、下两沉积层中间存在着一个沉积间断，推测它们可能属于两个不同的沉积阶段，也可能是在河流发育过程中河曲摆动形成的。

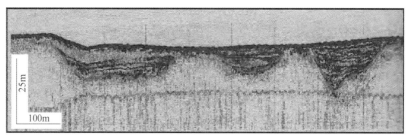

图 6 - 23 浅地层剖面揭示埋藏古河道中有多个河槽地形发育

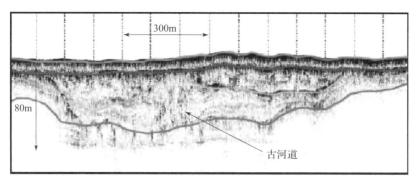

图 6 - 24 浅地层剖面揭示的层状古河道

（6）某些较大的埋藏古河道有叠瓦状反射结构，表现为小型、相互平行或不规则的倾斜同相轴，向河床缓岸一侧依次叠置，这种细层在相邻测线上的平面组合，有利于分析河流的空间流向；组合相邻测线埋藏古河道的叠瓦状发射结构，可以分析河流流向，如图 6 - 25 所示。还有一种上超充填型反射结构，在河床中的反射同相轴近水平，在河床中心同相轴向下略有弯曲。沉积层向河床缓岸的漫滩阶地逐层上超，向陡岸下超截切，反映了河流一边侧向侵蚀、另一边堆积的沉积特点。此外，在不同的河道中，反射波组强弱也有较大的变化，据此可以划分小型的沉积旋回，有利于推断水流能量的大小和物质成分的垂向改变。

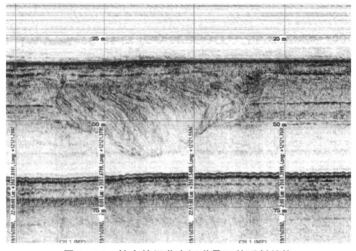

图 6 - 25 较大的埋藏古河道叠瓦状反射结构

（7）某些古河道会出现异常地震反射，即声波被吸收或严重屏蔽，产生反射空白带、区，解释为含气沉积物，即河道充填砂，便于气体的运移聚集，如图 6－26 所示。

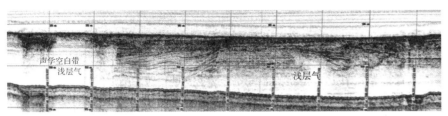

图 6－26　古河道中的异常反射构成的地震模糊区

进行电缆勘测时，除了在声学地层上对古河道断面形态特征进行判别分类外，更重要的是需要判别古河道内充填沉积物的工程性质，尤其需要判别古河道内堆积体是由陆域环境条件下堆积而成，还是由海侵时期溯源堆积而成。陆域环境下堆积的古河道体，许多是由洪水冲积而成，一些河漫滩阶地的土体下粗上细，分选较差，土质相对密实，透水性好；而溯源堆积的古河道砂体，其沉积物较细，分选较好，土的含水量较大，灵敏度高，固结度差，承载力差，易产生液化和变形等工程特性。

（二）对海底电力电缆的影响分析

海底埋藏古河道对电缆工程的危险性主要表现在以下几方面：

（1）由于沉积时间短，古河道内所充填的沉积物往往具有松散、含水量高、压缩性高及强度低等特点，固结程度低，且与下伏地层的工程特性有较大差异，易造成地层在平面和竖向的不均匀沉降，引起电缆发生拉断、错动等现象。

（2）大陆架上古河道沉积的上、下界面多为不整合，曾经历暴露风化或者海水进侵冲刷，物质结构疏松，是天然的物性界面。此外，古河道纵向切割深度不同，横向上沉积相变迅速，在近距离范围以内可能存在力学性质完全不同的两种沉积物，如河床砂体和河漫滩泥质沉积物等。在外力作用下，地基不稳定，可能会引发滑坡或层间错动，导致严重地质灾害。

（3）古河道的沉积物、充填物以粗碎屑砂砾石为主，孔隙度较大，层间水循环快，具有较强的渗透性，在水动力长期侵蚀、冲刷作用下，可能造成海底电力电缆裸露甚至悬空，使其在后续的运营期内可能遭遇不可控的风险。

（4）古河道的发育往往伴随着浅表活动断层的发生，河谷常是构造破碎带的位置，可能会发生构造活动现象，造成电缆的大规模严重损坏。

（5）古河道的沉积物以陆源碎屑为主，往往含有比较丰富的有机质，河流的快速搬运堆积，可能演化成甲烷、沼气，这些气体呈分散状渗透在河道沉积物的层间，或者聚集在河流砂体中成为浅层气气囊，降低地基强度，加剧海底不稳定性。

（6）古河道河口段常常发育诸如江心洲、边滩等均质的粉砂及细砂堆积体，含水量高，在波浪、地震等动荷载作用下，地基容易产生砂土液化现象，失去承载力。

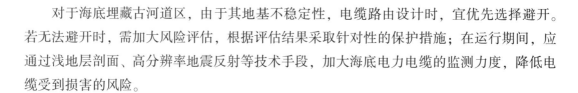

对于海底埋藏古河道区，由于其地基不稳定性，电缆路由设计时，宜优先选择避开。若无法避开时，需加大风险评估，根据评估结果采取针对性的保护措施；在运行期间，应通过浅地层剖面、高分辨率地震反射等技术手段，加大海底电力电缆的监测力度，降低电缆受到损害的风险。

二、浅层高压气

（一）特征与识别

1. 浅层气成因与特征

海底浅层气一般是指在海底面以下 1000m 之内聚集在海底沉积层之内的游离气体，是一种常见的地质现象，也是一种海洋灾害地质因素。

海底浅层气按照气源物质的不同，可将其分为有机成因和无机成因两种类型。有机成因是海底沉积层中的有机物质由于细菌作用、物理作用和化学作用形成的游离气体；而无机成因一般指在任何环境下无机物质所形成的游离天然气，主要有热液、火山作用、岩石变质作用等，还可以是地幔中存在的游离气体通过薄弱面向地表运移聚集形成的海底浅层气。海底浅层气的组成成分通常为甲烷、二氧化碳、乙烷、硫化氢等，其中以甲烷的含量居多，分布范围也最广。

海底浅层气主要分布于河口与陆架海区，我国近海海底分布着大面积的浅层气，如辽东湾、山东半岛滨浅海、长江口、杭州湾、浙江近岸、珠江口、北部湾、琼东南近海、黄河水下三角洲外海底、长江水下三角洲前缘和前三角洲相。这些区域的沉积物以富含有机质的陆源碎屑为主，厚度大，沉积速度快，在生物降解作用下，有利于生物气（沼气）等生成。浅层气可能出现在局部区段，如接近或沿着断层、沿着构造高处的顶部，也可能埋在面积为几十千米^{2}甚至几百千米^{2}的区域下面；可能分散在整个沉积物中，也可能局限在特定的沉积层中（如砂层）。在某些下伏有浅层气地区的海底，可形成不规则的隆起和凹地。生物成因的浅层气一般仅储存在浅部砂质地层中。

相关调查研究发现，浅层气在海底沉积物的赋存形态主要有以下四种，对于不同的储存形态，其声波和地震波响应也有所不同。

（1）层状浅层气。浅层气在海底的古河道、古湖泊、古三角洲等区域的沉积环境中一般以层状形态赋存，此类沉积环境有机质丰富，地质条件稳定，浅层气在形成后便呈大面积的层状分布在沉积层中。

（2）团块状浅层气。有的海底沉积层中，有机质分布不均或孔隙率大小差异，浅层气在沉积层中呈团块状的富集，而不是层状分布。

（3）柱状、羽状、烟囱状浅层气。浅层气在海底沉积物中通过海底断层、泥底辟、软弱带等向上运移时便会产生柱状、羽状和烟囱状分布的浅层气。如气源充足，海底没有很好的不透气盖层，浅层气可一直上升直至喷逸出海底。

（4）高压气囊和气底辟。当浅层气在前期不断运移聚集后，若存在上覆土层渗透系数低、封闭条件较好的沉积环境时，浅层气会聚集形成高压气囊。随着气体不断聚集，高压气囊的压力不断增大，当气压超过沉积层的封闭压力时，浅层气向外喷逸，形成气底辟。

在各种动力作用下，浅层气在海底沉积物中会不断聚集运移，在渗透性较低的黏土等构成的海底沉积物中，浅层气一般是垂直向上运移；在渗透性较强的砂质海底沉积层中，浅层气一般是沿着地层上倾的方向聚集运移；当沉积层中存在底辟或断层等通道时，浅层气可以快速向上运移。

2. 浅层气识别

目前，国内外主要通过测深、侧扫声呐、浅地层剖面、高分辨率地震勘探等地球物理勘探手段来识别浅层气的存在，其主要识别方法是通过探测含气地层与周围正常沉积地层的差异，或分辨海底面地形地貌的图像特征，或对水体层中声探测图像上的识别，来探测浅层气的分布。

（1）声波探测剖面上的海底浅层气识别。通常，声波探测剖面上的声空白带、声混浊、气烟囱、亮点、增强反射等表现，都标志着海底浅层气的存在。

在浅地层剖面记录上，连续性较好的反射波突然中断，形成声学空白带或模糊反射区，呈柱状、囊状或不规则状，则往往认为是地层含浅层气所致。这是由于地层含气量增加使声波传播速度降低，反射能量快速衰减而造成的。载气沉积层在声学浅地层记录剖面上形成低速屏蔽层，其反射结构有以下主要特征：①造成地层反射波相位在对比追踪中骤然中断；②其顶部以上的地层反射波清晰可辨，而下部地层反射波被部分或全部屏蔽；③低速屏蔽与正常地层交界处的内侧，因相位下拉而形成"低速凹陷"特征。在我国东海、南海的浅地层剖面上常出现不规则气囊，呈山脊状穿透周围沉积层，也有的呈气柱、气道上达海底（见图6-27）。

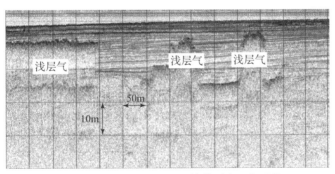

图6-27　浅地层剖面揭露的典型浅层气图像

（2）海底面声探测图像上的海底浅层气识别。采用侧扫声呐、测深、浅地层剖面等声学方法探测得到的海底面地形地貌图像，也可用于识别海底浅层气，其主要特征包括负向海底地形的麻坑和正向海底地形的凸起、底辟、泥火山及强反射海底等。

浅层气外溢可以在海底形成大量麻坑和穴口，如我国北部湾南部的莺歌海盆海底发现的大量麻坑群即与该海底天然气外溢有关，因此可以作为寻找天然气的地貌标志。在侧扫声呐记录上，连续的侧扫声呐扫描图像中常呈现环状、V形的凹坑和猫爪状的穴口等（见图6－28），如果调查区海底下有断层通过，这种现象则呈比较规则的线状分布。麻坑的大小取决于海底沉积物的性质和浅层气的强度，一般来讲，松软的黏性土等沉积物侧扫声呐图像上的麻坑大，而砂性土等沉积物侧扫声呐图像上的麻坑小。当侧扫声呐和浅地层剖面同步使用时，记录图像上可以同时观察到浅层气麻坑与对应的喷逸通道。

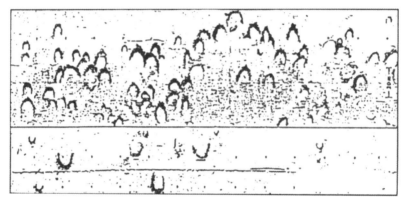

图6－28　侧扫声呐探测图像揭示的海底麻坑

浅层气在海底赋存时，可能会造成海底的凸起，此类凸起一般高度偏小，只有1～2m，但直径可超过100m，它的形成被认为是浅层气替换了海底沉积物孔隙中的水，从而导致体积变大而形成圆丘状的凸起。当浅层气的气压增大而向外小强度喷逸时，也会形成海底面的凸起，如图6－29所示。随着气压的进一步提高，浅层气会在海底形成底辟，在向海底喷逸过程中，还可以形成海底泥火山。这些地形地貌特征会在测深、侧扫声呐和浅地层剖面等声学方法探测得到的图像上明显的表现出来，易于识别。

（3）水体层中声探测图像的识别。当海底有气体逸出，且逸出气量较大时，逸出时形成的气泡在海底测深记录上反映的水柱中有雾状、烟囱状等现象，在侧扫声呐、地震剖面等图像上的主要特征有声学羽状流、云状混浊、点划线状反射等。

图6－30所示的浅地层剖面记录揭露的海水中有明显云雾状反射特征，区内海水反射形态较为规则，以云雾斑点状反射为主，均有柱状发育，其下方有明显地层反射模糊区，海底地层层理无法识别，这三处云雾状反射下方可见明显的海底凹陷。

（4）其他识别标志。除地球物理勘探手段外，在有浅层气的海域，还可利用海底沉积物和海水中烃类地球化学异常来识别海底浅层气。由于浅层气的运移、逸散、泄漏，其海底沉积物、海水甚至海水表面大气中都可形成烃异常显示，因此可通过烃类异常检测，如海底勘探钻井、泥浆测试、海底沉积物和海水取样化学分析等，来标识浅层气的存在和分布。

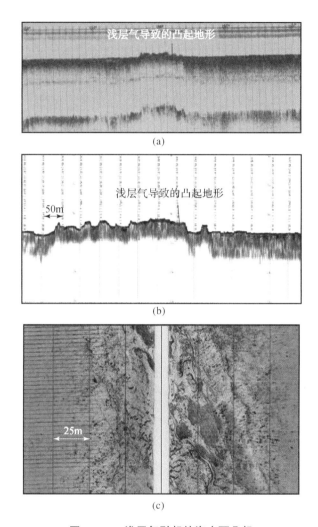

图 6 – 29　浅层气引起的海底面凸起

（a）回声测深；（b）侧扫声呐；（c）记录揭示的海底浅层气

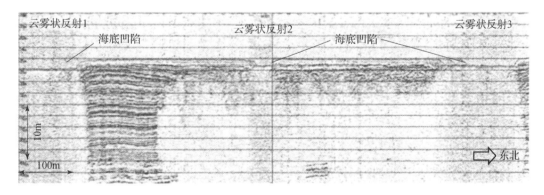

图 6 – 30　云雾状反射区的浅地层剖面记录

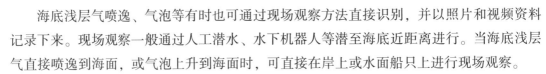

海底浅层气喷逸、气泡等有时也可通过现场观察方法直接识别，并以照片和视频资料记录下来。现场观察一般通过人工潜水、水下机器人等潜至海底近距离进行。当海底浅层气直接喷逸到海面，或气泡上升到海面时，可直接在岸上或水面船只上进行现场观察。

此外，目前国内外已研发出可探测浅层气的 CPT 设备，其探头配有薄膜界面探测器，可以探测出浓度较低的甲烷和硫化氢等气体，非常适合在勘探土层时使用，也适用于海底浅层气的探测。

（二）对海底电力电缆的影响分析

浅层气在我国东海大陆架和南海北部大陆架均有发现。作为具有活动能力的破坏性灾害地质因素，浅层气对电缆工程的危害性体现在以下两个方面：

（1）加剧海底不稳定性。沉积物中的气体改变了沉积层土质的力学性质，使沉积物中孔隙水压力增加，结构变松，破坏了土体的原始稳定性，其抗剪强度和承载能力比周围相应的沉积物要低，可能产生局部地基土不均匀下陷、液化塌陷和滑移等，加剧海底不稳定性，威胁海底电力电缆的安全性。

（2）气体释放的破坏作用。浅层气释放后，将产生相对较大的变形量，导致地层的下沉或失稳，有时会形成较大的塌陷洼地，对电缆路由的安全极其不利，在我国渤海湾北部曾发现过长 1km、宽 200m、深约 10m 的大型塌陷坑，坑内沉积物严重扰动，剪切裂隙发育。此外，层状储集的高压浅层气层，其含气量高、压力大，当钻入载气沉积物或由于载重过大引起沉积层崩裂时，会引起气体的突然释放，从而对电缆产生破坏，特别是高压浅层气释放时，甚至可以引起燃烧，造成生命及财产损失。

根据以往工程经验，一般情况下分布于砂质沉积中的浅层气，气压高，气量大，对电力电缆工程建设的危害大；而在泥质沉积中，气压低，气量小，一般断续分布于淤泥质土、黏性土的砂土夹层、透镜体顶部，不易冒泡、孔喷，对工程建设危害不大，但在开挖施工时仍需引起注意。

电缆路由勘测时应结合区域地质环境等，综合运用多种地球物理勘探手段，充分查明浅层气分布及其赋存特征，识别出各种形态的浅层气，并确定其成因，为路径选择及风险评估等提供基础资料，对科学避让浅层气及减灾防灾具有重大的现实意义。

第七章
海洋水文气象勘测

海底电力电缆处于复杂多变的海洋环境中，受海洋水文气象环境影响。海洋中的海流和海浪冲刷海底电力电缆沟槽，影响海底电力电缆的稳定性。位于破浪带的电缆受强水动力驱动与海床频繁摩擦发生磨损，浅水的波浪压力导致水下麻坑和斜坡失稳从而破坏电缆。特别是海上发生的台风、巨浪和风暴潮会对海底沉积物重新分配，直接对海底电力电缆产生影响。海底电力电缆冲埋后，由于海浪、海流对海底泥沙的作用可使海底电力电缆暴露。海底电力电缆暴露在海底后，越过海底电力电缆的海流在尾流处形成交错涡旋，引起海底电力电缆振动。如果旋涡振动周期接近海底电力电缆自振周期，就会引起剧烈的垂直振动，导致海底电力电缆损坏。此外，较强的水动力条件会造成海岸侵蚀，导致电缆登陆井漏水或整体暴露于海水，从而破坏井内设备。海水温度影响海底电力电缆电量损耗，而盐度对电缆有腐蚀作用，需要根据铺设海域的温度和盐度，选择合适规格的电缆铺设，避免造成不必要的损失。

风、浪、潮位和海流也影响着路由勘测及施工作业的安全和可行性，如大风与降水影响作业时间窗口、潮位变化导致作业船舶搁浅或影响电缆登陆工法、强海流影响电缆铺设精度和埋设深度。

海底电力电缆工程从规划、设计、施工和营运，都需考虑海洋水文气象因素影响。由于海底电力电缆工程路由范围较广，水文气象资料通常较为缺乏。对于无长期实测资料的路由海域，在历史资料收集和分析基础上，可以采用现场水文气象观测和数值模拟手段解决资料缺乏这一难题。现场水文气象观测是获取海洋水文气象资料的重要手段，数值模拟技术可以弥补数据时空分辨率不足，同时通过数值模拟也可对台风等极端条件影响进行针对性分析研究，是分析海流、海浪等动力要素对海底电力电缆工程影响的重要手段。通过资料收集、现场调查和观测、理论分析和数值模拟等方法，获取海洋水文气象资料，分析海域水文气象特征值，可为海底电力电缆路由的规划和设计、作业时间窗口期的选择，以及电缆敷设保护、维护和营运提供科学依据。

第一节 水文气象调查

水文气象调查的方式有现场踏勘、调查访问和考证、资料收集、现场观测等。水文气象调查目的为：①研究海洋站、水文站、气象站的资料相对拟建工程的代表性，为利用收集资料打下基础；②直接获取工程位置附近的水文气象资料；③获得历史资料中缺测的极值，为资料收集、现场观测以及水文气象分析打下基础。

根据海底电力电缆工程设计需要，水文气象调查项目一般包括潮位、波浪、海流、泥沙、温盐、冰凌、气旋及海床稳定性等。调查范围应包括工程所在区域，并考虑可能的变动范围。调查对象应包括工程所在区域及附近的渔村、临海已建工矿企业、海上建（构）筑物（如堤、码头、引水渠、丁坝等）、水文气象观测站以及相关行业或行政主管部门等。

一、潮位调查

1. 潮位调查的内容

潮位调查包括以下内容：

（1）最高潮位发生的时间、地点、最高潮位值、标志水深等，有无风浪影响及建（构）筑物挡潮壅高情况。

（2）最低潮位发生的时间、地点及离岸远近，最低潮位值、标志水深等，最低潮位时邻近工矿企业取水系统有无停止运转情况。

（3）年最高潮位的成因，如陆域洪水或风暴潮的影响。

（4）年最低潮位的成因，如河床或海床的抬降。

（5）工程区域若有观测站，应搜集观测站布置有关的资料，如观测站布设位置、地面高程和离海口远近等。观测站如位于河口，应注意河道上下游断面、坡降、弯曲度、冲淤情况、河口方位及海滩变迁情况。

（6）观测站观测的有关资料，如资料年数、自记记录及测站沿革、观测方法和仪器，水准标高改正数及水准基面、各基面的换算关系，上游来水情况（测站位于河口时），河道建（构）筑物控制运用情况及其对潮水位的影响。

（7）观测站及附近的雨量、风及浪的观测资料，其他有关资料，资料来源及可靠程度。

（8）工程区域及附近发生的海啸情况、海啸的类型等。

2. 潮位资料的审查、合理性分析

为了确定潮位资料的精确性，了解潮位特性及有关影响因素，搜集的潮位资料可以从以下几方面进行整理审查、插补和延长：

（1）统一水准基面，根据精密水准标高改正数修正实测潮位值。

（2）在相应日期内沿河岸（河口地区）或海岸线检查各站潮位变化及其相关关系的合理性。

（3）根据阴阳日历对照、上游来水、附近雨量及风的观测资料，来检查特高及特低潮位数值的合理性。

（4）查勘工程区域特大潮漫溢现象和低潮位海滩干涸情况。

（5）当观测站偏于内河或者位于感潮河段时，根据上、下游或左、右岸各站相应日期内同时水面线及变化趋势，来对潮位进行插补。

（6）如两站经纬度相近，或离海岸远近及河道情况相似（河口地区），可点绘两站潮水位的相关线进行展延。一般高潮水位相关关系较好，低潮水位相关关系较差。

二、波浪调查

1. 波浪调查的内容

波浪调查包括以下内容：

（1）工程邻近海域的强风向与常风向、强浪向与常浪向。

（2）工程邻近海域发生最大波浪的情况，包括发生最大波浪的原因，是受风浪影响还是涌浪影响；风浪或涌浪持续程度；最大波浪的发生时刻、来向、量值和重现期等；波浪造成的破坏情况；发生最大波浪时目击者的描述情况。

（3）邻近地区经历过最大波浪的建（构）筑物情况，包括建（构）筑物在海域中的具体位置、建（构）筑物形式（斜坡式或直立式）、轴向方位、附近水深及结构的防浪加固措施，发生最大波浪时建（构）筑物的运行情况（损坏或稳定），最大波浪的波高、波长和周期估计值等；建（构）筑物的设计潮位、设计波浪、设计风速及发生最大波浪时的历史气象资料，建（构）筑物平面、立面图，该海域海图等。

2. 波浪调查资料的审查、合理性分析

发生巨大波浪时建（构）筑物往往遭受破坏，有的观测站在巨大波浪来到时刻资料中断。因此，波浪调查资料应尽可能结合气象资料推算的波浪资料成果进行验证，主要是审查比较最大波浪的发生时刻、来向、量值和重现期。

三、海流调查

海流调查的内容为工程及附近海域的海流、潮流性质，主要包括以下几方面：

（1）潮流（涨、落潮）速度、方向，大风情况下（不同方向）海流情况。

（2）潮流和余流的大小、方向，有无沿岸流和离岸流存在，潮流椭圆现象是否明显，潮流转向情况（顺时针或逆时针）。

（3）河口地区洪水时潮流作用情况，潮流的往复特点。

（4）搜集本地区的潮流观测资料、潮流调和分析预报资料等。

四、海水温度、盐度调查

在海洋水文调查时应收集工程区域的海水温度、盐度资料。在进行资料搜集和调查时，不仅要有海水表面的资料，还要有垂直分布资料。

由于资料的专业性较强，因此多通过当地海洋局或者海洋观测站（点）收集。当所在海域无历史观测资料或者历史资料内容不能满足工程需要时，需设立临时观测站进行观测。

五、冰凌调查

调查工程附近发生最大冰凌（冰冻）的持续时间、最大冰厚、冰冻期间出现最高潮位和最低潮位时水边离岸远近，了解有无冰坝现象，冰坝宽度、长度等。

六、泥沙调查

1. 泥沙调查的内容

泥沙调查包括以下内容：

（1）调查工程所处的河口或海岸的历史变迁及主要地貌单元；了解海岸带的基本特征，包括海岸滩地泥沙颗粒粗细、有无黏聚力、海滩坡度、有无水下沙埂等。

（2）工程海域处的泥沙运移形态（推移、悬移及浮泥等形态），以何种形态为主；暴风大浪情况下泥沙动态，有无骤冲骤淤现象。

（3）工程海域处的泥沙来源，属河流来沙还是由邻近岸滩搬移而来，或属沿岸构造受波浪侵蚀就地形成。

（4）工程海域处泥沙浑浊程度与涨落潮对应关系。

（5）工程及附近海域建（构）筑物的淤积情况、防淤措施等。

（6）搜集工程及附近区域的地质、气象（主要是风）、海洋普查、河口水文（流量输沙量）以及地形图、海图、航片、卫片等资料，并与新老地形图、海图、航片、卫片对比，了解海岸带冲淤变化、泥沙浑浊度等情况。

2. 泥沙调查资料的审查、合理性分析

泥沙调查资料的审查、分析主要包括以下内容：

（1）将搜集来的新老地形图和海图（注意海图上的基准面不同）在统一基准面的条件下进行套绘对比，分析海岸线及沿岸地形变化情况，判别泥沙运动情况。

（2）根据工程及附近区域的现有海岸建（构）筑物泥沙冲淤情况的调查资料，结合海洋岸滩形态和地质地貌调查的资料，判别该地区泥沙来源和运移方向，并与海洋水文测验（投放示踪沙）结果相验证。

（3）在沙质海岸还可利用波浪观测成果来进行沿岸输沙量及输沙方向的计算，并与上述两方面的工作相比较。

七、海床稳定性调查

海床稳定性调查主要是对工程海域的岸线、海床的稳定性进行调查，调查主要包括以下内容：

（1）海岸带的动力地貌、岩土特性、泥沙来源、海岸侵蚀和堆积的形态特征、岸线变化趋势和速率、海堤走向与位置的变迁。

（2）工程海域波浪、潮流等动力作用强弱，泥沙运移方向，海床的稳定性和冲淤变化趋势等。

（3）附近已建工程的建设运行情况，建（构）筑物对泥沙运移及滩槽发展的影响，特别是极端天气过后海床的最大冲淤变化情况等。

八、热带气旋调查

热带气旋是发生在热带洋面上的一种具有暖心结构的强烈气旋性漩涡，其直径为数百米至上千米。热带气旋是暖核型风暴，中心气压很低，伴有强风和暴雨。

应对工程附近区域内造成严重灾害的热带气旋进行重点调查，调查内容包括热带气旋出现季节、频次、移动路径和移速变化特点，登陆点、中心气压和近中心最大风速，还应调查热带气旋引起的海水倒灌、潮位上涨、风浪产生的冲击所造成的风灾、洪灾、涝灾的损失情况、发生时间、持续时间、风速、风向，降水量等。

收集热带气旋有关参数可通过气象、海洋、水利部门及科研单位获取，可收集国际或国内发布的历年台风年鉴、气象年鉴、天气图、研究报告，有条件的还可收集有关的雷达观测、卫星影像资料等。

九、温带气旋调查

温带气旋，又称为温带低气压或锋面气旋，是活跃在温带中高纬度地区的一种近似椭圆形的斜压性气旋。温带气旋的中心气压低于四周，且具有冷中心性质。温带气旋的尺度一般较热带气旋大，直径从几百千米到3000km不等，平均直径为1000km。

温带气旋伴随着锋面而出现，同一锋面上有时会接连形成2~5个温带气旋，自西向东依次移动前进，称为气旋族。温带气旋从生成、发展到消亡整个生命史一般为2~6天。

温带气旋是造成大范围天气变化的重要天气系统之一，对中高纬度地区的天气变化有着重要影响。温带气旋常带来多风多雨天气，时常伴有暴雨、暴雪或其他强对流天气，有时近地面最大风力可达10级以上。

应对工程附近区域内造成严重灾害的温带气旋进行重点调查，调查内容主要包括温带气旋发生次数、发生季节、路径、最大风速。同时，调查温带气旋发生时出现大幅度降温、大风、雨雪和冰冻灾害的情况。

温带气旋有关参数收集可通过气象、海洋、水利部门及科研单位获取，可收集国际或国内发布的气象年鉴、天气图、研究报告等，有条件的还可收集有关的雷达观测、卫星影像资料等。

第二节　水文气象观测站资料收集

水文气象观测站资料收集的主要内容包括：①海洋水文观测资料，如潮汐、海浪、海流、海冰、海水温度、盐度等；②海洋气象观测资料，如风、气压、气温、相对湿度、海面有效能见度、雾、天气现象等。

水文气象观测站资料主要收集工程区域内海洋部门在沿岸、岛屿、平台上设置的海洋观测站（点）开展的海洋水文气象要素观测资料，必要时还可收集海洋部门设立的浮标、潜标、雷达、卫星遥感观测资料。水文部门在潮汐河口设立的水文站，以及气象部门在滨海附近设立的气象站也是观测资料的重要来源。这些资料可靠性高，并易于获取。

有条件时还可收集工程区域内的其他观测、研究成果，主要有以下来源：

（1）正式出版的历史海图、地形图、潮汐表、台风年鉴、气象年鉴、台风天气图等。

（2）近海海洋调查与评价成果。如 2012 年，中华人民共和国成立以来调查规模最大、涉及学科最全、采用技术手段最先进的国家综合性专项——"我国近海海洋综合调查与评价"专项（简称 908 专项）通过总验收。该专项的调查与研究，基本摸清了我国近海海洋环境资源家底，更新了我国近海海洋基础数据和图件，对海洋环境、资源及开发利用与管理等进行了综合评价，构建了中国"数字海洋"信息基础框架，提出了我国海洋开发、环境保护和管理政策的系列建议，为国家宏观决策、海洋经济建设、海洋管理和海洋安全保障提供了有效支撑和服务。

（3）遥感数据，如全球海底地形数据，卫星遥感海面风场数据，卫星高度计沿轨有效波高数据等。这些数据有的可以在网站上免费下载。

（4）为其他工程勘测、设计、运行形成的水文气象观测成果及相关勘测设计报告和专题研究报告。

所收集的水文资料年限不应小于 20 年，气象资料年限不应小于 30 年。

第三节　水文气象观测

水文气象观测是获取海底电力电缆路由海域基础数据的重要手段，一方面可获取路由海域的第一手水文气象数据，另一方面可为数学模型分析提供必要的校验数据。

一、观测项目与观测方法

海底电力电缆工程需要观测的海洋水文要素主要包括潮位、海流、海浪、温度、盐度等，气象要素主要包括风、气温、气压和湿度等。

1. 潮位观测

对于无长期潮位观测资料的路由海域，现场潮位连续观测时间不宜少于 1 年。当附近有可参考的长期潮位观测资料时，现场潮位连续观测时间应不少于 1 个月。潮位观测应在路由勘测期间进行，观测间隔为 5min。潮位观测站应分别在路由登陆端附近海域或岛屿处布设，路由区域潮汐性质变化较大时，观测站布设数量应不少于 2 个。

潮位观测仪器可选择压力水位计。压力水位计具有水中测量、性能稳定、抗干扰能力强、记录时间长、自记、可与其他仪器合并使用等优点，适应于海洋工程设计所需的短期资料采集。

潮位观测需要进行水准联测，以保证潮位资料的统一性。

2. 海流观测

海流观测主要包括流速和流向的观测。海流观测宜采用大、中、小潮全潮水文测验，连续观测的时间长度不少于 25h，至少 1h 观测一次。

海流观测层次应根据水深选定。目前的实际工程中，海底电力电缆工程多位于浅海。水深 $H \leq 5m$ 时，一般采用三点法（表层、0.6H、底层）观测；水深 $5m < H \leq 50m$ 时，可采用六点法（表层、0.2H、0.4H、0.6H、0.8H、底层）观测；当水深 $H > 50m$ 时，观测层次可适当增加。

海流观测方法包括浮标漂移测流、定点观测、走航观测。定点观测主要包括定点台架测流、锚定浮标测流和锚定船测流。对于长期海流观测，深海可采用漂浮式观测，浅海可采用坐底式观测。对于短期全潮观测（针对浅海），可采用锚定船同步观测。

海底电力电缆工程一般位于浅海，关注底层流。声学多普勒海流剖面仪（ADCP）可测弱流，性能卓越，广泛应用于海洋调查，可选用 ADCP 和定点海流计配合观测，同步观测不同水深海流。

3. 海浪观测

海浪观测项目主要包括海面状况、波型、波向、波周期和波高，并利用观测值计算波长、波速、1/10 和 1/3 大波的波高和波级。

在无波浪观测资料的路由区域，宜在夏季、冬季等气旋活动的季节开展波浪观测，具体观测时间根据工程要求确定。波浪观测站应根据路由海域地理条件，选择有代表性的地点进行布设，路由区域波浪性质变化较大时，观测站布设数量应不少于 2 个。

波浪观测仪器包括重力式测波仪、压力测波仪和声学测波仪。重力测波仪能较真实地测出表面波参数，是远洋深海测波的主要手段。海浪近海观测一般采用定点台架观测，安装在水下，可避免海面大风浪的破坏。若采用定点台架观测，一般使用声学测波仪。

4. 温度、盐度观测

温度、盐度观测通常与海流观测同步进行，观测站位、层次宜与海流观测相同，温度观测频率与盐度观测相同。观测仪器通常采用温盐深测量仪进行观测，盐度结合现场取水样进行实验室盐度测量。

5. 气象要素观测

路由勘测期间可根据需要同步进行风、气温、气压、相对湿度等气象要素的短期观测，可在船上装载观测设备进行定点观测。

对海底电力电缆工程不同海域适用的水文气象要素观测技术总结见表 7 - 1。

表 7 - 1 海底电力电缆工程适用的水文气象要素观测技术

观测项目	观测时期	观测平台	仪器选择	适应海域
潮位	宜不少于 1 年；有长期参证站时，应不少于 1 个月	—	压力水位计	浅海、登陆段
海流	短期全潮观测（大、中、小潮）	锚定船同步观测	ADCP、定点海流计	浅海（按水深分层）
	长期观测（根据工程需求）	漂浮式	ADCP、定点海流计	深海
		坐底式	ADCP	浅海
海浪	夏、冬季（根据工程需求）	漂浮式	波浪观测浮标	深海
		坐底式	压力测波仪或声学测波仪	浅海
温度、盐度	与海流同站位、同步	锚定船同步观测	CTD	浅海、深海
气象	根据需要同步进行风、气温、气压、相对湿度等短期定点观测			

二、潮位观测

1. 水准联测

所谓水准联测，就是用水准测量的方法，测出水尺零点相对国家标准基面中的高程，从而固定了水位零点、平均海面及深度基准面的相互关系，也就保证了潮位资料的统一性。

水准仪的主要组成部分包括水准器、望远镜、脚架和水准标尺。水准联测时，点与点之间高差的测量是通过中间位置上的水准仪，分别观测放于两点上的水准标尺上的读数，然后相减得到，如图 7 - 1 所示。

2. 水尺观测

潮位最早是使用水尺进行观测，水尺是最简便的验潮器。随着技术发展，出现了各式各样的自记水位计。水尺观测方法简单方便，但它不能连续自记，因此多用于在临时或永久观测站上自记水位计潮位观测的校核。水尺设立方法按形式分别为直立式、倾斜式、矮桩式和悬锤式四种。图 7 – 2 所示为直立式水尺。

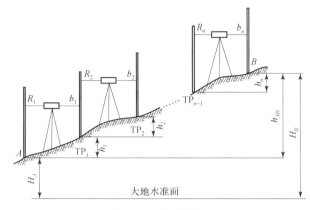

图 7 – 1　水准联测

图 7 – 2　直立式水尺

3. 水位计

自记水位计观测法具有记录连续、完整、节省人力等优点，因而被普遍采用。自记水位计的类型很多，按其工作原理可分为浮筒式水位计、压力式水位计和声学水位计。

浮筒式水位计是历史上应用最长久的一种水位计，其感应系统通过机械传动作用于记录系统。其优点是结构简单、坚固耐用、能满足观测精度要求、维护费用小等，缺点是安装时必须建造测井，建造费用大。

压力式水位计是为记录海洋潮位而特别设计的，通常放置于海底，在规定时间间隔内，测量并记录压力、温度和盐度（电导率），根据这些数据计算出水位的变化，如图 7 – 3 所示。

声学水位计适用于无验潮井场合的潮位观测。当超声波发射超声脉冲接触水面后，反射回原超声波接收器，因声波在空气中传播速度已知，其与气压、温度及空气密度有关，由发射与接收信号之时差可计算出来回之距离，此数值的一半即为超声波式潮位仪与水面之瞬间距离，同时可转换得知水面之高程。图 7 – 4 所示为超声波潮位仪。

图 7 – 3　压力式水位计

图 7 – 4　超声波潮位仪

4. 验潮井观测

对于长期验潮站来说，还需要设置验潮井。验潮井是为安装验潮仪而专设的构筑物，按其建筑结构形式可分为岛式和岸式两种。

岛式验潮井由建筑在海面上支架、引桥、仪器室和测井组成，如图 7 – 5 所示。测井是为了消除海面波动对浮筒的影响而设置的。

岸式验潮井的测井、仪器室是设计在岸上的，由连通海面的输水管与测井连接，如图 7 – 6 所示。

图 7 – 5 岛式验潮井

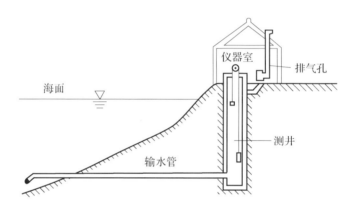

图 7 – 6 岸式验潮井

5. 遥感测潮汐

卫星高度计提供了充分空间覆盖的深水大洋海面测高数据，从而可以计算全球潮汐状况，建立潮汐模型，模拟全球潮汐。遥感观测潮汐资料来源于有关卫星测高数据，其利用两组最新雷达观测系统测量海水面高度，且应用此资料来研究全球海洋环流。

三、海流观测

(一) 海流观测方法

1. 浮标漂移测流

浮标漂移测流根据自由漂移物随海水流动的情况来确定海水的流速、流向，主要适用于表层流的观测。漂流法是使浮子随海流运动，再记录浮子的空间—时间位置。浮子使用有表面浮标、中性浮标、带水下帆的浮标、浮游冰块等，借助于岸边、船上、飞机或卫星上的无线电测向和定位系统跟踪浮标的运动，较大深度的流速流向则采用声学追踪中性浮标的方法。

2. 定点观测海流

定点观测海流以锚定的船只或浮标、海上平台或特制固定架等为承载工具，悬挂海流计进行海流观测，主要包括定点台架测流、锚定浮标测流和锚定船测流。

（1）定点台架方式。在浅海海流观测中，若能用固定台架悬挂仪器使海流计处于稳定状态，则可测得比较准确的海流资料，并能进行长时间的连续观测。若在观测海区内已有与测流点较吻合的海上平台或可借用的固定台架用以悬挂海流计，实测时，要尽可能避免台架等对流场产生的影响。按一定尺寸制作等三角形或正棱锥形台架放置于海底，将海流计固定于框架中部的适当位置，就能长时间连续观测浅海底层流。

（2）锚定浮标测流。以锚定浮标或潜标为承载工具，悬挂自记式海流计进行海流观测，称为锚定浮标测流（见图7-7），主要用于观测表层海流或同时观测多层海流。观测表层海流时，常布放在进行周日连续观测的调查船附近，以取得海流周日连续观测资料，观测结束时将浮标收回；观测多层海流时，一般是单独或多个联合使用，以取得长时间海流资料。

（3）锚定船测流。浮标有观测优势，但短期观测投放回收成本高，不适合大面积观测。以船只为承载工具，利用绞车和钢丝绳悬挂海流计观测海流仍为常用的和最主要的测流方式。

图7-7 锚系潜标观测

此外，最新发展的大、中型多要素水文气象观测浮标一般都有测流探头，可进行长时间的连续的海流观测。

3. 走航测流

走航测流是指在船只航行的同时观测海流（动态），省时高效，且可以同时观测多层海流。其缺点是数据噪声较大，较难处理使用。其测流原理是测出船对海底的绝对速度，同时测出船对水的相对速度，再矢量合成得到水对海底的速度，即海流的流速、流向。

（二）海流计

海流计主要为声学多普勒海流计和声学多普勒海流剖面仪。

（1）声学多普勒海流计。声学多普勒海流计的原理是以声波在流动液体中的多普勒频移测流速。其优点是声速可自动校准，能连续记录，仪器无活动部件，无摩擦和滞后现象，测量感应时间快，准确度高；其缺点是存在仪器本身发射功率、电池寿命和声波衰减等问题，因此限制了该类仪器的使用。流速准确度为 ±2cm/s，流向准确度为 ±5°，工作最大深度 50~6000m 不等。

（2）声学多普勒海流剖面仪（acoustic doppler current profilers，ADCP）。其与声学多普勒海流计属于一类，但发声频率、功率和接收回声及处理方式不同（见图7-8）。目前 ADCP 是观测多层海流剖面的最有效的方法，精度高、分辨率高，操作方便，已被联合国教科文组织政府间海洋学委员会正式列为新型的先进海洋观测仪器。

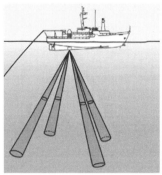

图 7 - 8　声学多普勒海流剖面仪（ADCP）

四、波浪观测

（一）波浪观测要求

波浪观测主要内容包括风浪和涌浪的波面时空分布及其外貌特征。观测项目主要包括海面状况、波型、波向、波周期和波高，并利用观测值计算波长、波速、1/10 和 1/3 大波的波高和波级。

测波仪观测有效波高的准确度为 ±10%，有效波高周期的准确度为 ±0.5s。

波面记录的时间长度和采样时间间隔：测波仪测波记录要求不少于 100 个波，记录的时间长度视有效波高的大小而定，一般取 10～20min；采样时间间隔取 0.5s 或 1s。

（二）波浪观测方法和设备

1. 测波仪

测波仪主要有以下三种类型：

（1）重力测波仪。重力测波仪的工作原理是利用随波运动浮体内的加速度计测量海水质点沿重力方向的加速度，经二次积分后求得波高。其优点是走航测量，测波浮标还可以获取大风浪条件下波浪的资料；缺点是在测低频波（特别是涌浪）时，加速度一般很小，测度困难，且容易丢失。

（2）压力测波仪。通过安放在水下或海底的压力传感器（见图 7 - 9），记录海水压力的变化，再换算出海面的波动。压力测波仪所记录的曲线是随水深衰减的，必须做深度修正。压力测波仪受海水滤波作用的影响，不能准确地测量短周期波，因此压力测波仪通常用在浅海区，主要记录长周期波。

图 7 - 9　压力测波仪

（3）声学测波仪。声学测波仪像一个倒置的回声测探仪（见图 7 - 10），是利用置于海底的声学换能器垂直的向海面发射声脉冲，通过接收回波信号，测出换能器至海面垂直距离的变化，再换算成波高，测量涌浪的效果较好。其特点是不需要深度订正，不存在由此引起的误差问题；当海面出现破碎波，或天气恶劣，海面富集有气泡或水沫时，测量精度大受影响；仪器消耗功率大。

图 7 – 10　声学测波仪

2. 遥感测波

遥感测波是感应器不直接放置在海上或水下的测波仪器，通常可安置在岸边，或载体上（如飞机、卫星）或水中平台上（如石油平台）。遥感测波技术为大面积快速测波提供了广阔前景，主要有合成孔径雷达、卫星高度计和照相摄影技术。

（1）合成孔径雷达。合成孔径雷达利用雷达与目标的相对运动，把尺寸较小的真实天线孔径用数据处理的方法合成较大的等效天线孔径的雷达。其特点是分辨率高，能全天候工作，能有效地识别伪装和穿透掩盖物。一般情况下，测量精度相当高，海面状况恶劣时测量精度受影响。

（2）卫星高度计。其是最具特色和潜力的主动式微波雷达系统，测有效波高精度低，当 $H_{1/3}$ 大于 2m 时，精度达 0.5m；当 $H_{1/3}$ 小于 2m 时，精度达 10%。

（3）照相摄影术。指在高空拍摄航空照片或卫星照片，获得大面积海浪资料的技术。

遥感测波为大面积快速测波提供了广阔的前景，但易受天气影响，精度较低，尚难以作为常规测波手段。

五、气象要素观测

海洋气象观测目的在于：①服务于海洋气象预报。为海上天气预报提供背景或实时气象资料，对海上天气特别是灾害性天气进行准确预报；②服务于海洋水文预报。观测结果结合专门研制的物理模型和数学模型，对未来的海洋环境特征值做出预测，预报内容包括海浪、风暴潮、潮位、海流、水温、盐度、海冰、台风、环境污染等。

海洋观测平台主要包括海洋水文气象台、商用船、专用调查船、水文气象观测浮标等。

海洋观测项目主要包括：①海洋气象，包括云、能见度、天气现象、风速、风向、气温、气压、相对湿度等。②海气边界层，包括海气界面的动量、热量、水气通量；海气界面的风速、温度、湿度梯度、大气压、风廓线等。③太阳辐射，包括长波辐射、短波辐射、总辐射等。

观测次数和时间要求：①台站观测，按观测规范或特殊要求的观测方法定时观测；②担任天气观测的调查船，每日 4 次绘图天气观测，时间为 2、8、14、20 时；③连续站观测，4 次绘图天气观测、4 次辅助绘图天气观测，时间为 5、11、17、23 时；④大面站观测，到站后即进行一次气象观测，如到站时间在绘图天气观测前后半小时内，则不进行观测。

常规的气象观测主要包括能见度、云、天气现象、风、空气温度、湿度、气压观测。对于海底电力电缆工程来说，重点关注风、空气温度、湿度、气压的观测。

1. 风的观测

风在海底电力电缆工程方面都具有重要影响，不但要考虑大风会导致大浪、风暴潮等极端海况，对电缆设施造成损害，还需考虑电缆敷设过程中的台风和季风会增加施工难度，降低安全系数。此外，海洋波浪的监测和预报离不开对海表面风场变化特征的准确把握，同时海洋热带风暴和风暴潮等灾害性海况也与海表面风场有重要关系。因此，了解和掌握海表面风场的时空变化特征，对选择登陆点位置和电缆敷设的作业窗口期具有重要的意义。

观测要求：观测的风为水平方向分量；观测一段时间内风速的均值、定点观测还应观测日最大风速、相应风向及出现时间。

观测技术要求和记录：①风速，分辨率为 0.1m/s；风速小于 5m/s 时，准确度为 ±0.5m/s；风速大于 5m/s 时，准确度为风速的 ±5%。②风向，分辨率为 1°，正北为 0°，顺时针计量，准确度为 ±10°。

风的观测和记录方法包括以下内容：

（1）传感器的安装。风的传感器应安装于船舶大桅顶部，四周无障碍，不挡风的地方；传感器与桅杆之间的距离至少有桅杆直径的 10 倍，风向传感器的 0° 与船艏方向一致。

（2）风速和相应风向的换算。观测到的合成风速、风向，要根据船只的航速、航向和航艏方向换算成风速和相应风向。

（3）风速和风向的观测方法。每 3s 采集一次，将合成风速和风向换算成风速和风向作为瞬时风速和相应风向；连续采样 10min，计算风速和相应风向的平均值，作为该 10min 结束时刻的平均风速和相应风向；将整点前 10min 的平均风速和相应风向，作为该整点的风速、相应风向。

（4）极值的选取。从每日观测的 10min 平均风速和相应风向中，选出日最大风速、相应风向及出现时间；从每日观测的瞬时风速和相应风向中，选出日极大风速、相应风向及出现时间。

（5）风速与风向的记录。风速记录到 0.1m/s，静风时，风速记 0.0m/s；风向记录取整数，静风时，风向记 C。

2. 空气温度、湿度观测

舰船上通常采用百叶箱内的干湿球温度表或通风干湿表观测空气温、湿度。干湿球温度表观测时，干球用来测定空气温度，干、湿球温差用来计算湿度；空气越干燥，干、湿球温差越大；空气越潮湿，干、湿球温差越小。准确度要求：空气温度以℃为单位，分辨率为 0.1℃，准确度 ±0.3℃；相对湿度以百分率（%）表示，分辨率 1%，相对湿度以百分率（%）表示，分辨率 1%；相对湿度大于 80% 时，准确度为 ±8%，相对湿度小于等于 80% 时，准确度为 ±4%。

空气温度、湿度观测和记录方法包括以下内容：

（1）传感器的安装。空气温度和相对湿度传感器应安装在百叶箱或防辐射罩内，尽量避免周围热源和辐射的影响；空气温度和湿度的观测，要求温度表的球部与所在甲板间的距离一般在 1.5~2m 之间。

（2）观测方法。每 3s 采样一次，连续采样 1min，经误差处理后，计算样本数据的平均值；用整点前 1min 的平均值，作为该整点的空气温度和相对湿度值。

3. 气压观测

海平面气压以百帕（hPa）为单位，舰船上主要用空盒气压表观测，观测海面上 1min（3s/次，取平均值，高度订正）的海平面气压，定点连续观测还应包含日最高和最低海平面气压，用整点前 1min 的平均值作为该整点的气压值，观测分辨率 0.1hPa，准确度 ±1.0hPa。

气压观测和记录方法包括以下内容：

（1）传感器的安装。气压传感器应安置在温度少变、没有热源、不直接通风处。

（2）海平面气压的观测方法。每 3s 采样一次，连续采样 1min，经误差处理后，计算样本数据的平均值，并经高度订正成海平面气压值，用整点前 1min 的平均值，作为该整点的海平面气压值。

六、观测数据统计和分析

1. 潮位数据分析

潮位数据分析包括以下内容：

（1）根据观测数据，分析水准点、平均海平面、85 国家高程基准面、观测零点的关系。

（2）以 85 国家高程为基准面，描绘潮位全观测过程曲线。

（3）分析观测站最大潮差、最小潮差、平均潮差、最高潮位、最低潮位、平均高潮位和低潮位、平均涨潮和落潮历时、平均海平面等。

（4）对潮位数据进行各分潮调和分析，主要包括 8 个主要分潮和 M4、MS4、M6 等浅水分潮。

（5）依据调和常数，根据我国采用的潮汐划分标准，判断潮汐性质。

2. 海流观测数据分析

海流观测数据分析包括以下内容：

（1）海流平面分布。从各实测海流资料，摘取大、中、小潮期间各站涨落潮平均流速、流向和涨落潮流最大流速流向，绘制各站垂直平均海流平面分布图，分析潮流特征。

（2）海流垂直分布。根据实测资料绘制各站各层海流分布图，分析其垂向分布特征。

（3）潮流状况。对各站各层资料进行准调和分析计算潮流调和常数、椭圆要素等。

（4）根据调和分析结果，分析海域潮流性质、运动形式和余流分布情况。

3. 海浪数据分析

根据实测数据分析最大波高、有效波高、波向、波周期，以及各月有效波高—波向联合分布等。

4. 温盐数据分析

温盐数据分析包括以下内容：

（1）给出观测期间测站各层温盐的特征值，主要包括大、中、小潮期间的最大、最小、平均值。

（2）温盐平面分布。大、中、小潮涨急、涨憩、落急、落憩四个时刻垂线平均温度水平分布。

（3）温盐垂向分布。大、中、小潮涨急、涨憩、落急、落憩四个时刻海水温盐垂线变化。

第四节　水文气象数值模拟

受时间、经费限制，海底电力电缆工程路由海域通常难以得到大面积、长系列的观测数据，且现场观测通常是在海况条件较好的条件下进行，缺乏极端天气（如台风等）条件下的水文资料，而极端天气过程对海底电力电缆工程极有可能造成较大影响。数值模拟是获得路由海域长系列数据的重要手段，通过数值模式计算风、浪、潮、流，并通过观测数据对数值模式结果进行验证。在模式计算结果的基础上，可以实现不同重现期各水文要素的极值统计。通过数值模拟可以分析极端条件下的水文气象环境和海床冲刷深度范围，为海底电力电缆维护提供支持。

一、大气数值模式

WRF（weather research forecast）模式是目前广泛采用的新一代高分辨率中尺度天气研究预报模式。WRF在发展过程中，由于科研与业务的不同需求，形成了两个不同的版本，一个是在美国国家大气研究中心的 MM5 模式基础上发展的 ARW (advanced research WRF)，另一个是在美国国家环境预报中心的 Eta 模式上发展而来的 NMM (nonhydrostatic mesoscale model)。

WRF 模式系统成为改进从云尺度到天气尺度等不同尺度重要天气特征预报精度的工具，重点考虑 1~10km 的水平网格。该模式结合了先进的数值方法和资料同化技术，采用了经过改进的物理过程方案，同时具有多重嵌套及方便定位于不同地理位置的能力，能很好地适应从理想化的研究到业务预报等应用的需要，并具有便于进一步加强完善的灵活性。

WRF 模式适应范围很广，从中、小尺度到全球尺度的数值预报和模拟都有广泛的应用。该模式既可以用于业务数值天气预报，也可以用于大气数值模拟研究领域，包括数据同化研究、物理过程参数化研究、区域气候模拟、空气质量模拟、海气耦合以及理想实验模拟等。

二、海浪数值模式

1. MASNUM 模式

海浪 MASNUM (marine science and numerical modeling) 模式是由自然资源部第一海洋研究所研发的当今世界上较为先进的第三代海浪数值模式。自 1991 年研发至今，在物理海洋研究、海浪预报、航海运输、军事作战、海洋工程等方面得到了广泛应用，此外，MASNUM 模式被引入到地球系统模式 FIO-ESM 中，参与了联合国政府间气候变化专门委员会的耦合模式比较计划 (CMIP5)。

MASNUM 具有如下特点：①控制方程在球坐标系下导出；②海浪能量传播采用复杂特征线嵌入计算格式；③考虑了大圆传播折射机制；④破碎耗散源函数采用 Yuan 等研究的参数化形式；⑤考虑了波流相互作用源函数。

通过与 WAM (wave model) 模式在 SWAMP (sea wave modeling project) 典型风场下的计算比较，MASNUM 模式能对一般海况给出一致的结果，对于高海况则可给出更加合理的结果。该模式已用于中国海的预报和后报实践。

2. SWAN 模式

SWAN (simulating waves nearshore) 模式是由荷兰代尔夫特理工大学研制发展起来的第三代近岸海浪数值计算模式，经过多年的改进，已逐渐趋于成熟，在许多浅海数值研究中得到了广泛的运用。

SWAN 模式采用基于能量守恒原理的平衡方程，除了考虑第三代海浪模式共有的特点，它还充分考虑了模式在浅水模拟的各种需要。首先 SWAN 模式选用了全隐式的有限差分格式，无条件稳定，使计算空间网格和时间步长上不会受到牵制；其次在平衡方程的各源项中，除了风输入、四波相互作用、破碎和摩擦项等，还考虑了深度破碎的作用和三波相互作用。

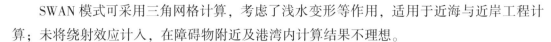

SWAN 模式可采用三角网格计算，考虑了浅水变形等作用，适用于近海与近岸工程计算；未将绕射效应计入，在障碍物附近及港湾内计算结果不理想。

3. WAVEWATCH Ⅲ 模式

WAVEWATCH Ⅲ 模式（简称 WW3）是美国海洋与气象管理局和环境预报中心委托 H. L. Tolman 开发的，是在 WAM 模式的基础上开发的、基于动谱能量平衡方程的第三代海浪预报模型。

WW3 模式在控制方程、程序结构、数值与物理处理方法上做了改进，在考虑波—流相互作用和风—浪相互作用等物理机制方面也更加合理。WW3 的控制方程是波数—方向谱的能量密度平衡方程，在最新发布的版本中采用了分割能量谱的方法，将本地风生波浪和远处海域传来的涌浪分离开来。WW3 用于大尺度空间波浪传播过程，在传播过程中考虑地形和海流空间变化导致的波浪折射作用和浅水变形作用及线性的波浪传播运动等。模型在波浪成长和消减的能量变化过程中考虑了风成浪作用、白浪的消减作用、海底摩擦作用和波—波的非线性能量转移作用等。在模型的输出项中，新增了一些基于该方法的计算结果，其中包括了分割波谱后的有效波高输出。另外，也加入了一些针对浅水的源项。

WW3 模式采用矩形网格进行计算，综合考虑了地形、海流、海气温差、波浪浅水形变等多种要素，用于预测海浪。该模式主要应用于大尺度海浪计算，受限于网格及分辨率，不适用于近岸模拟分析。

三、潮汐—海流—泥沙数值模式

1. ROMS 模式

区域海洋模式 ROMS（regional ocean modeling system）是一个三维、自由表面和地形跟踪的海洋数值模式。该模式由美国罗格斯大学与加利福尼亚大学共同开发，目前已被广泛地应用于海洋研究的很多领域和不同尺度的流场模拟，如由天文潮或气象因素引起的水位和流场的模拟，河川渠道和海岸港口等小尺度水文运动模拟。

ROMS 采用准确以及高效的物理和数值算法，可采用 MPI 或 OpenMP 并行算法，有效保证计算效率。ROMS 模式垂向采用 S 坐标，可以方便地使垂向分层在表层或者底层加密。它包括生态模块、海冰模块、垂向混合模块、数据同化模块和沉积物模块等。ROMS 海洋模式采用了静力近似和 Boussinesq 近似。

ROMS–SWAN 泥沙输运：ROMS 模式可以耦合 SWAN 模式，将波浪模型生成的波高、波向、波周期、波长、波浪破碎和波浪耗散数据传送到 ROMS 水动力模型和泥沙模型，水动力模型会将流场、水位和水深数据反馈给波浪模型。该模式的泥沙模块对很多泥沙动力过程都进行了参数化，不同海区的参数差别很大，因此需要有实测数据对模式的参数进行校正。

2. FVCOM 模式

FVCOM（finite volume coastal ocean model）是无结构网格的、有限体积的、三维原始

方程的海洋模式。模型包含动量方程、连续方程、温盐守恒方程以及状态方程。FVCOM 数值方式采用有限体积法，水平方向上是三角网格，而在垂向方向上采用的是 σ 坐标或者 $\sigma - z$ 混合坐标。有限体积法保证了在单一网格和整个计算区域上都同时满足动量、能量和质量的守恒，而且保持了较高的计算效率。

FVCOM 模式除水位、流场模拟以外，还包括泥沙、水质、海冰、生态等模块，模型可采用三角网格，能够对近岸地形有更好的拟合，在近岸高分辨率以及小尺度计算问题上优势明显。

FVCOM - SWAN 模式泥沙模型：FVCOM 模式也可以耦合 SWAN 模式，实现与波浪模式的数据交换。FVCOM 中的泥沙模型 FVCOM - SED 是基于 CSTM（community sediment transport mode）开发的泥沙模型，具有许多先进的特性，如考虑波浪、活动表层，考虑底部沙纹对粗糙度等的影响。现在是无黏泥沙版本，但也已经包含了有黏性泥沙的一些物理过程。FVCOM - SED 中，计算沉积通量和沉积物浓度更新需满足 SLIP 限制。它具有二阶计算精度，对浓度的局部剧烈变化能够比较准确的进行计算。

3. MIKE 21/3 模拟软件

MIKE 21/3 是丹麦水力研究所开发的专业工程软件包，用于模拟河流、湖泊、河口、海湾、海岸及海洋的水流、波浪、泥沙及环境。MIKE 21/3 在丹麦、埃及、澳大利亚、泰国等国家得到成功应用，在平面二维自由表面流数值模拟方面具有强大的功能。目前该软件在我国的应用发展很快，并在一些大型工程中广泛应用，如长江口综合治理工程、杭州湾数值模拟、南水北调工程、太湖富营养模型、香港新机场工程建设等。

MIKE 21/3 软件特点：①用户界面友好，属于集成的 Windows 图形界面；②具有强大的前、后处理功能；③多种计算网格、模块及许可选择确保用户根据自身需求来选择模型；④可以进行热启动；⑤能进行干、湿节点和干、湿单元的设置，能较方便地进行滩地水流的模拟；⑥具有功能强大的卡片设置功能，可以进行多种控制性结构的设置，如桥墩、堰、闸、涵洞等；⑦可广泛地应用于二维水力学现象的研究，潮汐、水流、风暴潮、传热、盐流、水质、波浪紊动、湖震、防浪堤布置、船运、泥沙侵蚀、输移和沉积等。

MIKE 21/3 提供了许多模块供用户选择，包含水动力和波浪模块，同时也包括泥沙输运模块，可以实现潮、浪、流与泥沙的参数交换与模拟分析。

四、数值模拟方案选择

（1）模式选择。海底电力电缆工程通常敷设在近岸及浅海海域。近岸地形复杂，一般选用三角网格模式进行计算。目前国内外较为流行的采用三角网格计算的海浪模式主要是 SWAN 海浪数值模式，海流数值模式主要是 FVCOM，大气模式选用 WRF 模式。此外，针对海洋工程，目前较多的工程软件也可使用，如 MIKE21/3 和 ECOMSED。

数值模式均采用开源代码，可以对模式进行修改，使计算结果更加准确，而工程软件则不能。若对计算结果要求较高，建议采用 WRF、SWAN 和 FVCOM 数值模式进行计算，且采用数据同化。

（2）模式驱动数据和参数选择。WRF 模式驱动场和边界场可选用 NCEP 的 GFS 数据，WRF 模式为海流和海浪提供风场数据；FVCOM 的风场驱动来自 WRF 模式计算的结果，潮流主要包括 8 个分潮，8 个分潮调和常数可采用 TPXO 数据；SWAN 模式驱动场主要是 WRF 模式提供的风场数据。

FVCOM 模式包含泥沙模型，计算时需要考虑泥沙输运情况，且考虑浪流耦合作用，计算泥沙输运情况需要注意的参数包括中值粒径 d_{50}、泥沙启动速度，以及计算海域附近是否有径流等参数。此外，模式计算的时间范围选择可根据实测数据的时间范围选择，方便后续模式结果验证。

（3）模式校验。通过与实测数据的对比分析，对模式进行校验，验证模式计算结果。验证数据以掌握的实测资料为准。

五、数值模拟步骤

（1）大气模式计算。根据海底电力电缆路由敷设海域，划定计算范围，挑选历史上影响较大的台风过程，可采用 NCEP 的 GFS 数据作为驱动场，通过 WRF 模式进行数值模拟，计算出相对准确的风场数据。

（2）海浪模式计算。根据 WRF 模式计算的风场数据，采用 SWAN 模式计算波高、波向和周期。

（3）海流模式计算。对于海底电力电缆工程而言，最主要关心的问题是浪、流对海床的冲刷作用，因此，在海流模式计算时，需考虑泥沙模型，且同时考虑浪流耦合的共同作用，不能只考虑海流的影响。泥沙模型参数的选择，需要重点关注的参数是敷设海域泥沙类型、沉降速度、临界启动速度和 d_{50}，这些参数会对计算结果产生较大影响。

FVCOM 数值模式中包含 FVCOM－SED 和 FVCOM－SWAN 计算模块，根据敷设海域的泥沙情况输入参数和风场数据进行计算。

（4）计算结果分析。分析路由海域的风暴潮增减水、水位极值、海流极值、海浪极值、风极值、悬沙浓度、冲刷深度等。

第五节　水文气象条件分析

一、水文气象资料分析

水文气象资料分析应在水文气象调查、资料收集整理和现场观测的基础上进行，为海底电力电缆工程路由选择和工程设计提供设计参数，为施工窗口期选择提供依据。当工程区域水文气象资料缺乏，或水文气象条件复杂时，还应开展数值模拟，详见本章第四节。

（一）水文资料分析

水文资料分析应结合水文历史观测资料和近期观测资料进行统计分析，应分析提供以下参数及资料。

（1）潮汐。包括路由海域的潮汐性质，基面关系，平均、最大潮差，平均涨（落）潮历时；历史最高、最低潮位，累年平均潮位，平均大潮高（低）潮位，平均小潮高（低）潮位，频率为1%、2%、3.3%、5%的高潮位，高（低）潮累积频率10%潮位，频率为97%、99%的低潮位等。

（2）潮流。包括大、中、小潮涨、落潮的各层最大、最小流速及流向，平均流速，流速、流向过程线，潮流性质及运动形式，最大可能潮流速度和主流向，余流特征，极端恶劣气象条件对海底流速的影响等。

（3）波浪。包括波型，最大波高、平均波高及周期，累年各月特征值，各波向出现频率，常浪向、强浪向，波向的季节变化，重现期最大波高、有效波高等。

（4）水温。包括各站位各层最高、最低、平均水温，水温变化过程线，路由海域已观测的水温统计值，附近海洋观测站的累年逐月表层水温统计值等。

（5）盐度。包括各站位各层最高、最低、平均盐度，盐度变化过程线，路由海域已观测的盐度统计值。

（6）泥沙。包括各站位各层悬移质泥沙平均及最大含沙量，泥沙颗粒级配曲线及泥沙的平均粒径、中值粒径和最大粒径，输沙量，泥沙来源及运移特征等。

（7）海冰。包括冰期、冰区边缘线、冰型、冰厚、冰块大小、堆积高度以及漂流方向和速度。

水文资料分析还应根据工程区域波浪资料收集整理，指出全年中较好和较差的海况期，为海底电力电缆工程施工期选择提供依据。

（二）岸滩稳定性资料分析

岸滩稳定性分析主要是分析评估工程海域的海岸、海床稳定性。

海岸稳定性分析主要包括以下内容：

（1）根据海岸带的动力地貌、岩土特性、泥沙来源、海域水文条件等分析海岸线的变化趋势和速率。

（2）通过历次地形图、海图、航片、卫片对比，分析岸线、地形、地貌变化情况以及海堤走向与位置的变迁。

海床稳定性分析主要包括以下内容：

（1）通过对历次海图等深线对比，分析滩槽冲淤变化趋势、幅度和速率。

（2）根据波浪、潮流、海底沉积物分布、海岸侵蚀和堆积的形态特征，以及沿岸组成物质粒径变化等资料，分析泥沙来源和运移方向。

（3）根据附近已建工程的设计资料、研究报告和建设运行情况，分析建（构）筑物对泥沙运移及滩槽发展的影响，极端天气造成的海床最大冲淤变化。

（4）对于水文条件复杂、海床冲淤变化较大的路由区，应利用潮流、波浪、泥沙数学模型模拟波、流共同作用下的海床地形演变，分析路由海域的海床冲淤变化趋势及冲淤幅度，详见本节第二部分"泥沙冲淤及海床稳定性分析"。

（三）气象资料分析

气象资料分析应统计提供以下参数及资料：

（1）累年各月各风向频率、平均风速；历年最大风速（海面以上 10m 处）及其风向；累年各月最多及平均大风日数。

（2）累年各月极端最高、极端最低及平均气温。

（3）累年各月最多及平均雷暴日数。

（4）累年各月最多及平均雾日数；雾的类型、范围、持续时间。

（5）台风及热带气旋发生季节、发生次数、路径、登陆点、中心气压、近中心最大风速；台风及热带气旋造成的灾害情况。

（6）温带气旋发生次数、发生季节、路径、最大风速。

（7）受强冷空气影响时出现大幅度降温、大风、雨雪和冰冻灾害情况。

气象资料分析还应根据工程区域气象资料收集整理，指出全年中较好和较差的气候窗口期，为海底电力电缆工程施工期选择提供依据。

二、泥沙冲淤及海床稳定性分析

掌握海底电力电缆路由区的海床泥沙冲淤现状和发展趋势，是评估和预测海底电力电缆所处外部环境风险程度的基础，对海底电力电缆稳定、安全运行至关重要。水动力因素对海底电力电缆的作用，主要体现在两个方面：①浪、流对裸露海底电力电缆的直接作用；②浪、流对海底电力电缆路由区海床泥沙的间接作用，引起所在海域的泥沙起动、悬浮或沉降，或者引起路由区海床推移质的运动，从而导致海底电力电缆路由区海床发生的冲淤变化，促使海底电力电缆埋深发生变深、变浅、裸露甚至悬空。一旦海底电力电缆埋深浅于设计埋深，抛锚、底拖捕鱼等第三方活动时，对海底电力电缆损害风险会提高。当海底电力电缆发生悬空至一定悬跨，海底电力电缆在水动力要素作用下，除了自重引起的静力作用外，还会受到水流的动力作用，这个过程反映了浪、流对裸露海底电力电缆的直接作用。因而，通过分析海底电力电缆路由区泥沙冲淤及海床稳定性，既能够掌握海底电力电缆所处外部环境的情况，又能够深入了解其所在海域水动力因素对海底电力电缆埋深变化的作用机理，能够为海底电力电缆的设计、运维和治理决策提供科学依据。

对于海底电力电缆工程，泥沙冲淤与海床稳定性分析主要评估工程海域的海岸、海床稳定性情况。海底电力电缆路由区的海床冲淤变化是一个动态的冲淤平衡发展过程，可以从水动力及泥沙特征、地形地貌特征、历史海床冲淤变化特征等三个方面分析海底电力电缆路由区的泥沙冲淤及海床稳定性。海床演变趋势预测年限应为未来 30～50 年。

（一）水动力及泥沙特征分析

通过历史资料和近期现场勘测资料的收集、整理与分析，了解工程海域潮汐、潮流、风、波浪、泥沙运动以及表层沉积物等自然条件，分析工程海域的水沙动力环境，掌握所在海域水动力与泥沙运动基本特征，为海底电力电缆路由区的泥沙运动及海床稳定性分析建立基础。

水动力和泥沙特征分析所需的勘测资料主要来源可以包括工程海域的周年观测站资料、海底电力电缆路由区的全潮水文观测资料、海底电力电缆路由沿线的走航测量资料、周边长期海洋站或者水文站的历史资料等，重点分析海域的泥沙运动特征和表层沉积物特征，具体分析内容如下。

1. 水动力条件

潮汐、海流、波浪是影响海底电力电缆设计和施工的重要水动力条件，掌握工程海域中动力条件的强弱程度，能够进一步分析导致泥沙运动及海床冲淤变化的主要动力机制。

（1）分析工程海域的潮汐特征，包括工程海域潮汐类型、潮汐特征值和设计潮位等，为电缆路由区登陆点设计、海底电力电缆敷设施工提供依据。

（2）分析工程海域的潮流特征，包括工程海域潮流类型、潮流运动形式、潮流的理论可能最大流速、实测潮流的涨潮和落潮流速和流向、余流、海底电力电缆沿线流速分布等特征。

（3）分析工程海域的波浪特征，包括工程海域的波浪特征值，如季节、年、多年的平均波高和最大波高、常浪向、波浪类型，以及重现期设计波浪要素等。

可以根据平均潮差和平均波高等动力条件，判断工程海域的主动力类型。分析工程海域的水动力条件，还有一个重要工作是了解引起工程海域强流、强浪现象的极端天气系统。极端天气发生期间，常使海底电力电缆路由区的海床发生局部骤冲和骤淤，因此，在分析海底电力电缆路由区泥沙运动及海床稳定性时，需要统计极端天气发生的频次和典型个例，定量分析强流、强浪动力条件下海底电力电缆路由区海床冲淤变化幅值。

2. 泥沙条件

工程海域的泥沙来源一般有四种：河流来沙、海岸侵蚀来沙、海床来沙、生物沉积。当工程海域存在入海河流，可以根据工程海域的入海河流的输沙量和输沙方向，判断入海泥沙对电缆路由区泥沙运动的贡献程度。当工程海域存在侵蚀海岸，如工程海域海岸存在第四纪地层疏松堆积层，易将侵蚀泥沙带入海，同样是不可忽略的泥沙来源。海床来沙是指工程海域周边海床泥沙发生起动、悬浮，进而被输运至电缆路由区沉积的现象。海床来沙是电缆路由区泥沙的重要来源，它取决于海床表层沉积物的粒径和工程海域的动力强弱情况。工程海域的底栖生物，特别是贝、螺、蛎、蛤类繁殖，沉积物中富含底栖生物活体、残体及贝类碎屑，是海床表层沉积物的重要组成部分。

通过定点采样资料和遥感影像资料，分析工程海域的悬沙时空分布特征，具体内容包括季节悬沙分布，涨、落潮期工程海域的悬沙分布，涨、落潮期工程海域悬沙含量平均值和最大值，悬沙的粒度参数，悬移质输沙量等。其中，悬移质输沙量可以根据冬、夏季全潮水文观测的资料进行计算，各观测层次的悬沙运移情况可由调查实测悬沙资料结合海流资料计算得到。

通过表层沉积物的采样资料，分析工程海域的表层沉积物空间分布特征，包括表层沉积物类型及分布，表层沉积物粒级组成及分布，中值粒径、分选系数、偏态等粒度参数分布等。其中，沉积物粒度参数（平均粒径、分选系数和偏态）特征分析是揭示沉积环境的主要手段，沉积物粒度主要受到搬运介质、搬运方式、沉积环境等因素控制，其分布受制于泥沙输入的形式和水动力对泥沙颗粒再分配的能力，因此沉积物粒度参数常常被用来识别沉积环境（沉积相）的类型或判定物质运动的方式，反映海岸及海洋动力沉积环境和空间变化特征。

3. 泥沙动力特征

海底电力电缆工程海域的泥沙运动主要受波浪和海流的联合作用，波浪是海底泥沙起动、悬浮的主要动力，沿岸流和潮流是泥沙搬运的主要载体。根据工程海域的水动力和泥沙条件，可以采用经验公式分析在波浪、潮流作用下工程海域的泥沙起动特征，判断在工程海域的动力条件下泥沙运动的活跃程度，并且可以采用表层沉积物输移趋势模型来分析泥沙的净输移方向，以此来确定工程海域泥沙的动力特征。

（1）波浪作用下起动水深。波浪对海底泥沙的起动以及产生推移作用的临界水深与波浪的波高、周期以及泥沙粒经的大小有关。

（2）海流作用下起动流速。海流对泥沙起动特点的研究是泥沙动力学研究中非常重要的部分，同时又是泥沙动力学研究中最基本的部分。海床上推移质在受到水流拖曳力、上升力及水下重力等不同外力的作用而脱离静止进入运动状态的现象即为泥沙的起动，决定这一临界状态的水流条件称为泥沙的起动条件。

泥沙起动规律的问题，是国内外学者研究的一个热点问题。根据表层沉积物特征和该区域的水动力条件可以选用合适的泥沙起动流速公式进行计算，反映潮流动力对泥沙运动的影响程度。

（3）表层沉积物输移趋势。泥沙输移受泥沙颗粒的粒径、形状和密度等多种特性的影响，其中粒径的影响尤为重要。沉积物粒径的空间分布是各种动力、沉积过程综合作用的结果，可以反映这些过程的长周期和累积效应。通过对沉积物粒径的空间相关性和方向性等空间分布的结构特征进行研究，有助于深入探讨产生该结构的各种原因，进而提高对泥沙运动过程的认识。因此，许多研究者试图通过分析泥沙粒径统计特征在空间上的变化，即粒径趋势来确定泥沙的净输移方向。在此基础上，结合水下地形和水动力条件进行综合分析，可以比较准确地确定泥沙颗粒的来源和搬运方向。

波浪、海流、泥沙输运之间存在着强烈的相互作用。这三者之间的相互作用是一个非常复杂的过程。波浪通过辐射应力、海表面粗糙度引起的表面风应力等改变着水体以及其上表面的受力情况，从而影响海流；而海流和水位及二者的不定常变化导致了波浪绝对频率的变化，海面水位的变化直接导致了水深的变化，从而影响着波浪的计算；在更为复杂的底边界层，波浪和海流的存在对水体和泥沙输运都产生了反馈作用，掀起来的泥沙改变了水体的密度，导致了水体的层结，甚至改变水体的运动性质；在更浅的区域，底边界层和上混合层也存在着明显的相互作用。泥沙运动产生的冲淤改变了地形条件，也会对波浪和海流产生影响。鉴于海浪、海流、泥沙这三者之间复杂的相互作用，可采用数值模式中的耦合模型来对上述作用进行刻画。

（二）地形地貌特征分析

工程海域的地形地貌特征分析，可以从地形特征、地貌特征以及动力地貌过程等三个方面进行论述。这一部分内容以收集资料为主，可以收集电缆路由区所在海域最新的水深资料、地层资料、地质构造资料、地壳运动资料等，考虑工程海域特定的水动力和泥沙动力特征，从宏观的角度分析工程海域海床稳定性。

地形地貌特征分析内容中，宜注意海底电力电缆工程海域若存在沙波，则建议进一步分析沙波运动的活性。在我国大陆架海域普遍存在海底沙波，从近岸浅水区到大陆坡的中、下部均有分布。深水沙波规模和分布范围往往比近岸浅水区的大得多。海底沙波种类较多，大小不一，很多沙波相互叠置，交错分布，在大型的沙波上往往发育有群生的小型沙波。沙波的分类方法有多种，一般是按照波长和波高进行分类，大体上可分为沙纹、小沙波、沙波、沙丘和沙脊等。

（三）海床冲淤特征分析

工程海域的海床冲淤特征分析可以采用历史地形对比和泥沙分析方法、数学模型分析方法。

1. 历史地形对比和泥沙分析

历史地形对比和泥沙分析建立在路由海域有长期地形地貌和泥沙监测资料的基础上，通过不同时期的地形地貌和泥沙资料对比分析，来判断相关海域的地形纵横向变化、泥沙冲淤变化。历史地形对比和泥沙分析较为直观明确、精度较高，但较依赖于路由海域具有不同时期的历史地形和泥沙数据。

历史地形资料主要包括不同年代的水深地形资料、卫星遥感影像资料和其他可购买到的工程海域的海图资料等。历史泥沙资料主要包括不同年代的泥沙观测资料。

对于海底电力电缆工程，需要分别针对登陆段海岸带和海域段路由区海床两者的冲淤情况进行分析。

（1）登陆段海岸带冲淤情况分析。可以根据登陆段海岸带的海图、历次地形图、航拍影像、卫星遥感影像等资料，通过 ArcGIS、CAD 等工具进行图像配准，提取和对比不同年代的海岸线和近岸等深线，分析海岸线和近岸等深线的位置变迁趋势和变迁速率。

（2）海域段路由区海床冲淤情况分析。可以根据工程海域的海图、历次水深数据等资料，提取不同年份的水深点和等深线数据。通过不同年份的等深线对比，分析滩槽冲淤变化趋势、冲淤幅度和变化速率。在此需要注意的是，由于海底电力电缆工程所在海域一般缺乏多年的大比例尺水深图，尤其是离岸较远的海域，水深测量数据更新慢，因而海图资料一般适用于分析工程海域大范围海床的冲淤变化趋势。具体来说，针对具有充足历史海图和水深测量资料的海域，可以采用克里金（Kriging）等插值方法，生成不同年份工程海域的数字高程模型，绘制出不同年份工程海域的水下地形图，将地形图中等深线叠加对比，得到不同年份间的等深线对比图，可以从定性上评估路由区的海床稳定性。

从定量上评估海域段路由区海床冲淤程度，基于所掌握地形资料程度，要求具有较为详尽的海域段路由区及周边多年地形测量资料的情况，同样地可以采用 Kriging 等插值方法，生成不同年份的数字高程模型。对比分析高程数据，研究海域段路由区海床的稳定性及冲淤幅值，并对重点区域着重分析，能够充分了解海域段路由沿线海床的稳定性和冲淤趋势。

2. 数学模型分析方法

数学模型分析方法是通过数学模型来模拟实际海床变化，包括平面二维潮流泥沙数值模拟、三维潮流泥沙数值模拟、平面二维波浪潮流泥沙数值模拟以及波浪沿岸输沙数值模拟等。

数学模型分析方法模拟范围更广，可以把握海床演变的大趋势，但鉴于影响因素较为复杂，特别是在路由海域水动力要素观测数据较少的情况下，数学模型模拟精度有限，较难达到工程要求的冲淤变化精度。因此，应尽可能获得工程海域的水动力观测数据，以提高模型精度。海床冲刷模型可采用 MIKE21/3 模型、FVCOM – SWAN 模型等。

对于海底电力电缆工程，海床稳定性分析通常需要做两类条件试验：一类是一般条件，可选用不同重现期风场数据作为海浪和海流模式流场驱动，海流模式需要考虑潮流和水位条件，通过对地形变化分析海床稳定性；另一类是极端条件，尤其对于台风较多的路由海域，应挑选历史典型台风过程，模拟路由海域泥沙运动，根据已有的实测数据对模拟结果进行验证，分析海床冲刷情况，确定对海底电力电缆的影响。

三、动力因素对海底电力电缆施工的影响分析

海底电力电缆在铺设过程中的变形是大挠度、非线性变形，具有几何非线性的特点，

且施工过程中受到海洋环境影响较大。动力因素对海底电力电缆工程施工的影响主要体现在影响施工窗口期的选择。海缆敷设施工是连续性作用，气象因素、海浪和海流会影响工程施工进度和质量。恶劣的天气和海况会影响施工船舶的稳定性，容易引起海缆路由设计路径的偏移。海缆敷设施工是沿着预先设计的航线和航期航行，尤其在长途敷设情况下，在航线每一段上，不同时期影响拖运的风、海浪、海流等海况是不同的。同时，海底电力电缆工程施工所采用的施工船舶和施工敷设技术不同，受到天气和海况的限制条件也会有所区别。在海底电力电缆敷设施工过程中，为保证敷设作业的安全进行，需确定合适的施工海况，必须满足海底电力电缆的张力限制、压力限制和最小弯曲半径限制等限制条件。波高、波周期、波向、流速、流向对海底电力电缆的最小张力和最小弯曲半径较为敏感。影响作业的环境要素还有海雾，能见度小于1km时会严重影响海上航行，对海雾要求提供航线各段上，不同时期出现的海雾日数及雾区范围等。

海底电力电缆敷设应在小潮汛、风浪小、洋流较缓时进行，并应视线清晰，风力小于6级。海缆敷设速度应根据施工海域的流速、流向条件确定，登陆段敷设应选择合适的潮汛、潮时进行登陆作业。海底电力电缆施工期间，应实时掌握工程海域的水文、气象条件及气象预报资料，避开不利的施工时间。海上施工作业时，应根据设备技术条件和施工船舶配置情况，限定工作环境。

海缆施工受台风、大风、大浪、雷电天气及大雾天气的影响，选择适合的施工时间窗口能使电缆施工顺利完成。应根据路由海域的潮汐、波浪和海流等海洋水文要素和大风、雾、雷暴、气旋、海冰等气象要素的特征和变化规律，结合海底电力电缆工程施工设备和船舶配置情况，开展施工窗口期选择专题研究，推荐海底电力电缆工程的最佳施工窗口期。

第八章
腐蚀性环境调查

第一节　海洋腐蚀环境与电缆防腐

《海底电缆管道路由勘察规范》（GB/T 17502—2009）对海底电缆路由勘测中的海底腐蚀环境参数进行了规定，其中底层水测试参数包括 pH 值、Cl^-、SO_4^{2-}、HCO_3^-、CO_3^{2-}、侵蚀性 CO_2 等；底层土一般采集在电缆埋深位置，测试参数与底层水对应，参数包括 pH 值、Cl^-、SO_4^{2-}、HCO_3^-、CO_3^{2-}、氧化还原电位、电阻率等。硫酸盐还原菌监测参照《海洋调查规范 第6部分：海洋生物调查》（GB/T 12763.6—2007）中的污损生物调查规定。

一、海水腐蚀环境

海洋环境是一个腐蚀性很强的灾害环境，金属材料在海洋环境中极易发生劣化破坏，造成直接或间接的腐蚀损失结果。

海洋腐蚀环境是导致电缆损伤不容忽视的自然因素之一。海洋环境按照其腐蚀情况可以分成五大区，即海洋大气区、海水飞溅区、潮汐区、全浸区和海泥区（见图 8-1）。其中全浸区浅海区为自海面至海平面下 50m 处，溶解氧浓度较高，腐蚀较为严重；潮汐区恰好浸在海水线下的部分为阳极，腐蚀极其严重。因此，电缆在全浸区和潮汐区的腐蚀情况需要更为重视。

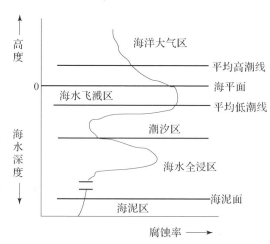

图 8-1　海洋腐蚀环境划分

二、海底沉积物腐蚀环境

海底沉积物是为海水所覆盖，并被海水不同程度浸湿或饱和的特殊土壤。海底沉积物的腐蚀性取决于其全部腐蚀因子，按其影响腐蚀的方式不同，大致分为电化学腐蚀因子和微生物腐蚀因子。

电化学腐蚀因子包括海底沉积物的温度、类型（粒度）、电阻率、含盐率、溶解氧、pH 值等直接与电化学腐蚀有关的腐蚀因子。其中，温度是影响电化学电极反应动力学过程的重要参数之一。有研究表明，温度升高会加快电极表面和溶液中物质的扩散，腐蚀速率随温度升高而增大。由此可见，海底沉积物的温度变化对钢的腐蚀性有较大的影响。海底沉积物类型与钢的腐蚀速率有明显的相关性，粒度大，透水性就强，与海水（含溶解氧）交换比较容易，其腐蚀性也较强，这是氧扩散控制的电化学腐蚀特征。对于电缆，如果是穿越不同的海底沉积物，还能够产生电偶腐蚀。电阻率是海底沉积物导电能力的反应，在垂直深度分布上，随海底沉积物深度增加而增大。电阻率与海底沉积物粒度有关，粒度越大，电阻率越大，电阻率对宏电池腐蚀起着重要作用。含盐量指海底沉积物及其缝隙的水的总盐量及一些对腐蚀作用比较大的离子。含盐量越高，电阻率越小，腐蚀速率越大。海水中的溶解氧是重要的去极化剂。由于无单独气相存在，仅靠表层海底沉积物与底层海水进行缓慢的物质和能量的交换，海底沉积物中氧含量仍然相当有限，海底沉积物腐蚀是在贫氧或缺氧状态下进行的，因此溶解氧对海底沉积物腐蚀有着重要作用。而 pH 值在正常范围内（6.0 ~ 10.0），对海底沉积物腐蚀性较小，但在这种 pH 值条件下有利于微生物腐蚀因子的发生。微生物腐蚀因子主要为硫酸盐还原菌（sulfate - reducing bacterla，SRB）等厌氧细菌的腐蚀。海底沉积物处于贫氧或者缺氧状态下，由厌氧微生物引起的腐蚀也是不可小觑的。1971 年，R. A. King 在自然杂志上发表了 SRB 腐蚀的机理，在 SRB 作用下，钢铁均匀腐蚀速率大于或等于 0.1mm/年，而孔蚀速率还要高得多。微生物腐蚀给电缆带来的危害是十分严重的，不仅使电缆造成均匀腐蚀和点蚀，而微生物产生的 H_2S 气体能造成高强度钢铁材料的硫化物应力腐蚀开裂。除此之外，海底沉积物的运动能够引起电缆的磨蚀，由海底流等引起的表层海底沉积物运动也能随着泥沙的冲击造成应力腐蚀。

三、常见海底电缆的类型及腐蚀防护

电缆按材料总体可以分为自容式充油纸绝缘海底电缆和交联聚乙烯绝缘（XLPE）海底电缆（见图 8 - 2）。具体可以细分为：浸渍纸包电缆，适用于不大于 45kV 交流电及不大于 400kV 直流电的线路，目前只限安装于水深 500m 以内的水域；自容式充油电缆，适用于高达 750kV 的直流电或交流电线路，由于电缆为充油式，故可以毫无困难地敷设于水深达 500m 的海域；挤压式绝缘（交联聚乙烯绝缘、乙丙橡胶绝缘）电缆，适用于高达 200kV 交流电压，乙丙橡胶较聚乙烯更能防止树枝现象及局部泄电，使海底电缆更有效地发挥功能；"油压"管电缆，只适用于数千米长的电缆系统，因为要把极长的电缆拉进管道内，受到很大的机械性限制；充气式（压力辅助）电缆，使用浸渍纸包的充气式电缆比

充油式电缆更适合于较长的海底电缆网，但由于必须在深水下使用高气压操作，故此增加了设计电缆及其配件的困难，一般限于水深为 300m 以内。

(a)　　　　　　　　　　　　　　(b)

图 8 – 2　主要海底电缆型式

(a) 自容式充油型；(b) 挤出型

海底电缆的腐蚀现象是无法规避的，电缆一般采用铜芯（阻水结构）、XLPE 绝缘、纵向阻水层、分相铅包、半导电 PE 防蚀层、复合光纤层、防蛀船虫层、单粗圆钢丝铠装、聚丙烯绳外被的结构来缓解。目前，已有多种方法被应用于海底电缆腐蚀的防护，如物理清除技术，可以用于清除海底污损生物；物理包裹技术、涂料防护技术，但由于氢气分子的渗入，会导致电缆传输衰耗增加。另外，海底电缆一般采用"铠装保护"来抵御外界的腐蚀，电缆铠装层可以增加电缆的机械强度，提高防侵蚀能力，还可以增强抗拉强度、抗压强度等，延长电缆的使用寿命。其外层聚合物层，就是为了防止海水和加固钢缆反应产生氢气，即使外层真的被腐蚀，内层的铜管、石蜡、碳酸树脂也会防止氢气危害到电缆内部。

第二节　腐蚀性环境调查要素及方法

随着海洋油气开发产业的快速发展，海洋油气开发平台（船）的腐蚀、海底管道的腐蚀、橡胶密封材料的腐蚀、油井管的腐蚀以及水泥环的腐蚀问题越来越突出。为此，我国还建立了由青岛站（中心试验站）、舟山站、厦门站和榆林站组成的海水腐蚀试验网站，分别代表着不同海域海洋腐蚀环境特征。

进行腐蚀性环境调查，需要根据电缆路由走向及长度，按照一定的距离进行站位布设，底层水与沉积物应在同一站位采集。《海底电缆管道路由勘察规范》（GB/T 17502—2009）对海底电缆路由勘测中的海底腐蚀环境参数的底层水和底层土的测试参数进行了详细规定，《海洋调查规范》（GB/T 12763 系列标准）和岩土工程勘测相关规范等对底层水、底层土的样品采集和分析等进行了详细的规定。综合来看，相应的参数测试主要包括样品采集、样品预处理、化学测试和数据处理几个方面。

一、底层水参数测试

水的腐蚀参数测试是评价一般淡水和海水水质特征的一个重要指标。在水深小于50m时，底层水指的是离海底2m的水层；水深在50~200m时，底层水对应的离海底为5m。

样品采集：采样站位的数量一般控制在底质采样站总数的1/5，每项工程不少于3个站位，采集离海底1.5m以内的水样。选择合适容积和材质的采水器并洗净，依靠绞车等采集至甲板后，填写水样登记表，并按照不同的要素进行分样。

样品预处理：样品采集完成后，按相关规范进行分样，对每个样品添加标签，并将具体样品的体积、时间、采集地点和检验项目记录在档案中。记录后，对样品的储存应严格控制，每个样品应密封，并根据不同样品的检测要求调整光照和温度。

化学测试方法和数据处理详见相关技术标准。

二、海底沉积物参数测试

海底沉积物是一种被海水覆盖并被海水不同程度浸透或饱和的特殊土壤，是一个固液两相系统，没有单一的气相。其理化性质不同于陆地土壤、滨海盐碱土和潮间带海洋土壤。采样站位的数量一般控制在底质采样站总数的1/5，每项工程不少于3个站位，取样位置一般应位于海底电缆埋设深度位置。其表层取样一般采用蚌式或箱式采样方法，柱样一般采用重力、重力活塞、震动活塞或浅钻等方法。

样品预处理：样品采集后，应对样品的颜色、气味、厚度、结构构造等进行现场描述，并在现场进行pH值、Eh值和Fe^{3+}/Fe^{2+}比值的测定。取好的样品要密封。

化学测试方法和数据处理详见相关技术标准。

三、污损生物调查

海洋生物污损是指由于海洋生物的附着、侵袭而造成水下设施的损害。生物污损根据其在基体上的附着形式可分为两类：①由各种细菌和微型动植物等微观有机体吸附在材料表面并繁殖引起的，称为微生物污损；②各类大型藻类及原生动物个体附着在基体表面并逐渐繁殖而形成的，称为大型生物污损，是肉眼可见、最为常见也是最为广泛的一类污损。

污损生物调查一般采用挂板和水面或水中设施上采样，以及固定式平台采样的方法。

大型污损生物：以试板调查为主，辅以船舶及其他海上设施调查，调查要素包括种类、数量、附着期和季节变化、水平分布和垂直分布等。不同海域或工程建设对采样站位或挂板略有区别，主要采用3 mm厚的环氧酚醛玻璃布层压板，按照规格布设试板，按照不同的需求设定取放板的时间间隔，取板时应先拍照，并测量厚度、覆盖面积率、附着面积率、密度等，进而分析附着期和季节变化、水平分布、垂直分布等。

微污损生物：用体积分数为 70% 乙醇浸泡的载玻片制作试板，分表、中、底三层垂直悬挂在浮体上，每季度一次取放，每次取 3 片，经现场海水轻漂洗后装入盛有无菌海水的容器内。用于宏观检查、硅藻鉴定和计数的试板，以体积分数为 3% 的戊二醛固定，在温度为 105℃ 的烘箱中烘干至恒重，将试板置于显微镜下直接计数或将硅藻刮下后计数。经制片后进行种类鉴定，优势种鉴定到种，分析对比各附着期内不同类型群落的宏观特征，编制各附着期内种属名录及其优势种类名录；用于细菌分离和鉴定的试板，计数取板后必须于 24h 内完成预处理，将菌悬浮液分别涂布于细菌、真菌、酵母和放线菌的培养基上，经 25℃ 恒温培养 4～7 天，计算菌落数，同时挑取不同菌落特征的纯菌落至相应的培养基上，供菌株鉴定，绘制细菌、硅藻的消长曲线以及干重变化曲线。

第三节　海底腐蚀环境评价及对电缆的影响分析

一、海底腐蚀环境评价

(一) 腐蚀因子分析

pH 值可直接代表研究海域的酸碱性，Cl^-、SO_4^{2-} 直接代表对金属的腐蚀性，可通过相关表格初步判别其腐蚀等级。氧化还原电位的正负及大小反映了沉积物氧化还原性（正值代表氧化）及其强弱，电位越高，氧化性越强；电位越低，氧化性越弱。电阻率反映的是海底沉积物导电能力，高的电阻率会延缓腐蚀作用的进行等。水和土壤对钢结构的腐蚀性评价见表 8－1 和表 8－2。

表 8－1　水对钢结构腐蚀性评价

腐蚀等级	pH 值及（$Cl^- + SO_4^{2-}$）含量（mg/L）
弱	pH 值 3～11，（$Cl^- + SO_4^{2-}$）＜500
中	pH 值 3～11，（$Cl^- + SO_4^{2-}$）≥500
强	pH 值＜3，（$Cl^- + SO_4^{2-}$）为任何浓度

表 8－2　土壤对钢结构腐蚀性评价

腐蚀等级	pH 值	氧化还原电位（mV）	视电阻率（Ω·m）	极化电流密度（mA/cm²）
微	＞5.5	＞400	＞100	＜0.02
弱	5.5～4.5	400～200	100～50	0.02～0.05
中	4.5～3.5	200～100	50～20	0.05～0.20
强	＜3.5	＜100	＜20	＞0.20

（二）氧化还原环境判定

沉积物的氧化还原环境与腐蚀性密切相关，直接影响着海底电缆腐蚀性的作用大小，有机物含量、E_h、Fe^{3+}/Fe^{2+} 等腐蚀因子是指示氧化还原环境的可靠指标，见表 8-3。

表 8-3　氧化还原环境划分标准

环境类型	有机物（%）	E_h（mV）	Fe^{3+}/Fe^{2+}
Ⅰ（弱还原环境）	1.0~1.5	30~100	0.5~0.7
Ⅱ（弱氧化环境）	0.5~1.0	100~250	0.7~1.5
Ⅲ（较强氧化环境）	<0.5	>250	>1.5

（三）腐蚀性评价

腐蚀性评价应综合考虑各因子的相关性，对各因子进行综合考虑，其与海底沉积物的颗粒组成及结构亦相关，如沉积物颗粒越粗，则透水性好，受海水影响大，其腐蚀性也较强；养殖区一般有机质含量高，在某项因子（如 SO_4^{2-}）的分析上可能与其他因子的分析结果差异较大。另外，底层海水与海泥区之间的交换界面、不同的沉积物类型和沉积层在不同环境中会产生电偶腐蚀，也应在腐蚀性评价中进行综合考虑。

二、对电缆的影响分析

海底电缆埋设于海底，为了减少锚害的影响，通常加装铠装进行保护，而海水的导电性好，若采用异金属接触能发生显著的电偶破坏，并且海水中游离大量的氯离子容易造成海底电缆局部腐蚀（见图 8-3），如小孔腐蚀、缝隙腐蚀、应力腐蚀；另外，海水本身是一种含有盐和各种矿物质的强腐蚀介质，同时波浪、潮流又对金属构件产生低频的往复应力和冲击，极易发生磨损腐蚀。

图 8-3　局部被腐蚀的电缆

　　强的腐蚀环境对海底电缆的长期运行构成了极大的威胁，因此需要在前期调查资料的基础上系统分析海底腐蚀环境，针对性的对电缆采取保护措施。目前，常采用涂层保护、牺牲阳极阴极保护和涂层－电化学联合保护等防腐措施。不同海区沉积物的腐蚀性差异较大，在设计电缆防腐系统时应按其腐蚀特征来进行，对于弱腐蚀性的沉积环境，一般采用涂层保护或阴极保护即可；而腐蚀性相对较强的沉积环境则可采用涂层－电化学联合保护。

第九章
海底电力电缆工程路由勘测实例一

第一节　工程背景

本工程为某海上风电场220kV送出海底电力电缆工程,本风电场送出电缆从220kV海上升压站出发,到达陆上电缆登陆点,电缆路由长度约47.92km。

根据相关规范和设计需求,对送出电缆路由进行勘测调查,通过调查分析路由区域的地形地貌、海底地质及工程特性、水文气象、腐蚀环境以及海域开发活动,对预选的电缆路由进行调整,推荐出一条经济上合理、海洋环境相对安全的电缆路由,为电缆设计和施工提供基础数据,并上报渔政、航道、海防等主管部门,为自然资源部南海局审批电缆施工铺设提供依据。

本勘测工程存在的主要技术难点有:①电缆路由交叉穿过多条航道,来往通行货船较频繁,勘测过程中需要主动避让,影响勘测工作的效率和连续性;②勘测区域多靠近汕尾近海,渔业活动密度较大,路由路径上有多处设置固定渔网,不利于相关勘测专业进入作业。

第二节　勘测方案设计

一、工程地球物理勘测

工程地球物理勘测内容包括单波束水深测量、多波束水深测量、侧扫声呐、浅地层剖面、海洋磁力探测、登陆点地形和控制测量及陆上管线调查。调查范围为沿路由左右单边各250m宽的条带状区域。

(1)水下地形测量主要采用多波束测深系统,在浅水区域进行单波束测深仪配合作业。登陆点附近的陆域及潮间带地形采用RTK人工测量及无人艇辅助实施。

（2）侧扫声呐用于探测水体中及出露海床面的障碍物分布以及底质地貌变化情况。

（3）浅地层剖面探测用于探测海底浅层结构、海底沉积特征、海底表层矿产分布及海底管线平面和空间分布。

（4）海上磁场干扰少，可以用磁法探测方法准确地探测出海底障碍物的平面位置。

二、工程地质勘测

收集区域地质资料和历史资料，根据工程物探勘测的初步成果选定路由后，在路由上布设工程地质勘测站位。工程地质勘测的内容包括取样、土工测试、沉积物热阻测试。

三、水文气象环境条件调查

通过资料收集等方式，收集本风电场工程前期海洋水文观测成果以及相关工程历史水文气象资料，调查分析路由区水文气象环境以及海底冲淤环境，为电缆铺设、后期维护提供水动力环境参数。

四、腐蚀性环境参数测定

腐蚀性调查与工程地质勘测同步进行，主要进行底层海水、海底土（表层及柱状样）腐蚀性调查，同时收集分析路由区内污损生物历史资料，开展污损生物调查。

五、主要勘测设备

主要勘测仪器设备及设备参数见表 9 – 1。

表 9 – 1　主要勘测仪器设备及设备参数

序号	名称	规格	数量	技术指标
1	单波束测深仪	中海达 HD370	2 套	测深量程：0.3 ~ 300m
				工作频率：（208 ± 2）kHz（波束角≤8°）
				测深精度：±（0.01m + 0.1% D）（D 为所测深度）
2	多波束测深仪	Reson SeaBat T50 – P	1 套	频率：最大 420kHz，最小 190kHz（10kHz 步长可调节）
				垂直航迹接收波束角度（额定值）：0.5°（400kHz）；1°（200kHz）
				沿航迹发射波束角度：1°（400kHz）；2°（200kHz）
				最大 ping 率：50pings/s
				脉冲长度：15 ~ 300μs（CW）；300μs ~ 10ms（FM）
				波束数量：512
				最大扫宽角度：等距模式下 150°；等角模式下 165°
				测深分辨率：6mm

序号	名称	规格	数量	技术指标
3	Pos MV 定姿定位系统	Applanix OceanMaster	1 套	横摇/纵摇角的量测精度：优于 0.01°（±90°），量程无限制（±180°），分辨率 0.001°
				当前作业模式下 PPK 定位精度：水平精度 ±10cm；高程精度 ±15cm
4	侧扫声呐	Edgetech 4125P	1 套	频率：400、900kHz；600、1600kHz
				脉冲类型：CHRIP 全频谱线性调频
				航迹方向分辨率：400kHz，2.3cm；900kHz，1.5cm
				水平波束宽度：0.46°，400kHz；0.28°，900kHz
				动态范围：12bit ADC，60dB TVG
				垂直波束宽度：50°
				深度传感器：5% 全刻度
				运动传感器：艏向、横摇、纵横
5	海洋磁力仪	SeaSPY	1 套	传感器灵敏度：0.01nT
				计数器灵敏度：0.001nT
				采样率：0.1~4Hz
				最大工作水深：6000m
				绝对精度：0.2nT
				分辨率：0.001nT
6	浅地层剖面仪	SES2000 Standard	1 套	发射频率：主频 100kHz；次频 4、5、6、8、10、12、15kHz
				测深深度：1~300m
				地层分辨率：采样分辨率 5cm
7	表面声速探头	Reson SVP70	1 台	量程：1350~1800m/s；分辨率 0.01m/s
				精度：±0.05m/s（0~50m）
				采样率：20Hz
				耐压等级：6000m
8	声速剖面仪	AML Base·X	1 套	测量精度：±0.03m/s
				温度精度调节器精度：±0.05℃（标准精度）
				温度补偿仪精度：±0.03% FS（标准精度）
9	测量型 GNSS	思拓力 S9 Ⅱ	2	RTK 精度：平面，±（8mm+1ppm）RMS；高程，±（15mm+1ppm）RMS

序号	名称	规格	数量	技术指标
10	信标机	中海达 HD8600	2 套	测量范围：海上 500km；陆地 100km
				精确度：0.5m
11	钻机	XY-200 型油压回旋钻机	1 套	钻杆直径：外径 50mm
				最大钻进深度：150m
				钢套管：外径 146mm
				泥浆泵：BW-150
12	取样器	薄壁取土器、敞口取土器和标准贯入器	3 套	薄壁取土器：薄壁取样管（长 0.5m，外径 75mm，内径 71mm）
				敞口取土器：外径 110mm，内径 108mm
				标准贯入器（SPT）：外径 51mm，内径 35mm

第三节　勘测过程

一、地形测量

1. 潮位观测

本工程验潮采用 RTK 无验潮模式，通过高增益天线发射基准站差分改正信号，实时获取船载 RTK 流动站的高程数据，再根据船舶姿态改正接收机相位中心距水面的实时高差，减去改正后的高差即为实时的水面高数据，最后通过离散型傅里叶变换剔除短周期的涌浪干扰后即可得到长周期的潮位数据。

2. 多波束安装与外业数据采集

测线布设：根据水深确定测线间距，保证相邻测线条带之间的公共覆盖率不低于 20%，主测线平行路由走向布设，检查线垂直主测线等间距布设，检查线的总长度不低于主测线总长度的 5%。

设备安装：①T50-P 多波束换能器采用右舷、船体轴线中间靠前处安装。换能器底面吃水略大于安装位置处船体吃水。换能器的船头、船尾、左舷三个方向用钢丝绳拉紧，确保换能器稳固，避免其晃动。②Pos MV 定姿定位系统的姿态传感器 IMU 安装在水下，与多波束换能器刚性连接，姿态传感器的 X 轴指向船艏，Y 轴指向右舷，Z 轴向下。③定位设备的接收机（包括 RTK 流动站和 Pos MV 的主、副定位定向天线）安装在测量船顶部避雷针以下的开阔地方，Pos MV 的主、副天线一前一后安装在船身的左侧弦边上，两者相位中心保持在同一水平高度处。④SVP70 表面声速仪与多波束换能器同位置固定安装，

为多波束系统实时提供准确的表面声速值。⑤量取各传感器在船坐标系下的相对位置关系以及吃水数据。

外业数据采集：①在测区附近选取一块陡坡海床面地形，校准换能器安装偏差；②测定船舶固定船速下的动吃水数据；③外业测试，调整设备参数；④外业数据采集。

3. 单波束安装与外业数据采集

测线布设：依据 1：1000 测图比例尺按 20m 间距平行路由走向布设测线，近岸礁石区加密至 5～10m 间距；检查线垂直主测线布设，总长度不少于主测线总长的 5%。

设备安装：①单波束换能器安装在船舶左舷，底面吃水略大于船舶整体吃水，用缆绳绑定牢固；②量测换能器在船坐标系下与定位设备之间的三维位置关系。

外业数据采集：①外业测试，调整设备参数；②外业数据采集。

4. 海岸地形测量

在测区附近架设基准站，运用 RTK 技术人工采集海岸地形地貌数据并测绘重要地物分布情况。

5. 地形数据处理

多波束测深数据处理：①新建船文件，解译测线文件；②Pos MV 高精度定姿定位数据融合改正；③潮位数据改正；④声速剖面数据改正；⑤剔除粗差波束点；⑥构建水下地形曲面并导出地形数据。

单波束测深数据处理：①新建项目，打开数据文件；②剔除粗差数据点。

绘制带状地形图和路由断面图：①在绘图软件中导入地形点数据；②构建三角网并生成等高线；③提取路由断面。

二、侧扫声呐障碍物探测

1. 侧扫声呐安装与外业数据采集

测线布设：根据路由路径上的水深变化范围，平行送出电缆路由路径走向按 50m 间隔布设测线。

设备安装：①侧扫声呐拖鱼采用船侧拖拽方式；②量测拖鱼的挂点相对定位设备的位置以及拖缆长度等参数。

设备调试：①在工作前，对侧扫声呐系统进行状态调试，调试的主要内容包括拖鱼入水深度、侧扫作业模式的选定、信号的发射与接收、增益、TVG 调节、声速修正等；②根据拖鱼设计入水深度确定船速区间；③根据测线间距确定侧扫量程范围，保证相邻条带影像之间无漏洞。

外业数据采集：①作业前，全面了解工程需要，调查搜集测区的水深、海底地形及特征、海底障碍物情况、海流的流速和流向、风向和风速、水温层变化情况；②作业时，不随意变动技术设计确定的数据，仅当图像不清晰时，调整侧扫声呐的拖缆长度，并做好记

录；③侧扫声呐作业过程中避免船速忽快忽慢，作业时要求船长保持匀速直线行驶。

2. 侧扫声呐数据处理

处理步骤：①新建项目，导入侧扫测线文件；②底跟踪；③相对位置偏移量改正；④障碍物提取和尺寸量测；⑤导出障碍物提取报告；⑥生成障碍物分布图。

三、浅地层剖面探测

1. 浅地层剖面仪安装与外业数据采集

测线布设：根据路由路径上的水深变化范围，平行送出电缆路由路径走向按50m间隔布设主测线，垂直主测线方向按照500m间隔布设检测线。

设备安装：浅地层剖面仪采用工作船侧舷安装方式；GPS导航定位系统固定在浅地层剖面仪安装杆的上方，不存在位置偏移；采集电脑及控制设备安装在工作船船舱中间线上，使罗经艏向尽量与船艏方向一致。

设备调试：①每次出海前，应检查仪器设备稳定情况及线路联通情况；②调查开始前，在作业海区调试设备，确定最佳工作参数；③水深变化较大时，应及时调整记录仪的量程及延时；④在风浪较大情况下，应使用涌浪补偿器或数字涌浪滤波处理方法进行滤波处理。

外业数据采集：①班报记录内容包括项目名称、调查海区、测量者、仪器名称与型号、日期、时间、测线号、点号、航速、航向、仪器作业参数、数字记录文件名等；②对现场记录剖面图像初步分析发现可疑目标时，应布设补充测线以确定其性质。

2. 浅地层剖面数据处理

将采集到的浅地层剖面数据通过解析软件进行处理，主要包括TVG调节、带通滤波等。辨别数据中因地形起伏造成的干扰信号、噪声及不具工程意义的探测信号，对比资料的硬拷贝及数字记录对资料的回放识别记录上的干扰波，去除假象；对地层反射特征进行识别及判读，最后生成浅地层剖面图。

四、海洋磁力仪障碍物探测

1. 海洋磁力仪安装与外业数据采集

测线布设：根据路由路径上的水深变化范围，平行送出电缆路由路径走向按50m间隔布设主测线，垂直主测线方向按照500m间隔布设检测线。

设备安装：海洋磁力仪采用船侧后方拖拽方式，操作主机安装在驾驶台实验室中，安装位置紧凑合理，方便操作。拖鱼距离船体120m。设备安装位置合理，避免船机仪器、行船尾流对仪器设备的干扰，保证勘测结果准确可靠。

设备调试：①探测开始前，在作业海区调试设备，确定最佳工作参数。②磁力仪探头入水后，调查船应保持稳定的低航速和航向，避免停车和倒车。拖鱼离海底的高度应在10m以内，海底起伏较大的海域，探头距海底的高度可适当增大。③实时进行导航坐标的改

正，对拖鱼位置进行定位并记录，在近岸浅水区域也可采用人工计算进行拖鱼位置改正。

外业数据采集：①保证探测记录的完整性，漏测或记录无法正确判读时，应进行补测；②班报记录内容包括项目名称、调查海区、测量者、仪器名称与型号、日期、时间、测线号、点号、航速、航向、仪器作业参数、数字记录文件名等；③对现场记录剖面图像初步分析发现可疑目标时，应布设补充测线以确定其性质。

2. 海洋磁力仪数据处理

将采集到的磁力数据通过解析软件进行处理，进行日变校正、船磁校正和正常场校正，得到最终的磁力异常值，生成磁力数据等值线图，用来解释判断是否存在海底管线及障碍物所带来的磁力异常。

五、工程地质勘测

1. 勘测站位布设

为了对浅地层剖面数据进行验证，并为电缆铺设提供更为详尽的地质资料，需对路由进行底质柱状取样。海底电缆底质柱状站位布设是沿每条电缆路由中心线进行布设，其间距为：在近岸段（20m 水深以浅）为 0.5~1km、浅海段（20~1000m 水深）为 2~10km，拐点处设取样站位，共布设 19 个钻探站位，利用 2 个风场区已有钻孔，钻探站位主要布置在路由中心线拐点位置，并根据工程要求和地球物理勘测解译结果对站位布设作适当调整。

2. 底质采样

底质采样分柱状采样和表层采样两种。柱状采样使用钻探采样及重力采样器，表层采样使用蚌式采样器。因本海底电缆工程全程采用埋设方式，应首先进行柱状采样。

所有样品在船上处理，进行现场编录、岩性描述和照相。每个站位保留陆上实验室用样。

3. 沉积物现场测试及描述

现场测定包括沉积物柱状样品的热阻率、微型十字板剪切强度等参数。

现场分析描述包括样品的颜色、气味，土的分类名称、粒度组成，土的状态及扰动程度，土层结构与构造，生物含量等。

4. 室内土工试验

试验方法执行《土工试验方法标准》（GB/T 50123—2019）。测试项目包括粒度、天然密度、天然含水率、比重、界限含水率、三轴不排水剪切试验、标准固结试验等。

六、登陆段调查

1. 调查范围

登陆段调查范围包括登陆点附近水深小于 5m 的区域，调查范围宽度为路由左右各

250m 走廊，纵向从登陆点向陆延伸 300m。

2. 登陆岸段及周边区域的踏勘调访

实地调访登陆岸段及周边区域人类开发活动的历史、现状与规划等，包括渔业活动、港口、航道与锚地、电缆与管道工程、海塘与围涂等其他海洋开发活动，并提出对管线的影响、结论与建议。

七、腐蚀性参数测试

1. 沉积物腐蚀性测试

对岩土工程勘探取得的沉积物进行腐蚀性测定，选取柱状样站位 6 个进行腐蚀性测试，预计样品测试数量约 24 个。测定的参数包括 pH 值、Cl^-、SO_4^{2-}、HCO_3^-、CO_3^{2-}、氧化还原电位、硫酸盐还原菌、沉积物粒度、硫化物。其中，现场测试 pH 值、氧化还原电位。

沉积物腐蚀性采样、检测及评价方法按《海底电缆管道路由勘察规范》（GB/T 17502—2009）、《岩土工程勘察规范（2009 年版）》（GB 50021—2001）、《海洋监测规范　第 5 部分：沉积物分析》（GB 17378.5—2007）实施。

2. 底层海水腐蚀性测定

使用卡盖式采水器取底层（离海床 1m）海水，采水站位与沉积物腐蚀站位相同。底层水腐蚀性环境参数包括水温、pH 值、盐度、溶解氧、Cl^-、SO_4^{2-}、HCO_3^-、CO_3^{2-}，其中现场测定的参数包括水温、pH 值、溶解氧。

底层海水腐蚀性采样、检测及评价方法按《海底电缆管道路由勘察规范》（GB/T 17502—2009）、《岩土工程勘察规范（2009 年版）》（GB 50021—2001）、《海洋监测规范　第 4 部分：海水分析》（GB 17378.4—2007）实施。

第四节　勘测成果

该工程的最终勘测成果包括电缆路由勘测技术报告及电缆路由勘测综合物探图，成果内容能真实反映电缆路由路径的水下地形、海床面地貌、水下障碍物分布、海底管线、地质条件、水文气象环境等要素。

一、水下地形

根据路由海域勘测的水下地形数据处理结果分析，送出电缆自登陆点至海上升压站水深逐渐变大，具体表现出两个特性：①近岸段相对远海段的水深变化坡度较大；②近岸段自拐点 B 至拐点 H，路径走廊范围内分布有大片礁石群和零星礁石。下面提取两段典型的特征地形进行描述。

（1）登陆点 *A*—拐点 *B* 段。该段路由长约1230m，沿路由路径海底面起伏较大，水深变化在0.6～12.4m之间，沿中央路由方向由浅变深，平均坡度约为9.6‰。路由走廊区域内地形相对简单，未发现大面积的礁石分布，如图9-1所示。

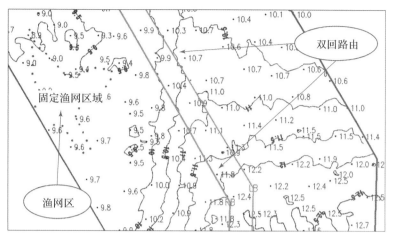

图9-1　登陆点 *A*—拐点 *B* 段局部水深

（2）拐点 *RE*—拐点 *RF* 段。该段路由长约1550m，路由海底面起伏较小，水深变化在16.9～18.0m之间，沿路由中线方向由浅变深，平均坡度约为0.71‰。在靠近段末点（拐点 *F*）处，路由路径区域两侧各分布有一处礁石，其中靠东侧一处面积较大，如图9-2所示。

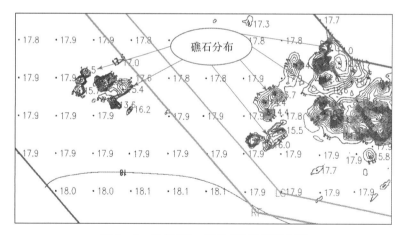

图9-2　拐点 *RE*—拐点 *RF* 段局部水深

二、侧扫声呐探测成果

根据侧扫声呐扫测结果，在路由路径带状区域内，海底地貌表现为近岸段多为强反射的沙坡混杂局部弱反射的淤泥底质（见图9-3），远海段海床面多为单一的平坦泥质；出露海床面的障碍物主要是近岸区域的礁石群分布（见图9-4），未发现沉船、裸露缆线等重要人为地物。

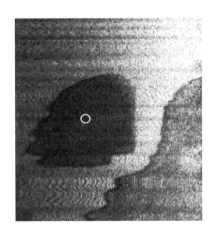 

图 9 - 3　局部混杂底质影像　　　　图 9 - 4　礁石群分布影像

三、浅地层剖面探测成果

1. 反射界面确定及其特征

根据浅地层剖面记录中由反射强度变化而反映的灰度差异和反射波的几何结构形态特征，在路由区的浅部地层剖面上自上而下共划分了四个反射界面，分别是 R_0、R_1、R_2 和 R_3，如图 9 - 5、图 9 - 6 所示。

R_0：为海底反射界面，振幅强，连续性好，其起伏形态反映了海底地形的变化。

R_1：为中强振幅反射，连续性较好，构成了层 B 的反射顶界面；界面起伏不大，能够连续跟踪，只在部分段有显示，在 KP5 后开始出现。

R_2：为弱振幅反射，也属于连续性较好的反射界面，构成了层 C 的反射顶界面；界面在近岸段受古河道影响起伏较大，远岸段区域平缓。

R_3：为强振幅反射，反射界面下方信号完全屏蔽，只在 KP2 ~ KP6 有出现，构成了层 D 的反射顶界面；界面起伏较大，部分段突出海底面达 2m 以上。

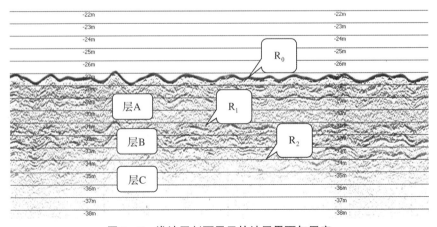

图 9 - 5　浅地层剖面显示的地层界面与层序

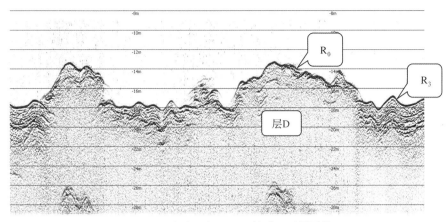

图 9 − 6　浅地层剖面显示的礁石反射影像

2. 浅部声学层序划分

根据上述反射界面的划分，路由区浅部地层相应的确定了四个声学地层反射界面。根据现场钻探资料和前人调查研究资料，发现该区域浅层沉积物主要为淤泥、淤泥质土、粉质黏土、黏土质粉砂、砂土等，其声波传播速度为 1550 ~ 1750m/s。据此，以海底为基准面，采用 1600m/s 的平均速度，作为时深转换速度，换算声学地层厚度，并划分了四套地层，即层 A、层 B、层 C 和层 D。层 A 是反射界面 R_0 与 R_1 之间的反射层序，层 B 是反射界面 R_1 和 R_2 之间的反射层序，层 C 是反射界面 R_2 以下地层，如图 9 – 5、图 9 – 6 所示。地层解释描述如下。

（1）层 A。层 A 为一套表层沉积层，厚度在 1 ~ 5m 之间，地质解释为全新世淤泥及流塑~软塑淤泥质土。除近岸段外，层 A 在整个路由通道内出现，是敷设海底电缆的主要目的地层。

（2）层 B。层 B 埋深在 5 ~ 10m 之间，厚度 1 ~ 5m，地质解释为粉砂混淤泥。除近岸段和登陆段礁石区及小段浅埋基岩段缺失外，层 B 在 KP05 里程后开始在路由通道内出现。

（3）层 C。层 C 在整个路由段均有分布，结合钻探和取样资料，层 C 在近登陆点埋深逐渐变浅并最终出露于海底面，地质解释为粉质黏土与砂土互层。

（4）层 D。层 D 解释为海底礁石或基岩出露，声学剖面上反映为强烈反射且反射面以下所有信号被屏蔽，该层只在 KP01 +500m ~ KP06 +000m 段有出现。

四、海洋磁力仪探测成果

将磁力探测原始数据进行校正处理，绘制磁力异常平面剖面图，然后对可能存在的障碍物进行识别和判断。本次磁力调查发现了 18 处磁异常点。从磁力异常的分布情况分析，磁力异常点分布较为离散，不同测线磁力异常点连线不具有线状特征，且侧扫声呐影像在磁力异常点及附近未发现海底表面存在线状痕迹，因此基本排除了海底金属管线存在。沿电缆路由的主测线磁力值曲线如图 9 – 7 所示。

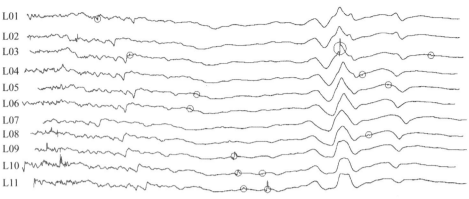

图 9 - 7　沿电缆路由主测线磁力值曲线

五、工程地质勘测成果

1. 底质地层岩性

本次调查成果显示，勘测走廊海床下 10.0m 深度范围内的地层主要以松散~中密的粉砂、流塑的淤泥、淤泥质土为主，在局部区域内分布有中粗砂、砂质黏性土、强风化花岗岩和礁石。

勘测走廊场地底质岩土体工程地质分层及分布特征见表 9 - 2。

表 9 - 2　场地底质分层与分布情况

地层时代	成因	定名	层号	岩土状态	岩土类别	分布特征
Q₄	海积	淤泥	①₁	流塑	软土	大部分地段分布
		淤泥质土	①₁₋₁	流塑	软土	广泛分布
		粉砂混淤泥	①₃	松散	砂土	广泛分布
		粉砂混淤泥	①₃₋₁	松散	砂土	局部分布
		粉砂	①₄	松散	砂土	局部分布
		粉砂	①₄₋₁	稍密~中密	砂土	局部分布
		粉砂混黏性土	①₅	稍密~中密	砂土	局部分布
		中砂混黏性土	①₆	稍密~中密	砂土	局部分布
	冲海积	粉质黏土	②₂₋₁	软塑~可塑	黏性土	部分分布
		粉砂	②₄	稍密	砂土	局部分布
		粉砂混黏性土	②₄₋₁	中密	砂土	局部分布
		中砂混黏性土	②₆₋₁	中密	砂土	局部分布
		粗砂	②₇	稍密~中密	砂土	局部分布
		粗砂混黏性土	②₇₋₁	中密	砂土	局部分布
		粉砂混黏性土	③₃₋₁	中密	砂土	局部分布
		中砂	③₅	中密	砂土	局部分布

地层时代	成因	定名	层号	岩土状态	岩土类别	分布特征
Q	残积	砂质黏性土	④₁	硬塑	黏性土	局部分布
—		强风化花岗岩	⑤₂	—	—	局部分布

2. 岩土物理力学性质

本次调查底质热导率测量仪器为 KD2 Thermal Properties Analyzer，对沉积物样品进行了热导率试验，部分统计结果见表 9 - 3。

表 9 - 3　导热系数试验结果

试验深度（m）	统计项目	导热系数 [W/(m·K)]	试验深度（m）	统计项目	导热系数 [W/(m·K)]	试验深度（m）	统计项目	导热系数 [W/(m·K)]
0 - 0.5	统计个数	6	0.5 ~ 1	统计个数	19	1 ~ 1.5	统计个数	9
	最大值	1.67		最大值	1.98		最大值	1.89
	最小值	0.95		最小值	0.79		最小值	1.1
	平均值	1.19		平均值	1.29		平均值	1.38
	推荐值	1.19		推荐值	1.29		推荐值	1.38
	标准差	0.28		标准差	0.29		标准差	0.28
	变异系数	0.239		变异系数	0.226		变异系数	0.205
1.5 ~ 2.0	统计个数	11	2.0 ~ 2.5	统计个数	20	2.5 ~ 3.0	统计个数	8
	最大值	1.92		最大值	2.1		最大值	2
	最小值	0.86		最小值	0.97		最小值	1.18
	平均值	1.35		平均值	1.35		平均值	1.51
	推荐值	1.35		推荐值	1.35		推荐值	1.51
	标准差	0.28		标准差	0.26		标准差	0.34
	变异系数	0.210		变异系数	0.195		变异系数	0.223

本次勘测对所有柱状沉积物样品和钻探样品做土工试验，柱状沉积物样品和钻孔样品的土层物理力学指标按工程地质层进行统计，分别给出最大值、最小值、平均值、标准差、变异系数，统计结果见表 9 - 4。

表 9-4　土层物理力学性质指标

层号定名	指标项目	天然含水率 ω （%）	土粒比重 G_s	湿密度 ρ（g/cm³）	干密度 ρ_d（g/cm³）	饱和度 S_r（%）	天然孔隙比 e	液限 W_L（%）	塑限 W_p（%）	塑性指数 I_p	液性指数 I_L	固结指标 压缩系数 a_{1-2}（1/MPa）	压缩模量 E_s（MPa）
淤泥①₁	统计个数	16	16	16	16	16	16	16	16	16	16	16	16
	最大值	82.4	2.64	1.67	1.04	100	2.16	49.8	26.6	27.4	3.27	1.75	2.85
	最小值	56.6	2.62	1.48	0.83	87	1.53	33.3	19.0	12.6	1.99	0.89	1.80
	平均值	65.4	2.63	1.60	0.97	98.4	1.72	39.6	21.4	18.2	2.49	1.26	2.22
	推荐值	65.4	2.63	1.60	0.97	98.4	1.72	39.6	21.4	18.2	2.49	1.26	2.22
	变异系数	0.112	0.003	0.033	0.068	0.036	0.113	0.123	0.107	0.233	0.160	0.193	0.149
淤泥质土①₂	统计个数	22	22	22	22	22	22	22	22	22	22	22	22
	最大值	56.4	2.64	1.82	1.30	100	1.48	42.8	24.4	21.7	2.93	1.332	3.55
	最小值	32.7	2.62	1.65	1.05	82	1.03	25.6	15.0	10.6	1.17	0.586	1.79
	平均值	44.1	2.63	1.72	1.19	95.3	1.21	34.3	20.2	14.1	1.72	0.829	2.78
	推荐值	44.1	2.63	1.72	1.19	95.3	1.21	34.3	20.2	14.1	1.72	0.829	2.78
	变异系数	0.148	0.059	0.021	0.059	0.057	0.107	0.133	0.104	0.211	0.276	0.252	0.190
粉质黏土②₂₋₁	统计个数	2	2	2	2	2	2	2	2	2	2	2	2
	最大值	28.1	2.69	2.02	1.61	100	0.740	21.2	15.8	15.8	0.51	0.294	6.35
	最小值	25.4	2.69	1.98	1.55	100	0.670	18.6	13.6	13.6	0.43	0.263	5.92
	平均值	26.8	2.69	2.00	1.58	100	0.705	19.9	14.7	14.7	0.47	0.279	6.14
砂质黏性土④₁	统计个数	7	7	7	7	7	7	7	7	7	7	6	6
	最大值	26.6	2.70	1.96	1.67	93	0.82	48.1	32.0	17.2	0.13	0.395	6.18
	最小值	16.0	2.67	1.84	1.47	64	0.60	23.7	16.7	7.0	-2.10	0.276	4.48
	平均值	22.3	2.68	1.89	1.54	80.7	0.74	37.4	25.7	11.6	-0.67	0.339	5.28
	推荐值	22.3	2.68	1.89	1.54	80.7	0.74	37.4	25.7	11.6	-0.67	0.339	5.28
	变异系数	0.193	0.005	0.028	0.046	0.128	0.108	0.128	0.246	0.304	—	0.144	0.128

3. 场地类别

根据拟建场地内地基基本性质、厚度及分布情况，结合周边风电场勘测资料，依据《建筑抗震设计规范（2016 年版）》（GB 50011—2010）有关标准进行划分，路由区场地类别主要为Ⅳ类，属对抗震不利的地段。

4. 地震基本烈度

根据《中国地震动参数区划图》（GB 18306—2015）附录 E，建议本工程Ⅳ类场地 50年超越概率 10% 的地震动峰值加速度按 0.12g 考虑，对应的地震基本烈度为Ⅶ度。

5. 地震地质灾害评价

路由区未见海底滑坡、海底崩塌等不良地质作用发育迹象，基岩面反射的深度均为 10m 以上。路由区软土在 7 度地震作用下存在发生震陷的可能；砂土在 7 度地震作用下存在发生液化的可能，液化等级为不液化~严重。

6. 腐蚀环境参数

工程区域海域海水为一般氧化环境，具有较强的腐蚀性，但由于电缆一般采取了保护措施，且近岸大都进行了掩埋，因此海水腐蚀性影响较小；海底沉积物腐蚀性总体较低，采取工程措施后不会对拟铺设电缆造成威胁。

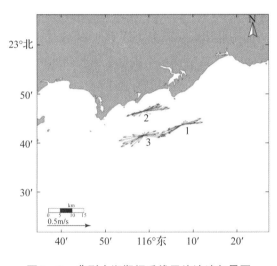

图 9 - 8　典型大潮期间垂线平均流速矢量图

六、海岸和海床稳定性分析

1. 电缆路由区水动力条件

根据所收集的工程海域的潮位、海流、波浪资料，得到以下特征：电缆路由区所在海域属正规半日潮，周年平均潮差较小；海域属不规则半日潮流，具有明显的往复流运动特征（见图 9 - 8）；工程海域常浪向为 E（西）向，强浪向为 SE（东南）向，海域大浪过程主要由热带气旋和东北季风所引起。电缆路由区所在海域的潮流动力较弱，波浪动力较强，在电缆路由的设计和施工过程中，应重点关注波浪动力对电缆设计、施工、运维期间的影响。

2. 历史地形冲淤变化

通过 GIS 软件，对不同年份海图进行矢量化和配准，提取海岸线和等深线进行对比分析，如图 9 - 9 和图 9 - 10 所示。从图上可以看出：

（1）2006~2017 年间（共 11 年），工程海域海岸线在登陆点附近海域有略向海岸后退的态势。这主要是登陆点附近海岸没有足够的泥沙供给来源，海岸长期处于泥沙供沙不足的状态，在波浪作用下引起的海岸后退，其目的是为了达到新的冲淤动态平衡。

（2）2006~2017 年间，5m 等深线在路由线经过的区域亦发生了略微侵蚀，5m 等深线呈现出西部直线段海滩侵蚀后退，东部弯曲段海滩淤积前进。

（3）2006~2017 年间，10m 等深线在路由线附近发生了淤积，10m 等深线在路由线东、西冲淤动态不同，整体仍以淤积状态为主。

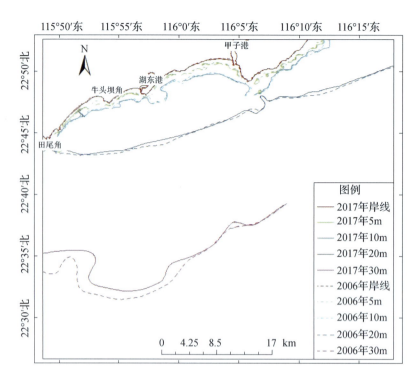

图 9 - 9　海岸线及等深线对比

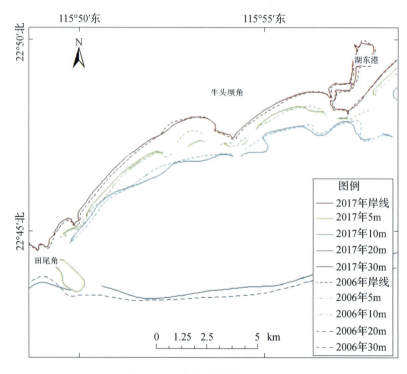

图 9 - 10　海岸线及等深线对比

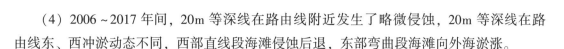

（4）2006～2017年间，20m等深线在路由线附近发生了略微侵蚀，20m等深线在路由线东、西冲淤动态不同，西部直线段海滩侵蚀后退，东部弯曲段海滩向外海淤涨。

由上述分析可知，2006～2017年间，等深线整体处于相对稳定的状态，但在局部位置如登陆点附近有略向海岸后退的态势，建议后期加强地形监测和考虑增加工程措施护岸。

七、综合评价

（1）经过详细的调查勘测及综合分析，场地条件适宜建设本项目。

（2）拟建电缆路由地形地貌测量结果分析如下。

双回路由区域范围水深在0～25.0m之间，总体变化缓慢，海底地形较为平坦。

双回路由登陆段（登陆点 LA—拐点 LB、登陆点 RA—拐点 RB），水深变化在0.6～12.4m之间，沿路由方向由浅变深，平均坡度约为9.6°。

双回路由海域段（拐点 LB—拐点 LC、拐点 RB—拐点 RC），水深变化在12.4～13.2m之间，沿路由方向由浅变深，平均坡度约为2.2°。

双回路由海域段（拐点 LC—拐点 LD、拐点 RC—拐点 RD），水深变化在13.2～15.6m之间，沿路由方向由浅变深，平均坡度约为4.7°。

双回路由海域段跨越大星角甲子航道（KP08+009m处）、海甲航道（KP10+539m处）海底地形较平缓。

双回路由其余区段海底地形比较平缓，平均坡度小于1°。

单回路由区域范围水深在25.0～27.6m之间，最深处位于路由拐点 K 南侧。水深沿路由方向逐渐变深，平均坡度小于1°，地形变化较为缓慢。

（3）根据侧扫声呐扫测结果，电缆路由勘测范围地貌、障碍物分析如下。

路由勘测范围提取礁石区域55处，大部分礁石位于 KP01+500m～KP03+400m、KP05+120m～KP05+500m 段双回路由走廊内，礁石有成片分布的礁石区和零星礁石。

提取可疑礁石61处，主要分布于路由 KP01+500m～KP03+400m 段双回路由走廊内。

提取拖痕48处，分布较零散，估计为渔民拖网捕捞造成的痕迹。

提取强反射区74处，侧扫声呐探测到具有很强的回波，有别于一般的泥沙底质。

提取不明线状障碍物2处，估计为废弃的锚绳。

提取不明障碍物125处，分布较零散，侧扫声呐探测的回波信号一般，有别于礁石区较强的回波信号。

提取堆积物33处，分布较零散。

现路由路径上仅有2处礁石，埋深为约1m，偏移2～3m后可避开礁石，施工时可对礁石采取避让或清理措施。

（4）路由区内浅部地层主要为淤泥、淤泥质土及松散的砂层，工程力学性质较差。

（5）路由区未发现海底管线产生的磁力异常，也未发现海底管线影像痕迹。通过分析单波束测深、侧扫声呐及浅地层剖面资料，航线在路由通道段未进行开挖或疏浚，海底地形平坦。

（6）路由区未见海底滑坡、海底崩塌等不良地质作用发育迹象，基岩面反射的深度均为 10m 以上。路由区软土在 7 度地震作用下存在发生震陷的可能；砂土在 7 度地震作用下存在发生液化的可能，液化等级为不液化~严重。

（7）路由区为轻浪区、弱潮差海区、弱潮流区，水温变化相对温和的水文条件，其对海底电缆的铺设、运行和维护总体影响不大，路由区的海床总体较为稳定。在热带气旋和极端天气影响下，路由区的水文条件较差，对海底电缆的铺设、运行和维护产生较大的影响。

第十章
海底电力电缆工程路由勘测实例二

第一节　工程背景

　　本工程为海上风电场，分为 A 区、B 区，总共安装风机 46 台，其电缆布设与风机布置相结合，35 kV 海底电缆按风机间的直线距离进行布置，对相邻线路的集电线路，并行敷设，共计敷设 13 条海底电缆，汇集后将电量送往 220kV 陆上升压站。海底电缆预选路由位置如图 10 - 1 ~ 图 10 - 3 所示。勘测区平行于路由中轴线两侧各 250m 范围，其中 A 区近西 - 东向伸展，调查面积约 6.24km²。B 区近似南—北向展布，调查面积约 8.13km²。

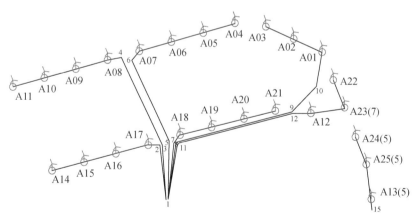

图 10 - 1　A 区预选路由位置

　　根据《海底电缆管道路由勘察规范》（GB 17502—2009）技术要求，在现场调查与广泛收集资料的基础上，对海底电缆登陆段的环境、路由区地形及海底面状况、路由区的工程地质条件、海洋气象与水动力环境、腐蚀环境要素、海底冲淤变化、海洋开发活动等进行描述、分析与研究，并对选择的路由条件作综合分析，提出结论性意见与工程对策、建议，提交路由调查报告及相关附图。

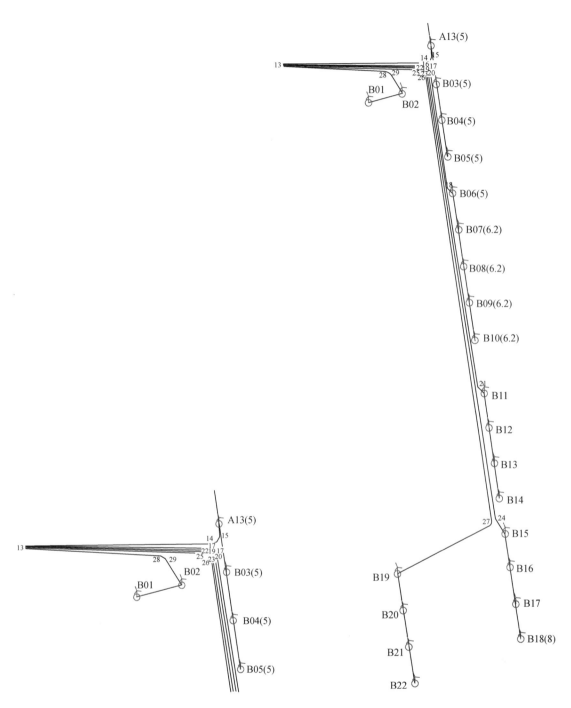

图 10－2 　B 区预选路由位置（登陆段附近）　　　　图 10－3 　B 区预选路由位置

第二节　勘测内容和设备

一、勘测内容及完成工作量

本项目实际工作内容为岸滩测量、海底面状况探测、浅地层探测与底质取样工作。控制测量等级为 GPS – E 级，在两侧分别布设；岸滩测量采用航拍与 RTK 联合调查方法，比例尺为 1 : 2000；水下地形图由业主提供 1 : 2000 水深地形图；侧扫声呐采用 Klein3000 与航拍共同调查的方法，对路由区进行了全覆盖探测；浅地层探测深度最大达 20m，频谱为 2 ~ 15kHz。在路由区内设置了 88 个采样站位，并进行了室内粒度分析，项目区对每个风机位置（A 区）均进行了工程地质钻孔取样，站位间距约 500m；考虑到登陆段电缆密集，部分区域采用柱状取样进行加密，并进行了腐蚀因子分析。实际完成工作量见表 10 – 1。

表 10 – 1　路由勘测内容和完成工作量

类型	项目	完成工作量
外业调查	控制测量	5 个控制点（含潮位观测点）
	岸线岸滩测量	约 2.3km²
	B 区航拍	104km
	侧扫声呐	测区全覆盖
	浅地层剖面探测	测线总长约 504km
	底质表层采集	88 个站
	柱状采样	17 个
样品测试	粒度分析、腐蚀因子	88 个粒度分析、腐蚀参数测定；7 根柱状样品的腐蚀因子分析，以及其余 10 根柱状样品的粒度分析
资料收集与调访	海洋气象与水文	收集气象、水文等历史资料
	地形资料	测区 2018 年 1 : 2000 地形资料
	钻探资料	28 个，A 区 25 个，即每个风机均有工程地质资料；B 区 3 个，主要集中在八尺岛附近
	地质地貌、地质构造、海洋底栖生物	收集路由区及其附近海域地质、地貌、构造、地震、海洋底栖生物资料
	海洋开发活动	收集路由区及附近养殖、捕捞、航道、锚地、海底管线等海洋开发活动情况

二、勘测设备

主要勘测仪器设备见表 10 – 2。

表 10 – 2　主要勘测仪器设备

名称	数量	用途
DSM332 全球定位系统	2	海上作业导航定位
Hiper Ga/Gb RTK 卫星定位系统	3	控制测量
海鹰 HY1600 回声测深仪	2	水深测量
EdegeTech 3100p 浅层剖面系统	1	浅地层剖面探测
Klein S3000 型数字式旁侧声呐系统	2	侧扫声呐探测
Klein 5000V2 型数字式旁侧声呐系统	1	侧扫声呐探测（备用）
HNM 型蚌式采泥器	2	海底表层沉积物采样
重力取样器（自制）	2	柱状样品采样
索尼 A7RII 4200 万像素航摄相机	2	航摄摄像

第三节　勘测方法

一、登陆点附近地形测量

首先对预选登陆点及其周边环境条件进行详细的现场踏勘，考虑与海、陆域路由的衔接，以及与其他海洋开发活动的关系，确认登陆点，进行精确定位，并做醒目标记。

根据现场潮位及地形情况，本项目地形测量选择航空摄影测量与 RTK 测量相结合的方式进行。首先进行相控点的布设和测量，在潮水退去，沙滩漏出水面后同时进行无人机航拍及 RTK 测量。航摄后经过后处理软件生成的正射影像图 DOM 和数字地表高程模型 DSM 导入清华山维 EPS 三维航测成图软件处理并绘制线划图，从而得到 CAD 格式的数字地形图。

本项目设计航拍地面分辨率为 6cm/px，飞行高度为 200m，旁向重叠 70%，航向重叠 80%，拍照间距 27m，相片幅宽 5472 × 3648，总体飞行面积 2km^2，总飞行时间 60min，总飞行航线 32km。

为检查测量质量，选取了 14 个点进行了现场检测，其中平面对比均方根为 0.07，高程对比均方根为 0.06，满足调查精度要求。

二、导航定位

本次海上作业调查导航定位采用美国 Trimble 公司生产的 DSM332 型全球卫星定位系统，走航定位精度优于 1.0m。导航定位软件采用 HYPACK 软件。定位天线与测深仪探头安装在同一垂线上，不存在位置偏差。定位数据被储存用于形成航迹图。

调查采用下列坐标系统和投影参数：坐标系采用 CGCS2000 国家大地坐标系；投影采用高斯—克吕格投影，3°带，中央子午线 120°；高程基准面采用 1985 国家高程基准；水深基准面采用 1985 国家高程基准。

三、侧扫声呐探测

（1）探测设备。海底面状况调查采用美国 Klein 公司生产的 S3000 型数字式双频旁侧声呐系统，指标参数见表 10-3。

表 10-3 侧扫声呐仪器工作参数

仪器工作参数	参数选择
单侧扫幅	100m
脉宽	仪器自动匹配
TVG 调节	自动粗调，手动精调
工作频率	100kHz、500kHz 同时工作
记录方式	电脑记录和图谱打印记录
图谱记录	打印机打印
船速校正	不校正
走纸速度	以 5kn 船速记录
斜距校正	不校正（防止产生声呐盲区）
打点方式	与导航系统连接，自动打点
拖鱼位置	释放拖鱼后记录后拖长度，由计算机自动更正
海水声速	1500m/s
拖鱼入水深度	2m
船速控制	4~6kn

（2）测线布设。本项目路由区 A 区水深较深，对勘测没有影响，测线布设与浅地层剖面测线一致，共布设 7 条主测线，测线间距 50m；B 区水深浅，受潮水影响大，由于有航拍资料，故测线数量减为 5 条。

四、海上无人机航拍

本次正射影像图航拍使用的纵横 CW – 10 垂直起降固定翼无人机上携带的是索尼 A7RII 4200 万像素航摄相机。正射影像航拍在低潮时间点，完成全部区域面积的正射影像图外业影像采集任务。本项目使用的无人机技术参数见表 10 – 4。

表 10 – 4　无人机参数

项目	参数
最大起飞质量	12kg
任务载荷	1 ~ 2kg
最佳巡航空速	20m/s（72km/h）
最大飞行空速	28m/s（100km/h）
垂直起降动力	电机
平飞动力	电机
启动方式	电启动
防水级别	小雨
续航时间	1.5h
翼展	2.6m
机身长度	1.6m
机高	0.6m
实用升限	4000m
抗风能力	5 级（10m/s）
起降方式	垂直起降
GPS 定位	实时 RTK 和 PPK
搭载测绘型航空相机	Sony A7RII（4240 万像素），单次作业面积 7 ~ 13km^2
工作半径	30 ~ 50km

五、浅地层剖面探测

（1）探测仪器。本次勘察采用美国 Edgetech 3100p 浅地层剖面系统对路由区进行浅地层探测，技术指标见表 10 – 5。

表 10 – 5　浅地层剖面系统工作参数

项目	指标
频率	2 ~ 12kHz 双频

续表

项目	指标
脉冲类型	2~12kHz，20ms
脉冲数	5 个
垂直分辨率	6~10cm（由脉冲决定质量）
穿透力	一般砂质层6m；泥质层80m
扫幅宽度	17°~24°（由中心频率决定）
拖鱼入水深度	1~2m

（2）测线布设。根据技术规范和合同要求，本次浅地层剖面探测海域按 1：5000 比例尺进行调查，以预选路由为中心线，在其两侧各布设 5 条测线，测线间距 50m，共布设 11 条主测线，垂直中心线以 500~1000m 的间隔布设联络测线（见图 10-4）。

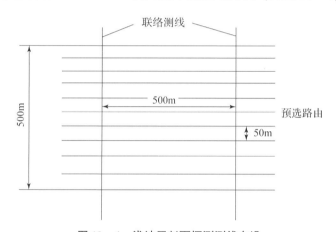

图 10-4　浅地层剖面探测测线布设

六、海底表层沉积物样品采集与粒度分析

1. 表层沉积物样品采集

为了解路由区海底表层沉积物类型及特征，进行表层沉积物采样，表层采样使用蚌式采泥器；取样站位沿预选路由以 500m 间距布设，共布设采样站位 88 个，并根据现场取样情况及物探资料进行及时调整；采样量应不少于 1kg。底质取样在船上处理，进行现场描述和照相，每个站位均应保留陆上实验室用样。样品应及时送到陆上实验室，在储运途中，应避免冲击、振动和失水。

2. 柱状沉积物样品采集

为了解路由区海底表层沉积物类型及特征，进行表层沉积物柱状采样，采样使用重力采泥器，对 B 区风机位置及登陆段进行布设，共布设采样站位 29 个，并根据现场取样情况及物探资料进行及时调整；黏性土采样量应不少于 2m，砂性土取样长度应大于 0.5m。

3. 沉积物样品粒度分析

沉积物粒度分析按海洋调查规范进行，粒度分析采用 Malven 公司的 MS2000 激光粒度仪对样品进行粒度分析，沉积物粒级标准采用尤登—温德华等比制标准，沉积物粒度参数计算采用福克和沃德公式，沉积物命名采用海洋调查规范的三角图分类。

对采集的表层样和柱状样（分为表、中、底三层）进行粒度、有机质、碳酸盐、盐度、pH 值、E_h 值、Fe^{3+}/Fe^{2+}、电阻率分析测定。

4. 腐蚀性分析

沉积物中 pH 值和 E_h 值测定分别采用《海洋调查规范》（GB/T 12763.8—2007）中电位法和氧化还原电位法分析测试；电阻率采用 Miller soil box 法测定；Fe^{3+}/Fe^{2+} 比值测定采用《海洋调查规范》（GB/T 12763.8—2007）中的 EDTA 容量法；总有机碳和碳酸盐测定采用《海洋调查规范》（GB/T 12763.8—2007）中元素分析仪分析测试；沉积物盐度采用孔隙水盐度表示，直接用盐度计（衡欣 AZ8371）测定。

第四节　勘测成果

该工程的最终勘测成果包括电缆路由勘测技术报告及电缆路由勘测综合物探图，成果内容能真实反映电缆路由路径的水下地形、海床面地貌、水下障碍物分布、海底管线、地质条件、水文气象环境等要素。

一、登陆段地形地貌

A 区登陆点为基岩海岸，岸滩为岩滩，出露岩石主要为燕山早期的二长花岗岩，东侧为人工岸线，部分区域可见砂质沉积物覆盖，覆盖厚度最大超过 0.5m，低潮时东侧可见一弧形人工石堤围挡，登陆点及西侧为基岩岸线，常见杂乱石块分布于礁石之上；高潮线以上为人工种植农田，其他无植被覆盖，除基岩区域外，其他地形均比较平缓。

B 区登陆点为基岩海岸，岸滩为岩滩，其西北侧为沙滩，岸线为自然岸线，而东南侧则为人工石堤，后侧为围挡的养殖设施。潮间带除了基岩外，分布大量的海蛎养殖设施。出露岩石与 A 区类似，主要为燕山早期的二长花岗岩，其间夹一少量与八尺岛类似的燕山晚期的二长花岗岩。

两个登陆点均由基岩海岸登陆，A 区登陆段最大高程为 13.2m，高潮线以上地形坡度较陡，其他除礁石区域外，地形较为平缓，潮间带为沙滩与岩礁混合，地形相对较为复杂；B 区登陆段山包最大高程为 21.8m，高潮线以上地形陡峭，平均坡度达 9°，潮间带由于部分礁石的分布导致地形略有起伏，其他海域地形平缓，平均坡度小于 1°。

二、水下地形

业主提供了 2018 年实测地形图，本次勘测过程中采用单波束测深进行了验证工作。

A 区地形相对较陡，水深整体呈由南向北，即由陆向海逐渐变深的趋势，其中除了 A04～A08 风机处水深大于 8m 外，主体水深均在 2～6m 之间，海底地形平缓；而在 A04～A08 风机附近海域，水深逐渐变深，但坡度变化不大，纵向变化最大坡度约为 1.4°；最大地形出现在项目区的东北部，最大水深大于 18m，但该处地形变化大，根据与其他资料结合分析，推断该处为海底采砂所致。

B 区位大致呈南北向走向，路由区整体水深在 2～4m，地形平缓，期间分布少量潮沟，高差不足 1m，但该海域分布数个大小不等的岛礁，使该区域出现相应的正地形；区域内大于 5m 的水深出现在两个区域，一个位于路由区的东北角、与 A 区接壤的位置，该处与外部的航道相接，坡度较大，最大坡度达到 13°，另一处位于 B18 风机附近，该海域周边分布岛屿，岛屿东南侧最大水深约为 14.1m，地形变化大，最大坡度约为 12.7°。

三、表层沉积物性质

根据实际采集的 88 个站位表层样的分析结果，工程区附近海域表层沉积物可分为五种类型：黏土质粉砂（YT）、砂—粉砂—黏土（STY）、砂质粉砂（ST）、粉砂质砂（TS）和砂（S）。

调查区的表层沉积物类型分布较为简单，粉砂质砂和砂的分布范围广，黏土质粉砂和砂—粉砂—黏土零星分布。A 区以砂质粉砂为主，中部及东部分布少量砂和粉砂质砂；B 区以砂和粉砂质砂分布为主，间杂分布砂质粉砂等较细颗粒沉积物。

调查区表层沉积物中砾石仅在调查区西北部的 FQ03 站位出现，含量为 5.1%。

调查区表层沉积物中黏土含量在 0%～29.9% 之间。黏土含量的高值区主要位于八尺岛周边海域及其西北向海域，调查区的东北向海域，以及四屿的西北向海域。黏土含量的低值区主要位于明江屿和石回屿之间的海域，并向北有所延伸。

调查区表层沉积物中粉砂含量在 0%～62.7% 之间。粉砂含量整体分布特征与黏土含量的分布类似。

调查区表层沉积物中砂含量介于 8.7%～100% 之间。总体上，大部分观测海域砂含量大于 30%。与黏土含量、粉砂含量的分布相反，砂含量的高值区主要位于明江屿和石回屿之间的海域，并向北有所延伸。砂含量的低值区主要位于八尺岛周边海域及其西北向海域，调查区的东北向海域，以及四屿的西北向海域。

总体来看，A 区以砂质粉砂为主要沉积物类型，沉积物颗粒相对较细，登陆段一侧主要为砂质沉积物为主，颗粒相对较粗；B 区东北部沉积物颗粒相对较细，以粉砂质砂为主，部分含有砂—粉砂—黏土等沉积物，但 B 区在垂直岸线方向上，沉积物颗粒一般具有由细变粗的趋势，即由岸向海颗粒逐渐变粗，分析发现除了近岸水动力较弱的因素外，养殖设施（海蛎）的大量分布也造成了细颗粒沉积物的富集，常见厚度约 50cm 的细颗粒沉积物富集在养殖区，而养殖区之间的通道部位通常颗粒较粗。

四、海底面状况

本次海底面状况两个区域采用了不同的方法，其中 A 区水深相对较深，采用常规的侧扫声呐方法；B 区水深浅，低潮时大部分可漏出水面，因此采用无人机航拍与侧扫声呐结合的方式进行调查。通过调查发现，路由区海底面情况比较简单，主要存在海底挖沙区、海底礁石以及养殖设施等，分述如下。

（1）海底坑槽。海底坑槽区位于项目区 A07 风机附近及以东海域，地形起伏大，在项目区内面积约为 0.82km²，侧扫声呐图谱分析发现该区域海底挖沙痕迹明显，地形凹凸不平，应为近期行为（见图 10-5）。

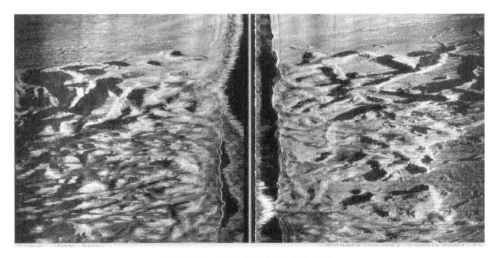

图 10-5 侧扫声呐海底挖沙图谱

（2）海底礁石。A 区除了登陆段附近存在零星海底礁石外，其他海域未发现海底礁石出露；B 区海底礁石较多，主要为无居民海岛及其水下的延伸，西侧的电缆线路穿越了尾屿礁和恒礁，电缆设计应予以避让（见图 10-6）；B15 西侧存在海底礁石，为墓屿及其水下延伸，中轴线距离其最近距离约为 60m，调整后的路由距离其最近约为 10m，施工中应引起注意。

（3）养殖设施。该项目区探测到的养殖设施主要分为两类：①牡蛎养殖，主要分布在 B 区登陆点附近的浅水海域和风机 B19～B21 附近海域，养殖设施较为密集（见图 10-7）；②人工堤类养殖设施，主要分布在 B 区，在风机 B01～B15 之间海域广泛分布。

（4）海底沙波。以砂质沉积物组成的海床受到海底水流等的剪切作用起动、变形形成具有不同形态特征的沙波。本项目区海底沙波主要分布在三处：一处位于 A 区东北侧、

图 10 - 6　侧扫声呐礁石图谱

图 10 - 7　侧扫声呐牡蛎养殖图谱

A01 风机附近，面积约 0.1km²。该处水深较深，主要受海底水流影响形成。另外两处均位于 B 区，分别位于风机 A13 和风机 B18 附近，两处沙波均水深浅，低潮时出露水面，主要受波浪影响形成（见图 10 - 8）。

图 10 - 8　侧扫声呐沙波图谱

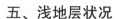

五、浅地层状况

（一）沉积物工程特征

风场区内地层主要包括第四系海积层，基岩主要为燕山晚期第二次侵入的花岗岩，其次为白垩系石帽山群的流纹质凝灰熔岩、流纹岩等。风场区主要地层岩性从上至下分述如下。

（1）海积层。

①含淤泥质粉土砂：深灰色，很湿，流塑，稍臭，细砂约占15%，含少量蛎壳。该层分布在场区表层，大部分机位均有分布，揭穿层厚0.8~11.3m。

①-1 含砂淤泥：深灰色，流塑，饱和，稍臭，含少量细砂。该层在 A05~A08、A14~A15 机位分布，揭穿层厚0.8~8.9m。

①-2 含砾中粗砂：深黄色，饱和，松散，含少量贝壳碎屑，分布不均匀。该层在 A04、A05、A07、A16、A18 机位分布，揭穿层厚0.5~1.5m。

②含泥粉细砂：深灰色，湿，稍密，以细砂为主，颗粒较均匀，泥约占30%，贝壳约占5%。该层大部分机位均有分布，揭穿层厚1.3~13.8m。

②-1 中粗砂：深黄色，湿，稍密，夹零星贝壳碎屑。该层在 A01、A04、A06、A10 机位分布，揭穿层厚0.9~4.9m。

②-2 粘土质中粗砂：浅灰色，湿，密实，含零星角砾，粒径2~4mm，黏性较大。该层仅在 A04 机位分布，揭穿层厚0.9m。

③淤泥质粉质黏土：深灰色，很湿，流塑，稍臭，细砂约占10%，含少量蛎壳。该层在 A08、A17、A18、A21 机位分布，揭穿层厚2.1~18.3m。

③-1 粉质黏土夹薄层粉细砂：深黄色，湿，软塑~可塑，呈层理结构，厚度呈薄状、饼状。该层在 A11、A15、A16、A18、A21 机位分布，揭穿层厚1.0~6.6m。

③-2 粉质黏土：浅灰色~灰色，稍臭，稍湿，可塑~硬塑。在本次勘探中，该层仅在 A04 和 A21 机位分布、揭穿层厚1.4~5.8m。

④a 含砾中细砂：黄褐色，灰白色，湿，稍密，以细砂为主，粉砂约占20%，颗粒较均匀，棱角形，质较纯，泥约占25%。该层大部分机位均有分布，揭穿层厚0.5~17.85m。

④b 含砾中细砂：灰黄色，黄色，密实，较纯，中粗砂占20%~30%，分布较均匀。该层在 A01、A02、A16~A18 机位分布，揭穿层厚3.3~8.9m。

④-1 含砂粉黏土：深黄色，较湿，可塑，砂及中砂为主，约占30%，分布均匀。该层在 A01、A11、A16 机位分布，揭穿层厚0.65~3.7m。

④-2 含砾中粗砂：深黄色，湿，密实，含20%~30%角砾，粒径2~4mm，分布较均匀。该层在 A01、A06、A07、A14、A16~A18 机位分布，揭穿层厚0.3~9.6m。

④-3 黏土质粉细砂：浅灰色，较湿，密实，黏土约占30%，较纯。仅在 A01 机位分

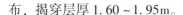

布，揭穿层厚 1.60~1.95m。

⑤a 粉细砂：浅黄色，湿，中密，以细砂为主，粉砂约占 20%，颗粒较均匀，棱角形，质较纯。该层在 A02、A07、A08 机位分布，揭穿层厚 2.2~5.8m。

⑤b 粉细砂：灰白，深黄色，较湿，密实，质较纯。该层在 A01、A03、A17 机位分布，揭穿层厚 0.8~5.9m。

⑤-1 砂质淤泥：灰色，臭味，很湿，软塑，砂以粉砂为主，占 30%~40%，分布较均匀，刀切面较光滑。该层仅在 A14 机位分布，揭穿层厚 4.9m。

⑥砾砂：浅灰色，稍湿，中密，以粗砂为主，中砂约占 20%，砾石约占 15%，颗粒不均匀，棱角形，含少量泥。该层仅在 A01 机位分布，揭穿层厚 1.75~2.20m。

⑥-1 黏土：黄褐色，灰色，较湿，可塑，土质纯。该层在 A01、A06、A14 机位分布，揭穿层厚 0.4~1.1m。

⑥-2 淤泥：灰色，臭味，很湿，软塑，含零星贝壳碎屑，刀切面光滑。该层在 A09、A21 机位分布，揭穿层厚 0.6~1.9m。

⑥-3 砂卵石：灰黄色，砂以中粗砂为主，含 20% 卵石，粒径 20~40mm，砾石占 10% 左右，呈亚圆形，分布不均匀。该层仅在 A17 机位分布，揭穿层厚 2.4~3.3m。

⑥-4 碎块石：紫红色，块径 50~120mm，棱角形，弱风化硬度。在本次勘探中，该层仅在 A18 机位分布，揭穿层厚 0.4m。

⑦含砾中粗砂：浅灰色，稍湿，密实，以细砂为主，中砂约占 20%，砾石约占 15%，颗粒不均匀，棱角形，含少量泥。该层在 A04、A08~A11、A21 机位分布，揭穿层厚 0.3~7.1m。

⑦-1 残积土：深黄色，浅灰色，稍湿，可塑~硬塑，成分为黏土及粗砂为主，占 30%~40%，含少量角砾，粒径 2~4mm。该层仅在 A03 机位分布，揭穿层厚 1.4~2.2m。

（2）基岩。下伏基岩有燕山晚期花岗岩和下白垩系石帽山群凝灰熔岩、辉绿岩。

（二）浅地层图谱特征

路由区浅地层图谱特征除了水平层理的自然沉积外，还存在有海底采砂、厚沉积层、基岩出露与浅埋等剖面特征，另外，路由区大部分海域水深较浅，海底多次波影响了地层信息，但浅层的基岩起伏尚能分辨。

（1）海底多次波。路由区水深很浅，A 区大部分海域水深小于 6m，B 区水深则大部分小于 4m，在浅剖图谱中，海底反射和海底多次波相隔很近，掩盖了来自地层的反射信号。图 10-9 所示为 A 区风机 A13、A24、A25 线路的浅剖图谱，从图中可以发现，钻孔指示的大部分的岩性分界面附近都有海底多次波的干扰存在。

（2）海底采砂。测扫声呐探测推测划定的采砂区，在浅地层上的表现为海底面起伏杂乱，因为地形尖点的存在，海底面附近多见弧状反射，海底面反射振幅增强（见图 10-10），

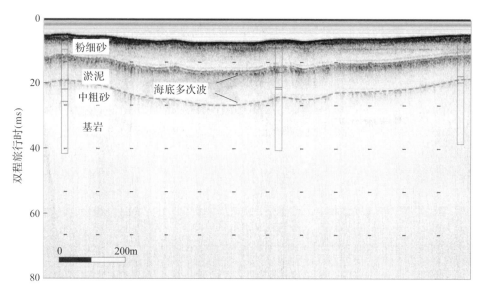

图 10 – 9　浅地层剖面图谱中的海底多次波特征

海底面以下反射信号弱，无连续的声学层理存在。测区内海砂采挖区主要位于路由区 A 区的东北部。

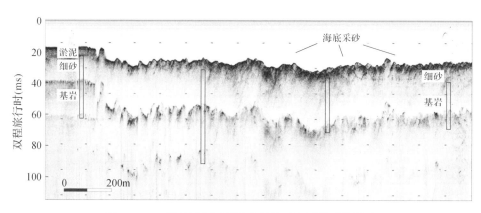

图 10 – 10　浅地层剖面图谱中的海砂开采造成的扰动

（3）厚层沉积。路由测区内大部分剖面中连续地层层理仅存在于海底表层，且厚度较小，偶见厚层沉积。图 10 – 11 所示为位于路由区西北部的一段浅剖图谱，从图中可以看出该段地层沉积加厚，厚层沉积内部地层层理连续性好，层位变多，反射信号增强，该厚层沉积向西逐渐变薄，并逐渐与周边地层的反射特征接近。

（4）基岩出露。本项目浅地层探测的基岩出露主要位于 B 区风机 B05 和 B06 之间的海域，另外风机 B04 和 B05 之间也可见浅埋的基岩（可能出露），基岩出露范围不大，基岩出露位置反射增强，刺穿地层层理，基岩轮廓近似锥状（见图 10 – 12）。

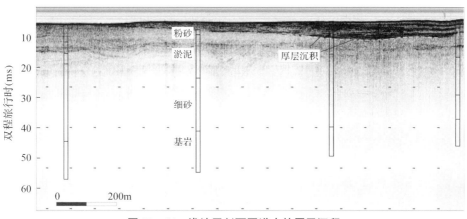

图 10 - 11　浅地层剖面图谱中的厚层沉积

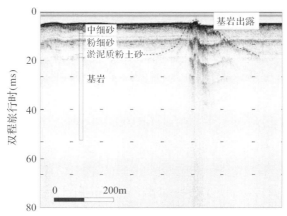

图 10 - 12　浅地层剖面图谱中的基岩出露

（三）区域反射特征

根据本次调查所获得浅地层剖面资料，结合钻孔资料和历史资料对比综合分析，以及反射波的振幅、频率、相位、连续性和波组组合关系等，自海底向下至基岩层依次划分出 2 个清晰的声学反射界面（见图 10 - 13），并分别命名为 R_0、R_1，其中 R_0 为海底面，R_1 为可识别出反射层位的底界面。

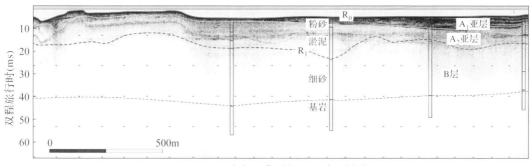

图 10 - 13　路由区典型剖面及地层划分

A 层：位于反射界面 R_0 和 R_1 之间，根据内部反射特征可划分为 A_1、A_2 两个亚层。

A_1 亚层层间反射结构以平行层理为主，局部可见凹陷，同相轴总体连续性好，反射能量强。该层厚度在 0~5m 之间，除路由区东北部的海砂采挖区和路由 B 区中部的礁石出露区附近缺失外，可见于路由区所有其他剖面中。根据附近钻孔资料，结合底质采样分析，推测 A_1 亚层物质成分以淤泥、粉细砂为主，经常是淤泥和粉细砂互层，部分区域该层以中细砂为主，夹杂淤泥。

A_2 亚层层间反射能量弱、反射同相轴较少且不连续，反射同相轴部分区段显著，部分区段完全消失，可识别出的层理包含平行层理、倾斜层理和波状层理不一。该层厚度在 0~15m 之间。根据附近钻孔资料，推测 A_2 亚层物质成分以淤泥、淤泥质黏土、粉细砂为主。

B 层：位于 R_1 反射界面以下的地层，内部反射能量很弱。浅地层记录显示，该层在全区起伏较大，部分礁石区基岩出露。根据附近钻孔资料，推测 B 层上部为砂层，有中细砂、中粗砂、淤泥质粉土砂等不同类型，砂层之下为基岩。B 层内砂层的厚度在 0~20m，在不同剖面中变化较大。基岩只在路由 B 区局部有出露，另外在路由区东北部采砂区内，基岩可浅至距离海底仅 2~5m，其他区域基岩埋藏较深，通常在 8~35m。

六、不良地质作用

沿海海岸及岛屿周围海岸存在不同规模、类型的危岩和崩塌体等（如岩礁、崩塌块石），以及局部存在有潮流冲刷槽、陡坡、基岩裸露区和浅伏于海底面下的基岩等，对海底电缆的敷设难度较大，路由设计时应当避开。

通过浅地层探测及工程地质资料分析，结合侧扫声呐及地形资料，路由区未发现有活动性断裂通过、底辟、滑坡、岩溶、塌陷凹坑、流沙等不良地质现象，路由区内区域稳定性属相对稳定区。

场址区内存在厚薄不均一的软土层和可液化砂土层，对海底电缆施工没有影响。

A 区东北侧存在海底采砂现象，其对海底电缆的危害主要表现在两个方面：①采砂引起地形起伏，对海底电缆埋设的施工产生影响；②电缆埋设完成后，采砂区域的不稳定容易受海流影响，破坏区域海床的稳定性，从而对整个区域的底质产生影响，对电缆的安全构成威胁。本区电缆已经避开采砂区，其对海底电缆的影响主要表现在第二个方面。

B18 附近为海底沙波区，海底电缆穿越沙波区需考虑沙波运移对电缆安全产生的影响，且该区地形略有起伏，其南部为礁石与深水区相伴，地质总体较为复杂。

第五节　推荐路由

本项目对海底电缆路由区进行了陆域地形测量、海域工程地球物理调查、沉积物取样及样品分析工作。经过调查发现，A 区水深相对较深，地形平缓，海域内未发现障碍物，沉积层一般较厚，整体满足电缆埋深 3m 的要求，但区域内东北侧存在海底采砂现象，现阶段电缆路由 2（A04～A07 风机）段部分位于采砂区内，鉴于该处风机位置已经确定，电缆没有调整空间，应在施工期应引起足够重视；B 区水深较浅，海面分布了大量的养殖设施（海蛎养殖设施及花蛤养殖石堤），海底电缆路由无法避让，故需考虑养殖设施的影响；该区海底礁石主要集中在登陆段、B05～B06 风机西侧、B15 风机西侧以及 B18 风机西侧海域，其中 B05～B06 风机西侧海域礁石分布相对较为集中，两条海底电缆穿越了礁石，应予以避让，且该区由于海底礁石出露，其附近海域也存在基岩浅埋的现象。总体来看，两个区域海底沉积物均以砂质、粉砂质沉积物为主，颗粒相对较细，对钢结构的腐蚀性一般为弱腐蚀或中等腐蚀，但在八尺岛附近，根据电阻率因子判断，该处腐蚀性较强。

　　根据勘察结果，经与设计部门沟通，提出了本项目推荐路由。

第六节　建议

一、施工前及施工期

　　（1）路由区内分布着大片的养殖区，在项目施工前需予以清除，且养殖一般为成片分布，前期拆除补偿时应充分考虑对养殖区域分割的情况。虽然本项目已经完成了相关海域使用论证工作，并与相关单位就补偿事宜进行了协商，但应进一步细化。

　　（2）本项目路由整体地形平缓，海底沉积以砂质为主，适宜电缆敷设，但路由区整体水深浅，A 区相对较深但整体处于 4～6m，海底电缆主体采用常规埋设方式，由于施工船只一般吃水较深，海上施工应注意潮汐影响，合理安排施工时间。线路 2（B04～B07 风机）附近存在海底采砂现象，地形相对起伏较大，施工应引起足够重视；B 区水深一般介于 2～4m，施工期更应该注意潮汐影响。另外，推荐路由在 B05～B06 段、B15 风机西侧予以调整，虽然该段避开了海底礁石，但考虑到该段基岩起伏，且电缆布置相对较为集中，建议该段采用直接敷设海床的施工方式，电缆辅以球墨铸铁保护。B17 与 B18 风机之间为海底沙波区，该处沙波与南部的礁石和深水地形相毗邻，应注意采用对应的施工设计与相应的保护措施。

　　（3）施工方式中海底电缆埋深做了分段处理。电缆套管段采用直接敷设于海床的方式，近岸同沟铺缆段（集电线路段）海底电缆埋深介于 1～2m，其他海域海底电缆敷设深度为 2～3m。根据勘察结果，该埋深深度较为适宜。

　　（4）本项目在登陆段采用非开挖定向钻工法施工，可较好的维持岸线自然属性，不改变岸线形态，保护岸线原有生态功能；应严格按照《水平定向钻进管线铺设工程技术规程》等技术规程文件设计；为更好地保护自然岸线，设计施工中应做好相关环境保护措施，定向钻入口井及出口井应尽量远离岸线，施工过程中应加强对岸线的监测，如发现异常情况，应立即停工，并及时报送主管部门。

二、运行期

（1）海底电缆铺设竣工后 90 日内，应将海底电缆的路线图、位置表等注册登记资料报送县级以上人民政府海洋行政主管部门备案，并同时抄报海事管理机构。

（2）根据《海底电缆管道保护规定》（国土资源部令第 24 号），海湾海域电缆两侧各 100m 范围内属于电缆保护区，禁止再从事挖砂、钻探、打桩、抛锚、底拖捕捞、张网、养殖或者其他可能破坏海底电缆管道安全的海上作业。该海域存在大量的养殖设施，业主应与主管部门配合，与风电场工作配合，做好海底电缆的监测与保护工作。

（3）鉴于发现项目区附近存在海砂开采痕迹，且走访期间发现项目区附近存在私人岸滩采砂行为，建议业主积极做好海底电缆保护区的申报工作，在做好相关海底电缆宣传保护工作的基础上，定期对海底电缆运行情况进行监测，保障海底电缆安全。

参考文献

[1] 贺岩，陶邦一，俞家勇，等. 机载激光测深技术及应用 [J]. 中国激光，2024，51 (11)，1101016：1－31.

[2] 李梦昊. 海底大地基准精密定位关键技术研究 [D]. 南京：河海大学，2024.

[3] 崔子伟，徐文学，刘焱雄，等. 机载激光测深数据获取及处理技术现状 [J]. 自然资源遥感，2023，35 (3)：1－9.

[4] 冯义楷，陈冠旭，刘杨，等. 海洋大地基准点位置标定误差影响因素分析 [J]. 测绘科学，2023，4 (48)：22－38.

[5] 亓超. 单波段机载 LiDAR 测深瞬时界面精确确定方法 [D]. 青岛：山东科技大学，2022.

[6] 崔晓东. 多波束海底底质分类及深海混合底质分解技术研究 [D]. 青岛：山东科技大学，2021.

[7] 纪雪. 单波段机载测深 LiDAR 数据处理关键技术及应用 [D]. 武汉：武汉大学，2021.

[8] 李奇，王建超，韩亚超，等. 基于 CZMIL Nova 的中国海岸带机载激光雷达测深潜力分析 [J]. 国土资源遥感，2020，32 (1)：184－190.

[9] 杨元喜，刘焱雄，孙大军，等. 海底大地基准网建设及其关键技术 [J]. 中国科学（地球科学），2020，50 (7)：936－945.

[10] 张华臣. 高精度多波束水深测量方法研究 [D]. 上海：上海海洋大学，2020.

[11] 刘经南，陈冠旭，赵建虎，等. 海洋时空基准网的进展与趋势 [J]. 武汉大学学报（信息科学版），2019，44 (1)：17－37.

[12] 曲萌. 多波束测深质量后评估方法研究 [D]. 青岛：山东科技大学，2019.

[13] 石硕崇，周兴华，李杰，等. 船载水陆一体化综合测量系统研究进展 [J]. 测绘通报，2019 (9)：7－12.

[14] 孙大军，郑翠娥，张居成，等. 水声定位导航技术的发展与展望 [J]. 中国科学院院刊，2019，34 (3)：331－338.

[15] 张倩，梅赛，石波，等. 船载水上水下一体化测量技术及应用——以舟山册子岛为例 [J]. 海洋地质前沿，2019，35 (9)：69－75.

[16] 刘强，翟国君，卢秀山. 船载多传感器一体化测量技术与应用 [J]. 测绘通报，2019 (10)：127－132.

[17] 高兴国，田梓文，麻德明，等. GNSS 支持下的无验潮测深模式优化 [J]. 测绘通报，2018（11）：7－10.

[18] 侍茂崇，李培良. 海洋调查方法 [M]. 北京：海洋出版社，2018.

[19] 徐文学，田梓文，周志敏，等. 船载三维激光扫描系统安置参数标定方法 [J]. 测绘学报，2018，47（2）：208－214.

[20] 蒋俊杰，贺惠忠，陈津，等. 海缆路由勘察技术 [M]. 北京：机械工业出版社，2017.

[21] 阳凡林，暴景阳，胡兴树，等. 水下地形测量 [M]. 武汉：武汉大学出版社，2017.

[22] 刘焱雄，郭锴，何秀凤，等. 机载激光测深技术及其研究进展 [J]. 武汉大学学报（信息科学版），2017，42（9）：1185－1194.

[23] 边志刚，王冬. 船载水上水下一体化综合测量技术与应用 [J]. 港工技术，2017，54（1）：109－112.

[24] 赵建虎，欧阳永忠，王爱学. 海底地形测量技术现状及发展趋势 [J]. 测绘学报，2017，46（10）：1786－1794.

[25] 周兴华，付延光，许军. 海洋垂直基准研究进展与展望 [J]. 测绘学报，2017，46（10）：1770－1777.

[26] 黄辰虎，陆秀平，刘胜旋，等. 海底地形测量成果的质量检核评估（一）：交叉点不符值数列构建 [J]. 海洋测绘，2017，37（2）：11－16.

[27] 李清泉，朱家松，汪驰升，等. 海岸带区域船载水岸一体综合测量技术概述 [J]. 测绘地理信息，2017，42（5）：1－6.

[28] 周红伟，张国埴，蔡巍，等. 超短基线定位的海上应用及精度评估 [J]. 海洋学研究，2016，34（3）：76－79.

[29] 暴景阳，翟国君，许军. 海洋垂直基准及转换的技术途径分析 [J]. 武汉大学学报（信息科学版），2016，41（1）：52－57.

[30] 刘彦祥. ADCP 技术发展及其应用综述 [J]. 海洋测绘，2016，2：45－49.

[31] 李杰，唐秋华，丁继胜，等. 船载激光扫描系统在海岛测绘中的应用 [J]. 海洋湖沼通报，2015（3）：108－112.

[32] 宁津生，吴永亭，孙大军. 长基线声学定位系统发展现状及其应用 [J]. 海洋测绘，2014，34（1）：72－75.

[33] 彭琳，刘焱雄，邓才龙，等. 机载激光测深系统试点应用研究 [J]. 海洋测绘，2014，34（4）：35－37.

[34] 李寿千，陆永军，左利钦，等. 波浪及波流边界层泥沙起动规律 [J]. 水科学进展，2014，25（1）：106－114.

[35] 周广镇，冯秀丽，刘杰，等. 莱州湾东岸近岸海域规划围填海后冲淤演变预测 [J]. 海洋科学，2014，38（1）：15－19.

[36] 李壮. 短基线定位关键技术研究 [D]. 哈尔滨：哈尔滨工程大学，2013.

[37] 余建伟，刘守军. 中海达船载水上水下一体化三维移动测量系统 [J]. 测绘通报，2013（7）：119－120.

[38] 李平，杜军. 浅地层剖面探测综述 [J]. 海洋通报，2011，30（3）：344－350.

［39］ 赖旭东. 机载激光雷达基础原理与应用［M］. 北京：电子工业出版社，2010.

［40］ 吴伦宇. 基于FVCOM的浪、流、泥沙模型耦合及应用［D］. 青岛：中国海洋大学，2010.

［41］ 赵建虎，刘经南. 多波束测深及图像数据处理［M］. 武汉：武汉大学出版社，2008.

［42］ 赵建虎. 现代海洋测绘［M］. 武汉：武汉大学出版社，2008.

［43］ 张铁军，张晓明. 压力式验潮仪观测数据的处理方法研究［J］. 海洋测绘，2007，27（5）：78－80.

［44］ 李培英，杜军，刘乐军，等. 中国海岸带灾害地质特征及评价［M］. 北京：海洋出版社，2007.

［45］ 罗深荣. 侧扫声呐和多波束测深系统在海洋调查中的综合应用［J］. 海洋测绘，2003，23（1）：22－24.

［46］ 丰建勤. 压力式水位计应用及精度分析［J］. 海洋测绘，2002，22（2）：52－54.

［47］ Guo K, Xu W, Liu Y, He X, Tian Z. Gaussian half－wavelength progressive decomposition method for waveform processing of airborne laser bathymetry［J］. Remote Sensing, 2018, 10, 1－35.

［48］ Zhou L. A precise underwater acoustic positioning method based on phase measurement［D］. University of Victoria, 2010.

［49］ 丁凯. 单波段机载测深激光雷达全波形数据处理算法及应用研究［D］. 深圳：深圳大学，2018.

［50］ 刘基余，李松. 机载激光测深系统测深误差源的研究［J］. 武汉测绘科技大学学报，2000，25（6）：491－494.

［51］ 卢秀山，石波，景东，等. 船载水岸线水上水下一体化测量系统集成方法：中国，201510817851. X［P］. 2016－02－24.

［52］ 秦海明，王成，习晓环，等. 机载激光雷达测深技术与应用研究进展［J］. 遥感技术与应用，2016，31（4）：617－624.

［53］ 唐秋华，陈义兰，路波，等. EM1002S与GeoSwath多波束声呐系统测深精度比较分析［J］. 海岸工程，2013，32（4）：56－64.

［54］ 滕惠忠，辛宪会，李军，等. 卫星遥感水深反演技术的发展与应用［C］. 第二届高分辨率对地观测学术年会论文集，北京：中国宇航学会，中科院电子学研究所，2013.

［55］ 吴自银，李家彪. 多波束勘测的数据编辑方法［J］. 海洋通报，2000（3）：74－78.

［56］ 杨安秀，吴自银，阳凡林，等. 面向多波束测深数据的双向布料模拟自动滤波方法［J］. 武汉大学学报（信息科学版）：2021（9）：1－14.

［57］ 阳凡林，刘经南，赵建虎. 多波束测深数据的异常检测和滤波［J］. 武汉大学学报（信息科学版），2004（1）：80－83.

［58］ 张志伟，暴景阳，肖付民，等. 不确定度在多波束测深数据质量评估中的应用［J］. 海洋测绘，2014，34（5）：59－61.

［59］ 朱庆，李德仁. 多波束测深数据的误差分析与处理［J］. 武汉测绘科技大学学报，1998（1）：3－6，48.

［60］ Calder B, Mayer L A. Automatic processing of high－rate, high－density multibeam echosounder data［J］. Geochemistry. Geophysics. Geosystems, 2003, 4（6）：24：48.

［61］ Doneus M, Doneus N, Briese C, et al. Airborne laser bathymetry－detecting and recording submerged archaeological sites from the air [J]. Journal of Archaeological Science, 2013, 40 (4): 2136 – 2151.

[62] Du Z, Wells D E, Mayer L A. An approach to automatic detection of outliers in multibeam echo sounding data [J]. Hydrographic Journal, 1996, 79: 19 – 25.

[63] Guenther G C, Green J E. Improved depth selection in the bathymetric swath survey system (BS3) combined offline processing (COP) algorithm [R]. National Oceanic and Atmospheric Administration, Technical Report OTES – 10, Department of Commerce, Rockvill, MD, 1982.

[64] Hare R. Depth and position error budgets for multibeam echosounding [J]. International Hydrographic Review, 1995, (2): 37 – 69.

[65] Huang J, Hu X, Chen W. Electro – optically Q – switched 946 nm Laser of a Composite Nd: YAG Crystal [J]. Chinese Optics Letters, 2015, 13 (2): 021402 – 021402.

[66] Xu W, Guo K, Liu Y, et al. Refraction error correction of airborne liDAR bathymetry data considering sea surface waves [J]. International Journal of Applied Earth Observations and Geoinformation, 2021, 102: 1 – 12.